U0398207

工业建筑
振动控制设计指南

Design Guide for Vibration Control
of Industrial Buildings

徐　建◎主编

中国建筑工业出版社

图书在版编目（CIP）数据

工业建筑振动控制设计指南 = Design Guide for
Vibration Control of Industrial Buildings / 徐建主
编. — 北京：中国建筑工业出版社，2023.7
ISBN 978-7-112-28859-5

Ⅰ. ①工… Ⅱ. ①徐… Ⅲ. ①工业建筑—振动控制—
指南 Ⅳ. ①TU27-62

中国国家版本馆 CIP 数据核字（2023）第 113130 号

《工业建筑振动控制设计指南》是根据现行国家标准《工业建筑振动控制设计标准》GB 50190—2020
的编制原则和设计规定，组织标准主要起草人员编写而成。本书在编写过程中，系统总结了国内外近年来
在工业建筑振动控制领域的最新研究成果和工程实践技术，主要内容包括概述、基本规定、结构振动计算、
单层工业建筑振动控制、多层工业建筑振动控制、多层工业建筑楼盖微振动控制、工业建筑振动测试、既
有工业建筑振动控制措施等。本书注重对《工业建筑振动控制设计标准》GB 50190—2020 应用中主要问
题的阐述，并紧密结合工程应用。

本书不仅是现行国家标准《工业建筑振动控制设计标准》GB 50190—2020 应用的指导教材，也是从
事工业建筑振动控制科研、设计、施工、产品开发人员的重要参考书。

责任编辑：刘瑞霞　梁瀛元　咸大庆
责任校对：姜小莲

工业建筑振动控制设计指南
Design Guide for Vibration Control of Industrial Buildings
徐　建　主编
*
中国建筑工业出版社出版、发行（北京海淀三里河路 9 号）
各地新华书店、建筑书店经销
国排高科（北京）信息技术有限公司制版
北京盛通印刷股份有限公司印刷
*
开本：787 毫米×1092 毫米　1/16　印张：16¾　字数：417 千字
2023 年 8 月第一版　2023 年 8 月第一次印刷
定价：**79.00** 元
ISBN 978-7-112-28859-5
（41268）

本书编委会

主　编：徐　建

副主编：张同亿　胡明祎　黄　伟

编　委：吕西林　万叶青　李宏男　陈　骝　周建军　杨宜谦
　　　　余东航　尹学军　黎益仁　高星亮　邵晓岩　王永国
　　　　刘鹏辉　李永录　王建宁　鲁　正　张　松　霍林生

本书编写分工

第一章：概述
　　　　徐　建　万叶青　黄　伟　王建宁

第二章：基本规定
　　　　张同亿　张　松　黎益仁

第三章：结构振动计算
　　　　周建军　邵晓岩　余东航

第四章：单层工业建筑振动控制
　　　　万叶青　尹学军　李永录

第五章：多层工业建筑振动控制
　　　　吕西林　鲁　正　王永国

第六章：多层工业建筑楼盖微振动控制
　　　　徐　建　陈　骝　黄　伟

第七章：工业建筑振动测试
　　　　杨宜谦　胡明祎　万叶青　刘鹏辉

第八章：既有工业建筑振动控制措施
　　　　李宏男　高星亮　宫海军　霍林生

前言 FOREWORD

随着我国工业的快速发展，机械、电子、冶金、化工、电力、能源等诸多领域中的振动问题备受关注，振动超标将对人员健康舒适、装备正常使用、工业建筑结构安全产生重要影响，振动控制与现代工业发展密不可分，工程振动控制技术已成为传统与新兴工业工程建设快速发展的关键保障技术。

工程振动控制的目的是采用有效的振动控制手段，将振动影响控制在容许范围内，多年来，我国从事振动控制研究的科技工作者进行了大量的联合攻关研究，在基础性技术理论、工程成套技术、振动控制装备、技术标准体系等方面取得了丰硕成果，部分成果已达国际先进或领先水平，解决了工业工程建设中的关键振动控制难题，其中《工业工程振动控制关键技术研究与应用》获国家科技进步二等奖，这些成果为工程振动控制技术标准体系中的重要标准《工业建筑振动控制设计标准》GB 50190—2020 的制订奠定了基础。

本书主要内容包括：概述、基本规定、结构振动计算、单层工业建筑振动控制、多层工业建筑振动控制、多层工业建筑楼盖微振动控制、工业建筑振动测试、既有工业建筑振动控制措施等。

本书编写过程中，得到中国建筑工业出版社的大力支持，并参考了一些作者的著作和论文；尤其是在编写过程中正值新冠肺炎疫情暴发，各位专家在抗击疫情的同时坚持本书的编写工作，在此一并致谢。

本书不妥之处，请批评指正。

中　国　工　程　院　院　士
中国机械工业集团有限公司首席科学家　　徐　建
2023 年 3 月

目 录 CONTENTS

第一章　概述 ·· 1

　　第一节　工业建筑振动控制设计概述 ···················· 1

　　第二节　《工业建筑振动控制设计标准》简述 ·········· 6

第二章　基本规定 ·· 8

　　第一节　一般规定 ···································· 8

　　第二节　工业建筑选址及设备布置 ···················· 11

　　第三节　结构选型及布置 ···························· 13

　　第四节　结构振动验算 ······························ 23

第三章　结构振动计算 ··· 29

　　第一节　一般规定 ···································· 29

　　第二节　结构振动分析数值计算方法 ·················· 56

　　第三节　工程实例 ···································· 66

第四章　单层工业建筑振动控制 ······························ 74

　　第一节　一般规定 ···································· 74

　　第二节　结构振动计算 ······························ 84

　　第三节　构件内力计算 ······························ 86

　　第四节　振动控制构造措施 ·························· 87

　　第五节　工程实例 ···································· 88

第五章　多层工业建筑振动控制·······················98

　　第一节　一般规定·······················98

　　第二节　结构振动计算·······················100

　　第三节　结构振动控制措施·······················118

　　第四节　工程实例·······················121

第六章　多层工业建筑楼盖微振动控制·······················133

　　第一节　一般规定·······················133

　　第二节　楼盖微振动计算·······················136

　　第三节　多层工业建筑楼盖微振动有限元分析·······················149

　　第四节　楼盖微振动控制措施·······················152

　　第五节　工程实例·······················154

第七章　工业建筑振动测试·······················162

　　第一节　一般规定·······················162

　　第二节　针对振动敏感仪器设备的振动测试·······················165

　　第三节　针对建筑结构损伤的振动测试·······················166

　　第四节　针对建筑内办公环境的振动测试·······················167

　　第五节　工程实例·······················168

第八章　既有工业建筑振动控制措施·······················215

　　第一节　振动控制措施·······················215

　　第二节　工程实例·······················230

参考文献·······················258

第一章 概 述

第一节 工业建筑振动控制设计概述

随着我国工业的快速发展，工业建筑受动力设备振动影响越来越显著。动力设备上楼后，楼盖产生的振动不仅影响机床的加工精度和仪器仪表的正常工作，也影响操作人员的身体健康；此外，周边环境的振动，如火车、汽车、工程施工和大型设备（锻锤、压力机、空气压缩机、制冷压缩机、风机、水泵等）等，也会对工业建筑结构安全、上楼精密设备和仪器的正常使用以及操作人员的身体健康产生影响。因此，工业建筑振动控制是现代工业设计的重要环节。

工业建筑振动控制设计主要包括三部分内容：一是环境减振，即防止外界环境的振动通过土体或支承结构的传递对建筑结构产生不利影响，可通过调整环境振源布置、对振源设备采取必要的减振措施，或对建筑结构采取隔振屏障等有效的减振措施，使工业建筑结构振动控制在容许范围；二是结构抗振，即通过合理选择结构体系、科学布置结构构件及优化构件截面，保证结构刚度合理，使振动频率避开振源主频，将结构振动控制在容许范围内；三是对工业建筑内部振源设备和受振动影响的精密设备采取必要的减振设计，确保正常使用。采用上述多道防线振动控制措施后，可有效降低外界环境振动和内部振源干扰引起的振动响应，使振动满足容许值，从而达到振动控制的目的。

工业建筑微振动一般情况下对结构强度不会产生较大影响，但需要将有微振动要求的工业建筑楼盖或精密设备振动控制在容许范围内。微振动的量值是以厂区其他振动、工业建筑内部振动对精密设备加工、计量检验、分析实验等仪器仪表不造成有害振动影响为标准。微振动位移一般不超过 $2\mu m$，振动速度一般不超过 1.0mm/s，振动加速度一般不超过 $10^{-3}g$，振动产生的动应力为结构材料强度设计值的 3%～5%，一般不会对人体的心理和生理造成不适和伤害。

多层工业建筑（2～5 层时）水平振动自振频率的基频约为 1.0～4.5Hz，当振动设备的转速较高时（10Hz 以上），建筑结构水平振动出现的共振属于高频共振，振幅较小；当振动设备的转速较低时，建筑结构水平振动出现的共振属于低频共振（2.5～3.5Hz 左右），振幅较大。低频共振是危害性最大的振动状态，因此当振动设备的转速较高时，一般可只考虑工业建筑的竖向振动；当振动设备的转速较低时，必须考虑工业建筑的水平振动。

工业建筑楼盖竖向振动分析，一般情况下只计算弹性范围内结构的自振频率和振动位移（或速度、加速度）。实际工程中，选择一种符合设计条件和要求的计算方法相当重要。一方面，要求计算结果尽可能接近所采用的结构计算简图；另一方面，要求计算方法尽可能简单方便。由于工业建筑结构的实际刚度、质量、构造连接以及施工质量的差异，计算结果往往不可能是精确的数值，盲目追求精确解是不现实的，实际工程中往往采用近似方法。

一、振动控制设计技术发展

20 世纪 50 年代初,工程技术人员对工业建筑振动危害认识不足,一些投产使用的工业建筑由于动力设备产生的振动过大,影响了机器的加工精度、仪器仪表的正常工作和操作人员的身体健康,使工业建筑无法正常使用。50 年代末期,我国的动力计算方法基本沿用苏联标准《动荷载机器作用下的建筑物承重结构设计与计算规范》,该规范在计算方法上采用连续梁计算模型,假定主梁为次梁的不动支点,柱为主梁的不动支点,不考虑主次梁、板及整个多层工业建筑空间的共同工作,不考虑多台设备共同作用时的相互影响,其计算结果与工业建筑的实际工作状态相差较大。

20 世纪 60 年代至 90 年代,我国科技人员对工业建筑振动设计进行了一系列研究,主要研究内容包括:

关于楼盖振动分析,提出了多种分析方法:包括原四机部十院制订的《机床上楼的楼层结构设计准则》,采用带中间支承刚带简图的能量法求解;中国建筑科学研究院采用弹性连续支承带简图的能量法求解;上海建筑科学研究所采用以弹性支承正交各向异性肋形楼盖能量法为基础的简化计算;同济大学提出正交各向异性肋形楼盖解析解;机械工业部第六设计研究院提出四边简支、中间带刚性柱点支承的能量原理力法解;上海机电设计院提出四角支承板解析解;北方设计研究院采用厂房试验数理统计方法研究楼层和层间振动位移的传递;哈尔滨建工学院采用子空间迭代法和里兹向量直接叠加法等有限元法计算楼板振动;天津大学采用 Lancws 法计算楼盖的振动;机械工业部设计研究总院等采用理论分析与厂房试验相结合多次修正的方法计算楼盖竖向振动位移传递系数等。

关于工业建筑整体振动分析,原纺织工业部采用等效平面框架振型分解法计算工业建筑的水平振动;原冶金工业部采用板梁有限元及近似法计算楼盖的竖向振动,采用当量静力法计算工业建筑的水平振动等。此外,还对与振动分析有关的动力设备扰力计算、各类动力设备的地面振动传递衰减及综合叠加响应、设备和仪器仪表的振动容许值进行专门研究。

在上述研究基础上,1982 年原城乡建设环境保护部组织编制了《多层厂房机床上楼楼盖设计暂行规定》,原冶金工业部和中国有色金属工业总公司共同编制了《机器动荷载作用下建筑物承重结构的振动计算和隔振设计规程》YBJ 55—90 YSJ 009—90,原纺织工业部编制了《多层织造厂房结构动力设计规范》FZJ 116—93,国家标准《多层厂房楼盖抗微振设计规范》GB 50190—93 于 1994 年 6 月实施,使多层工业建筑振动计算有了明确的依据。

近十几年来,工业建筑振动控制相关研究备受重视,在中国工程建设标准化协会建筑振动专业委员会的倡导和组织下,针对振动荷载、测试技术、隔振技术、容许标准、振动计算分析等方面,开展了系列研究。徐建等提出了工程振动控制技术标准体系,为我国工程振动领域的科技进步指明方向。近年来,陆续颁布了《建筑工程容许振动标准》GB 50868—2013、《地基动力特性测试规范》GB/T 50269—2015、《建筑振动荷载标准》GB/T 51228—2017、《工程振动术语和符号标准》GB/T 51306—2018、《工程隔振设计标准》GB 50463—2019、《动力机器基础设计标准》GB 50040—2020 以及《工业建筑振动控制设计标准》GB 50190—2020 等系列国家标准,对于规范和统一我国工程振动控制设计标准具有重要意义。

二、工业建筑振动控制总体设计思路

工业建筑振动控制既要对工业建筑计算方法进行研究，还要考虑从选址、厂区布局、车间布置、合理布置振源与精密设备等，必要时进行振源设备隔振和受振设备隔振。对于超精密设备，应选择布置在厂区范围内的最小振动区域，避开有害振动，并采取多道防线振动控制措施，综合解决工业建筑振动控制问题。

首先，应采取降低振源干扰的措施，根据外界振源和内部振源的特性，从厂区选择上避开周围的有害振源，合理布局厂区振源和精密设备，使有害振源远离精密厂房内的精密设备；其次，根据工业建筑内外的振源、振动能量和干扰频率，设计合理的结构体系及楼层刚度，尽量使支承结构的第一频率密集区与干扰频率错开；此外，还应采用有效的振动控制构造措施；必要时，应针对动力设备、精密仪器采取隔振或振动控制措施。

对于防微振有明确要求的工业建筑振动控制设计，可按图 1-1-1 的流程进行。

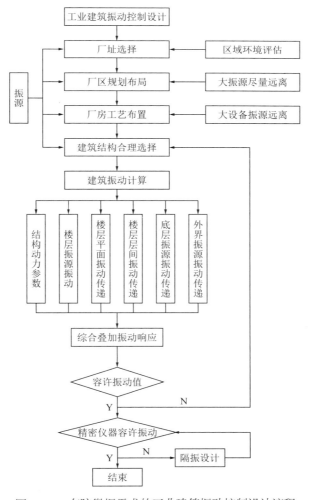

图 1-1-1 有防微振需求的工业建筑振动控制设计流程

1. 厂址选择

首先，要考虑周围环境的影响，从宏观上进行环境振动综合评价，要特别注意不同类型工厂对环境要求的差别。通常，具有精密加工设备和精密仪器仪表类的工业建筑一般要求做到"五防"，即防振动、防噪声、防灰尘、防电磁和防腐蚀，其中环境振动是首要控制指标。有条件时，应在区域规划阶段，形成一个精密类生产工业区，以减小区域环境振动的影响。具体需要考虑如下内容：

（1）厂址选择要避开沿海海浪等区域，以免地理环境振源产生过大振动；避免选在淤泥层、地下水较高的地区，以免振动衰减缓慢而造成影响范围较大；避免选在河流和湖泊地区，以免水位变化对厂区引起地面变形的影响；避免选在常年冰冻区，以免溶化后土层发生松软，对振动控制不利；厂址应选在主导风向上方，避免有害气体和尘埃的影响。

（2）应避免周围设有较大振源、噪声和光源等区域，应远离铁路和公路干线，避免较大的地脉动干扰，应使精密类多层工业建筑处在相对安静的环境中；避开周围重型机械工业、化学工业、冶金工业、矿区和大型锻压设备等，形成一个较安静、洁净、振动影响较小的精密类生产工业区。

（3）充分考虑区域性近期和远期规划，要考虑区域近期规划内的振动影响，应保证可不采取或采取措施后满足振动控制要求，同时也要考虑该区域的远期规划。在规划中要充分预测周围可能增设的振源，特别是有较大影响的振源，建厂前要对其可能产生的危害提出相应对策。必要时，要对区域规划提出限制要求。

（4）精密厂区建成后要不断完善周围环境，如建设绿化带、防风、防沙尘暴的高矮层次相交的树林，精密厂房周边要建设少起尘的路面，周围无重型车辆行驶，创建一个洁净、安静的良好环境。

2. 厂区规划布局

厂区内振源和精密设备的总体布局至关重要，车间与设备的合理布局能够有效减小厂房内振源对精密设备造成的干扰。

（1）首先要考虑振源和精密设备分区，厂区内的大型振源（锻锤、空压机、火车等）应尽量布置在厂区一端或边缘地带，并与精密设备和仪器区域保持必要距离。该距离可根据精密设备的容许振动指标和振动设备特性，由地面振动衰减公式计算，也可参照同类地面振动衰减实测资料估算，有条件时可对实际场地进行实测确定。

（2）对高精度设备，要选择厂区受振影响最小的区域布置，不应混杂在一般要求的精密设备之间，必要时该区域要通过振动测试后确定。

（3）具有较大振动的设备布置时，要尽量利用土堆、台地、管沟等有利地形，加大振动在传播过程中的衰减作用，并尽可能使振动设备的旋转方向和水平往复运动方向避开精密设备和仪器区域。

3. 工业建筑工艺布置

在满足生产要求的前提下，工业建筑内部的工艺布置应从振动控制角度做到科学合理。

（1）振动影响较大或大型振源设备应尽量布置在工业建筑底层的端部；中小型设备布置在楼层上时，对振动敏感的设备和仪器可单独设置平台式构架基础，并与楼层脱开；当不能脱开时，尽量布置在楼层局部刚度较大的柱边、墙边或梁上，以减小振动向外传递或降低振动影响。

（2）工业建筑内同时布置有较大振动的设备和对振动敏感的设备和仪器时，振源设备和精密设备宜分类集中、分区布置并互相远离，尽量放置在工业建筑的两端。

（3）楼层上振源设备，与精度较高的精密设备不宜交叉混杂在同一单元内；楼层上振动不大的振源设备，应尽量与精密设备布置在不同结构单元内。

（4）对个别振动较大的设备，因生产工艺流程需要布置在楼层精密设备附近时，可将振源设备单独从底层设置构架式基础伸入到楼层，并与楼层脱开，采用弹性材料进行隔离；或将振源设备和精密设备分别布置在结构缝两侧，或在楼层上对振源设备单独进行隔振。

（5）对同类振源设备布置时，要尽量使加工运转方向成对反向布置，避免振动响应叠加，使振动处在不同相位上有所抵消或削弱。对于水平振动较大的振源，其扰力作用方向应与工业建筑楼层水平刚度较大方向一致，或将水平振动较大设备设在工业建筑底层，有利于减小结构振动。

（6）设有振动敏感设备和仪器的工业建筑，不应设置带牛腿柱支承的起重机和梁下悬挂起重机。如生产工艺需要时，可在底层设置与工业建筑完全脱开的门式起重机，或另立梁柱设置梁式起重机或悬挂起重机，减小地面振动传递对精密设备振动的影响；必要时，可在起重机轨道上和支承处采取减振措施，如设置弹性扣件、橡胶垫等。

（7）楼层内的大型空调不宜布置在精密设备附近，当负载很大时，宜单独建造空调楼，有效减小制冷压缩机、风机和水泵振动的干扰；当确需设在同一工业建筑内时，要相隔一定距离，必要时采用相应的隔振措施。

4. 结构抗微振设计

工业建筑结构抗微振设计要选择合理的结构体系、结构布置方式、构件尺寸，通过调整结构刚度，使结构自振密集区尽量避开振源主频率。合理的机电结构构造措施非常重要，如振源设备的各种管线与设备连接处应采取软管接头，穿过楼板、墙体应采用弹性支承垫；管线悬挂在结构上产生振动影响时，应采用隔振措施，避免管道引起的振动通过结构传递至精密设备。

5. 隔振设计

工业建筑内的振源较为复杂，当振源振动影响不能满足精密设备容许振动要求时，可采用隔振措施。

（1）对于不同的干扰频率，应采用不同的隔振方式。当外界振源干扰频率大于 15Hz 时，可采用橡胶隔振器；当外界振源干扰频率小于 8Hz 时，可采用钢弹簧隔振器，当阻尼不足时，可附加阻尼器。当外界振源主要干扰频率既有高频又有低频时，除采用钢弹簧隔振器或钢弹簧隔振器和阻尼器联合使用外，也可采用空气弹簧隔振器。

（2）振源和受振设备隔振设计，当振源设备较少且振动干扰较大、影响范围较广，而精密设备较多或比较集中时，应采取振源设备隔振；当振源设备较多、振动干扰范围较大，而精密设备较少时，应对受振精密设备采取隔振措施。必要时，可对振动较大的振源设备和容许振动要求高的受振设备同时进行隔振。

6. 减振设计

工业建筑可采用调谐质量阻尼器（Tuned Mass Damper, TMD）将结构主体或楼盖的响应进行吸收、转移，达到减小主体结构振动的目的。采用 TMD 进行减振设计时，一般应先计算结构拟控制的模态振型和频率，并根据 TMD 最优设计方法，对 TMD 的质量、刚度和阻尼进行优化设计，以达到最优的减振性能。

三、振动验算

工业建筑振动控制时，楼盖振动响应以及内设的精密仪器、设备振动响应需满足下式要求：

$$R \leqslant [R] \tag{1-1-1}$$

式中：R——楼盖结构或精密设备特征点的振动响应值；

$\quad$ $[R]$——容许振动值，一般应由厂家提出明确要求，当无法明确提出要求时，可按现行国家标准《建筑工程容许振动标准》GB 50868—2013 确定。

容许振动值应根据不同设备选取不同的控制措施，分别控制位移、速度、加速度或同时控制多项指标；控制指标可为频域值，也可为时域值；不同的振动设备及受振设备，控制指标可以是响应峰值或响应均方根值。

第二节 《工业建筑振动控制设计标准》简述

一、任务来源

《工业建筑振动控制设计标准》GB 50190—2020 是根据住房和城乡建设部《关于印发〈2005 年工程建设标准规范制订、修订计划（第二批）〉的通知》（建标〔2005〕124 号）及《关于同意国家标准〈多层厂房楼盖抗微振设计规范〉名称变更及调整主编单位的函》（建标标便〔2012〕146 号）的要求，编制组经广泛调查研究，认真总结实践经验，参考有关国际标准，并在广泛征求意见的基础上编制而成。

二、标准内容简介

现行国家标准《工业建筑振动控制设计标准》GB 50190—2020 共分 9 章和 1 个附录，主要内容包括：1 总则，2 术语和符号，3 基本规定，4 结构振动计算，5 单层工业建筑振动控制，6 多层工业建筑振动控制，7 多层工业建筑楼盖微振动控制，8 工业建筑振动测试，9 既有工业建筑振动控制措施，附录 A 多层工业建筑楼盖微振动位移传递系数简化计算等。

标准主要内容如下：

第 1 章 总则：规定了本标准的编制目的、适用范围。

第 2 章 术语和符号：结合现行国家标准《工程振动术语和符号标准》GB/T 51306—2018 的规定，对本标准使用的术语和符号进行了规定。

第 3 章 基本规定：对工业建筑振动控制的极限状态设计、工业建筑的振动验算内容、工业建筑振动控制设计资料、振动荷载取值、振动控制容许标准值等内容进行了规定；对工业建筑选址及设备布置要求、结构选型和构件布置以及结构验算内容等进行了规定。

第 4 章 结构振动计算：对结构动力特性和振动响应计算的原则要求、计算方法选取等做出规定；给出结构动力特性和振动响应计算时的荷载组合、结构阻尼比、构件刚度、振动响应指标转化计算等规定；对结构振动数值计算中的扫频分析、计算单元选取、有限元模型建模精度等进行了规定。

第 5 章 单层工业建筑振动控制：对单层工业建筑布置锻锤、压力机、落锤、破碎机、磨机等动力设备时的振动计算要求、基础容许振动标准进行了规定；对单层工业建筑结构和屋盖在水平、竖向振动荷载作用下的振动响应、大型动力设备作用在地面时基础及屋架的竖向振动响应进行了规定；对动力设备振动荷载作用下，主要受力构件的内力简化计算进行了规定；规定了振动控制的构造措施。

第 6 章 多层工业建筑振动控制：对多层工业建筑的振动控制设计方法、结构体系及构件布置要求、振动验算要求等进行了规定；对整体结构水平振动简化计算内容进行了规定；对楼盖结构竖向振动单跨梁模型的简化计算进行了规定；给出结构水平振动控制、竖向振动控制措施等。

第 7 章 多层工业建筑楼盖微振动控制：对肋形楼盖和预制装配式楼盖在不超过 600N 振动荷载作用下，振动响应计算假定、楼盖动力特性及振动响应计算方法、振动在本层楼盖及层间传递计算等进行了规定；给出楼盖微振动控制措施要求。

第 8 章 工业建筑振动测试：对工业建筑振动测试要求、测试仪器的选择、测试内容、拾振器安装、采样频率及测点布置等内容进行了规定。

第 9 章 既有工业建筑振动控制措施：对既有工业建筑振动不满足容许振动标准时，给出四类结构振动控制方法，并对相应的控制方法给出具体措施。

附录 A 多层工业建筑楼盖微振动位移传递系数简化计算：对特定范围内楼盖位移传递系数的简化计算给出规定，包含振动荷载作用点位置、验算点位置等参数变化对传递系数的影响。

第二章 基本规定

第一节 一般规定

一、工业建筑振动控制要求

工业建筑振动的影响主要体现在三个方面：一是影响仪器、仪表的正常工作，导致机器设备的加工精度降低，二是对人员正常工作和身心健康造成影响，三是造成结构构件承载力、正常使用不满足要求。

1. 影响仪器、仪表的正常工作

各类精密计量、理化分析及检验的仪器、仪表，均有相应正常检验测试精度的条件，当外界传递来的振动不满足容许振动控制要求时，精密仪器、仪表系统发生晃动或颤动，造成测量系统误差，甚至无法工作（图 2-1-1）。严重时，会造成某些仪器和刀具损坏、指针失灵、内部机构松动或损坏而报废。

当工业建筑内的精密设备不能满足控制要求时，会对产品的光洁度、波纹度、圆度、垂直度或尺寸精度等造成不良影响。实际工程测定表明，振动会对楼层上的精密车床、磨床、镗床、铣床等设备加工精度降低 1～2 级，严重时还会降低精密设备的使用寿命，甚至损坏。

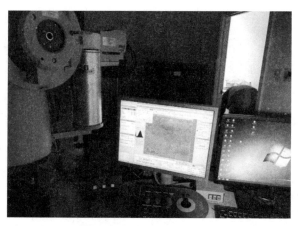

图 2-1-1 环境振动导致精密加工设备无法正常运行

2. 对人员正常工作和身心健康造成影响

环境振动对人的影响，最早可以追溯到 19 世纪德国学者 Wilhelm Wundt 的系统研究。随着各国学者的研究深入和实际工程验证，相关研究成果已被国际标准和部分国家标准所采用，如 ISO 系列标准、英国 BS 系列标准、德国 DIN 系列和 VDI 系列标准等，已广泛应用于汽车、机械、航空、航天、船舶和土木工程等领域。建筑振动对人体影响的现行国家标准主要有《建筑工程容许振动标准》GB 50868、《高层建筑混凝土结构技术规程》JGJ 3、《高层民用建筑钢结构技术规程》JGJ 99、《建筑楼盖振动舒适度技术标准》JGJ/T 441 等，上述标准主要以加速度限值控制结构振动对人的影响。

为保证正常生产操作条件，振动速度应控制在容许标准范围内，否则由于操作区振动过大，易造成操作误差，使产品质量下降、生产效率降低。正常工作和生活环境振动比操作区要严格，不同使用特点的容许振动控制指标差别较大。当超过容许振动值时，人易产生烦躁，工作效率降低，影响居民正常休息，并损害人的身心健康。图 2-1-2 为某工业建筑因设备层风机振动过大影响结构正常使用，而被迫开展振动测试、评估工作。

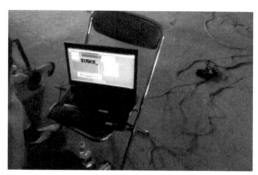

图 2-1-2 某工业建筑楼盖风机振动测试

3. 造成结构构件承载力、正常使用不满足要求

机械设备运转过程中将产生不平衡力，结构在不平衡力作用下会产生相应的动应力，如 0.56t 及以上的锻锤、1000t 以上的水压机、40/8 型及以上的空气压缩机、振动筛等，当动力荷载作用到支承结构或基础上时，振动将通过地基或支承结构传递或直接作用到工业建筑结构上，各部位将产生动应力。动应力严重超标时，会使结构发生疲劳破坏、地基液化、基础下沉、结构构件产生裂缝等不良后果。图 2-1-3 为某汽车厂涂装车间由于楼面风机振动引起的楼板开裂。

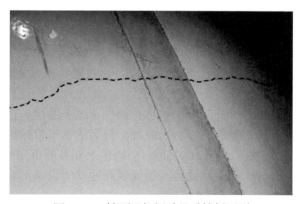

图 2-1-3 楼面风机振动导致楼板开裂

工业建筑结构在应力幅度变化较大的反复荷载作用下，其动力疲劳影响程度可达动应力的 3 倍。焊缝和混凝土在动力疲劳状态下，强度会降低一半。动力疲劳引起的局部损坏

将导致内力重分布，严重时会使结构产生局部甚至整体下沉。因此，工业建筑振动控制设计时要考虑因疲劳导致材料强度降低，应进行疲劳强度验算。

动力荷载作用下，地基承载力随振动加速度的增大而减小，1t 及以上锻锤，地基承载力降低 10%～20%，同时，土体的凝聚力和内摩擦力将减小，会引起土体颗粒的移位和增密；当地下水位较高时，振动传递的影响范围不仅会扩大，还可能造成粉砂层地基的局部液化，从而造成设备基础及附近建筑物基础的下沉，引起建筑物开裂和倾斜，严重时会导致建筑不能正常使用。

因此，工业建筑振动控制设计应严格控制下列指标：一是设备及仪器的正常使用要求，包括容许振动位移、振动速度、振动加速度等，以确保振动危害不影响生产及产品性能；二是应满足工作及相关人员的舒适度要求，一般控制容许振动计权加速度级、竖向四次方振动剂量值或控制噪声排放限值、振动加速度均方根等；三是应满足结构与构件承载力要求，包括结构与构件的强度、疲劳等，以确保结构安全；四是应保证结构构件的正常使用要求，包括变形及耐久性等。

二、工业建筑振动控制设计方法

工业建筑振动控制设计时，应确定振源特性、振动传递路径、振动控制要求等，一般应具备下列资料：

（1）建筑工程规划总图及工艺平面布置图；

（2）设备及仪器平面布置图、设备名称、型号、外形及底座尺寸；

（3）动力设备的振动荷载；

（4）受控设备及仪器的容许振动标准；

（5）结构平面图、剖面图；

（6）建筑场地岩土工程勘察报告；

（7）建筑周边的动力设备及环境振动资料、对振动控制有较高要求的建筑及人群分布资料。

动力设备的振动荷载宜由设备制造厂提供，包括振动荷载的方向、幅值和频率，当设备制造厂不能提供振动荷载参数时，可按现行国家标准《建筑振动荷载标准》GB/T 51228 确定。

各类机床、仪器和设备的振动控制要求可由制造厂家或研制部门提供，当无法提供时，应按现行国家标准《建筑工程容许振动标准》GB 50868 的有关规定确定。

工业建筑自振频率应避开设备振动荷载的频率，避免发生振动荷载作用下的共振。对于单层工业建筑，主要控制一阶及二阶水平自振周期及屋盖系统、吊车梁系统的一阶及二阶竖向自振周期。对于多层工业建筑，钢筋混凝土框架的水平自振频率在 0.6～3Hz 之间，钢框架的水平自振频率一般在 0.5～2Hz 之间；当楼盖上安装有低速动力设备时，要避开一阶到三阶自振周期并应进行水平振动计算；当安装高速动力设备时，要避开楼盖整体或局部的第一频率密集区且应进行竖向振动计算。

共振频率的避开范围，对于楼盖水平振动，宜将结构主要频率避开设备振动荷载频率的 1.0±0.3 倍；对于楼盖竖向振动，宜将结构的频率密集区避开设备振动荷载频率的 1.0±0.2 倍。当无法避开时，应采取措施改变结构动力特性或采取隔振措施等。

单层工业建筑地面设置大型动力设备，当结构振动验算不能满足控制要求时，应对动力设备设置单独基础，并应与工业建筑基础脱开，采取隔振或其他措施，以减小振动输出。

第二节　工业建筑选址及设备布置

一、工业建筑选址原则

工业建筑选址要从可行性论证开始，从宏观上对环境进行综合性评价，评价应根据产品精度和防振要求，远离有影响的环境振源，精密类厂房应设在无强振动干扰、无污染（强噪声、强电磁波、有害气体、强风尘雷雨）和不良地质条件影响的环境内。

若条件允许，应选择有利于减小振源振动和振动传播衰减的地形和地质条件，并在城市远郊主导风向上风区有计划地形成一个精密生产工业区，以减小区域性的不利环境和振动影响，如图 2-2-1 所示，形成一个相对安静、洁净、理想的工作环境。

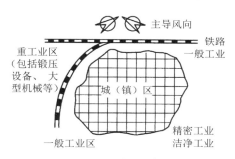

图 2-2-1　理想区域规划

有振动控制要求的工业建筑选址及规划时，振动控制要求较高的工业建筑，包括精密仪器和精密加工厂房、实验室等工业建筑，一般设在距离铁路、公路主干道、锻造或冲压车间、铸造车间、炼钢和轧钢车间、大型空压站等振源较远的地点。对于不适宜建厂或经济上不合理的地址，可以迁址或调整总图规划。

厂区内既有振敏对象面临新增振源或既有振源附近必须新增振敏对象时应远离布置，并根据振动发展预测，合理设计控制余量。当工业建筑动力设备的振动荷载较大时，如锻锤、落锤等大型动力设备，不宜建在软土、填土、液化土等不利地段。当难以避开时，应进行地基处理或采用桩基础。

二、动力设备布置

厂区范围内进行合理布局是减小振动设备对精密设备干扰最为经济可靠的措施。根据生产需要，工厂会配备各种大小不同的振源设备。有些工业厂区，振源设备和精密设备由于未做全局考虑，布局随意，振源分散在厂区各个部位或混杂在一起，生产使用时，发生严重的振动干扰，导致生产线无法正常使用，有的被迫停产、调整布局，造成经济损失。因此，在设计阶段，必须统筹合理布局。

布置厂区振源时，对大型振源设备，如锻锤、空气压缩机、场内火车等应尽可能布置在厂区一端或边缘，形成一至二个振源区，并与精密区保持安全距离，如图 2-2-2 所示。此时，防振距离可根据振源设备特性，基于地面振动传播衰减计算或已有地面振动传播衰减的实测资料进行估计；有条件时，可通过实际测定，确定最佳的防振距离，满足精密设备容许振动的防振指标要求。振源具体布置时，要利用有利地形，将振源设备旋转方向和水平往复运动指向与精密设备区域避开，并与工业建筑结构水平刚度较大的方向一致。

布置车间内部振源时，振源设备和精密设备宜布置在间隔较远的工业建筑两端，如图 2-2-3 所示。在工业建筑内布置振源时，不应将机械设备重量≥50kN、扰力≥1kN 的振源设置在楼层上，而应布置在底层地面上。确因生产工艺流程需要，可单独设构架式基础，并与楼层脱开或采取隔振措施。凡布置在楼层上的中小型设备，宜避免与精密设备布置在同一单元（设缝脱开）的同层及上下各楼层内，尽可能将其扰力产生方向与结构刚度较大方向一致，并尽可能布置在梁上、柱边或墙边等刚度较大区域。同类设备布置时，宜根据振动方向对称或反对称布置，避免多台设备同时运行时处于同向、同频率状态，并使振动在不同相位上相互抵消，从而减小振动影响。

图 2-2-2　厂区布置　　　　图 2-2-3　单层或多层工业建筑布置

振源较大的独立空调设备系统，可单独建造空调楼，应将制冷压缩机、风机等与精密设备区域完全分开，以防止振动干扰。在布置精密设备的多层工业建筑内，柱子上不应设置支承式起重机，在楼盖梁下也不应设置悬挂式起重机，确因生产需要，可在底层地面上设置与工业建筑脱开的门式起重机，或另立柱子设置支承梁式起重机、摇臂起重机或悬挂起重机，如图 2-2-4 所示。

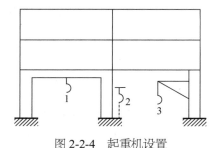

图 2-2-4　起重机设置

1—门式起重机；2—单轨起重机；3—摇臂起重机

精密加工区、精密仪器和精密设备应与振源设备分区布置；精密加工设备和精密仪器布置应避开电梯间、楼梯间和物料输送设备。多层工业建筑中较重、较大振动设备和冲击式机器宜布置在底层或地下室基础底板上，应采取大质量减振基础或隔振基础；工业建筑内的空调机组、通风机、循环水或供水水泵、备用电源等，应采取隔振、降噪措施后，集中设置在对精密加工和精密仪器振动影响较小的区域。

精密设备不宜设置在厂区内的火车或重型汽车通过的主干道附近；楼层上的动力设备宜沿楼盖主次梁布置，竖向振动较大的设备宜布置在主梁端部区域。

第三节　结构选型及布置

一、结构振动及传播特点

不同工业建筑结构的振动，如动力机器基础振动、单层工业建筑屋盖振动、多层工业建筑整体水平振动以及楼盖竖向振动等，其传播特点均不相同。

1. 动力机器基础振动及传播特点

机械设备在运转过程中会产生不平衡扰力，主要有不平衡惯性力、初位移、撞击能量或加速度等。当扰力作用到设备基础上时，设备和基础产生振动，再通过土体介质以两类弹性波（体波、面波）的形式，反射到地面，这两类波在地面合成引起的振动，称为"地面振动"。

振动弹性波的体波、面波将振动能量在土体介质中不断向外辐射和扩散，振动能量被土体介质吸收，并在不同距离反射到地面，形成合成振动，即弹性波在土体介质传播过程中，存在与距离相关的几何阻尼衰减以及与土体介质相关的黏滞阻尼衰减，随传播距离增大，地面振动不断衰减直至消失，称为"地面振动的传播衰减"。

我国学者从 20 世纪 50 年代末、60 年代初开始研究和实践，至今地面运动传播衰减的计算公式已有 20 多种，其中潘复兰、杨先健、茅玉泉等学者提出了实用公式并被相关规范采用。

2. 工业建筑屋盖、楼盖振动传播特点

屋盖、楼盖竖向振动具有如下规律：

（1）多源叠加：厂房内部和外部多振源直接或间接对整个工业建筑产生振动干扰，其振动响应具有综合叠加性质。

（2）楼盖竖向第一频率密集区不可避免产生共振：在实测多层工业建筑楼盖的竖向第一固有频率附近，出现多个共振峰点，形成固有频率密集区，易与干扰频率发生共振，因此，楼盖发生竖向共振不可避免。在计算振动影响时，应考虑不同峰值的共振影响，根据实测结果，第一频率密集区的频率峰值变化幅度大约在±15%以内。

采用等效连续梁计算理论，可以解释频率密集区现象。连续梁频率密集区的上限和下限频率，可通过克雷洛夫函数代表振型函数，以求解自振频率和振型函数，单跨简支梁的振型函数和自振圆频率可采用下列公式计算：

$$V(x) = C \sin\left(\frac{r\pi x}{L}\right) \tag{2-3-1}$$

$$\omega = (r\pi)^2 \left(\frac{EI}{mL^4}\right)^{1/2} \tag{2-3-2}$$

$$f = \frac{(r\pi)^2}{2\pi} \left(\frac{EI}{mL^4}\right)^{1/2} \tag{2-3-3}$$

$$f = \varphi \left(\frac{EI}{mL^4}\right)^{1/2} \tag{2-3-4}$$

式中：r——模态阶数；

L——跨度；

φ——自振频率系数。

某单跨简支梁混凝土强度为 C30，截面尺寸为 300mm×500mm，跨度为 6000mm，其前三阶自振频率如表 2-3-1 所示，模态曲线如图 2-3-1 所示。由表 2-3-1 和图 2-3-1 可知，单跨简支梁的频率间隔较大，不存在频率密集的情况。考虑单跨梁计算模型和实际结构误差，现行国家标准《工业建筑振动控制设计标准》GB 50190 仅对第一频率进行适当的范围扩大，认为在该范围会与第一振型发生共振。

单跨梁前三阶自振频率 表 2-3-1

模态阶数	一	二	三
频率（Hz）	30.5	122.2	274.9

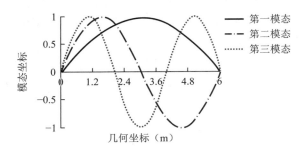

图 2-3-1　单跨梁模态曲线

对于多跨连续梁采用上述自振频率克雷洛夫函数的计算方法，无法得到支承处为反弯点的自振频率和振型函数，这种形式的自振特性和单跨梁相同，因此，将求得的全部频率和相应单跨梁频率按照顺序排列即可得到多跨梁的自振特性。表 2-3-2 和图 2-3-2 分别为三跨简支连续梁的自振频率和模态曲线，其结构参数与单跨梁相同。

由表 2-3-1 和表 2-3-2 可知，三跨连续梁的第一、第四自振频率分别等于单跨梁的第一、第二自振频率。根据图 2-3-1 和图 2-3-2，三跨连续梁的第一、第四振型曲线在跨内部分与单跨梁的第一、第二振型曲线相同。这种现象称为多跨连续梁的频率密集，对于三跨连续梁，即第一频率密集区的下限频率为第一模态频率，上限频率为第三模态频率。现行国家标准《工业建筑振动控制设计标准》GB 50190 给出了 1～5 跨连续梁第一频率密集区内上限频率和下限频率的自振频率系数，如表 2-3-3 所示。为考虑计算模型和实际结构的差别，对下限频率和上限频率分别降低和提高 20%，并在扩大范围后的第一频率密集区内计算结构的共振响应。

三跨连续梁前四阶自振频率　　　　　表 2-3-2

模态阶数	一	二	三	四
频率（Hz）	30.5	39.7	56.4	122.2

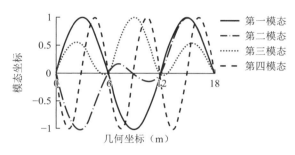

图 2-3-2　三跨连续梁模态曲线

自振频率系数　　　　　表 2-3-3

自振频率系数	梁的跨数				
	1	2	3	4	5
下限频率	1.57	1.57	1.57	1.57	1.57
上限频率	1.57	2.45	2.94	3.17	3.30

（3）阻尼影响：钢筋混凝土结构具有良好的阻尼，一般情况下阻尼比在 0.05 左右，不同的动荷载、不同的位移大小，阻尼比有显著差别，不同结构形式对阻尼比也会有明显影响，实测阻尼比大致在 0.05～0.1 之间变化。

结构阻尼采用线性黏滞阻尼形式，可简便给出结构动力方程，应用广泛。但黏滞阻尼的能量损失依赖于激励频率，试验结果表明阻尼力和试验频率几乎无关，该阻尼形式对于谐振反应的影响比其他振动形式要大，因此谐振反应分析推荐使用滞变阻尼。通过对这两种阻尼形式进行研究，采用如图 2-3-3 所示的常用工业建筑楼盖模型进行有限元分析，分别采用滞变阻尼和黏滞阻尼，计算滞变阻尼引起的稳态反应时，每一振型指定等效黏滞阻尼比为：

$$\xi = \frac{\gamma}{2\beta} \tag{2-3-5}$$

式中：ξ——黏滞阻尼系数；

γ——滞变阻尼系数；

β——激励频率与自振频率的比值。

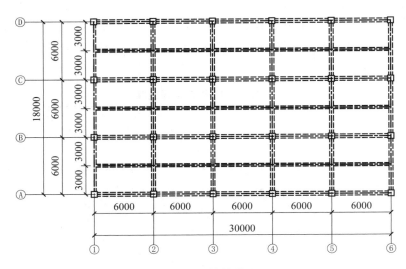

图 2-3-3 楼盖模型

表 2-3-4 给出在楼盖中某点激励时，采用黏滞阻尼和滞变阻尼，不同激励频率的峰值位移计算结果对比。分别采用滞变阻尼和黏滞阻尼，结果最大仅相差 2.11%，因此，采用黏滞阻尼可满足工程精度要求，为计算方便，可按黏滞阻尼计算。

黏滞阻尼和滞变阻尼的计算结果对比   表 2-3-4

加载频率（Hz）	0.5	20.0	40.0	50.0	51.0	52.0	60.0
黏滞阻尼位移结果（10^{-5}m）	1.624	2.973	1.256	3.325	3.811	4.128	1.826
滞变阻尼位移结果（10^{-5}m）	1.616	3.037	1.262	3.260	3.752	4.108	1.833
误差（%）	0.50	−2.11	−0.48	1.99	1.57	0.49	−0.38

（4）动弹性模量的影响：现行国家标准《工业建筑振动控制设计标准》GB 50190 编制组对混凝土构件（混凝土强度等级分别为 C20、C30 和 C40）在静态万能试验机及动态试验机上进行试验，动荷载的频率范围为 10～40Hz，加载幅值为 2～30kN，试件平均动静弹性模量比值为 1.04～1.34，随加载幅值增大而增大。

试验结果表明，结构材料的动弹性模量随动应力增大而增加，而多层工业建筑振动值约在 50μm 以下，产生的动应力一般在材料应力的 10% 以内，相应动弹性模量增幅约为 5%～10%，因此可采用静弹性模量。振动较大时，可取用 1.05 或 1.1 倍的静弹性模量。

（5）柱支座刚度对等效连续梁计算模型的影响

连续梁模型在柱子处假定为铰接支座，而柱子有一定刚度，对梁转动有约束作用，因此，铰支座的连续梁模型与实际结构存在一定的模型化误差。采用有限元计算方法对图 2-3-3 中模型的纵向主梁，分别采用理想铰支座和柱子支座进行对比计算。

对理想铰支座和柱子支座模型分别进行自振特性分析，图 2-3-4 和表 2-3-5 给出理想铰支座连续梁自振特性的计算结果，第一模态和第五模态分别为结构的第一频率密集区的下限频率和上限频率，第六模态对应单跨梁的第二频率，振型为跨内的正弦曲线。

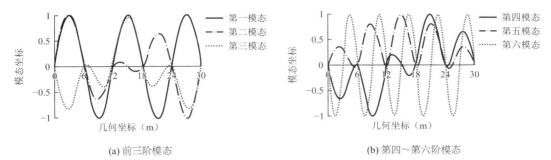

(a) 前三阶模态　　　　　　　　　　　　(b) 第四～第六阶模态

图 2-3-4　理想铰支座模态曲线

理想铰支座连续梁自振频率　　　　　　　　　　表 2-3-5

模态阶数	一	二	三	四	五	六
频率（Hz）	29.9	33.0	40.7	50.6	59.8	113.5

　　图 2-3-5 和表 2-3-6 给出柱支座连续梁模型自振特性计算结果，柱子刚度对梁的自振特性有很大影响，第一自振频率增大 73%，而第一频率密集区的上限频率相对于理想铰支座模型相差仅为−3.5%。上下限频率对应的振型曲线和理想铰支座模型的振型曲线形状相差不大，而频率密集区内的振型曲线形状则变化较为明显。

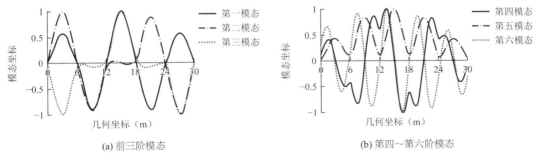

(a) 前三阶模态　　　　　　　　　　　　(b) 第四～第六阶模态

图 2-3-5　柱支座模态曲线

柱支座梁自振频率　　　　　　　　　　　　表 2-3-6

模态阶数	一	二	三	四	五	六
频率（Hz）	51.6	52.8	54.5	56.3	57.7	119.4

　　分别在理想铰支座和柱支座模型的纵向主梁中间跨跨中施加简谐激励，图 2-3-6 给出激励点在不同激励频率下的峰值位移计算结果对比，可以看出柱支座连续梁模型只有一个峰值频率，峰值位移与理想铰支座相差不大，共振前的峰值位移比铰支座模型降低很多，两者在共振峰值点后的峰值位移相近。

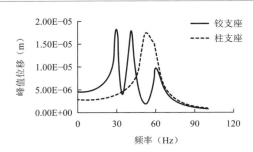

图 2-3-6 理想铰支座和柱支座模型峰值位移计算结果对比

（6）楼盖面层刚度贡献

对于现浇钢筋混凝土楼盖，实际工程中一般会有 2～10cm 建筑面层。根据实测结果，计算中对于厚度在 5cm 以下的建筑面层，可不考虑刚度贡献，但对于厚度超过 5cm 的建筑面层应适当考虑刚度贡献。

3. 多层工业建筑振动传递规律

振动在建筑内的传递范围很广，理论上可传至整个建筑。因此，振动控制设计时需考虑振动在本楼层的传递以及各楼层之间的传递。

（1）楼层平面内的振动传递：楼层振源竖向振动在楼层平面内，通过梁、板支承构件，在第一固有频率区域与其静荷载变形一样，形成动态弯曲振动传递，其支承结构均处于弹性状态，并使梁、板所有构件在振动过程中不会处于近零振动状态，由于楼层竖向振动在楼层平面内传递主要发生在第一共振频率密集区，振动传递可按振动峰值的绝对值描绘成连续的波动衰减曲线；此时梁的刚度大、板的刚度小，振动传递中除振源作用的梁上振动比板中大以外，梁上的其他振动在传递方向均小于前一跨板中的振动，而板中的振动均大于两段支承梁中的振动。

工业建筑中广泛使用框架抗侧力结构和主次梁形式的楼盖，为研究楼盖竖向振动在楼层平面内的振动传递规律，设计了某框架结构形式的楼盖（图 2-3-7）。激励作用在主梁和次梁的跨中及 1/4 跨、3/4 跨处，响应点取主梁、次梁的跨中处。激励采用简谐激励，激励响应取稳态响应。

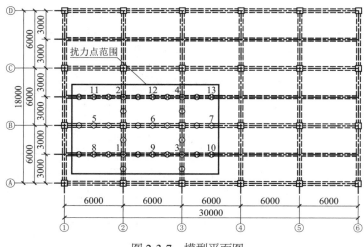

图 2-3-7 模型平面图

采用通用有限元分析软件 ANSYS 进行建模，梁、柱构件采用杆系单元，楼板采用壳单元进行分析。在简谐振动作用下，结构响应高度依赖结构的动力特性，而单元的划分大小对结构的动力特性有一定影响，为获得足够精确的结构响应，需研究单元划分大小对结构计算精度的影响。表 2-3-7 和图 2-3-8 给出梁和楼板单元长度分别为跨度的 1/4、1/8、1/16 和 1/32 时，楼板上某点激励时，激励点处峰值位移和频率的计算结果，当单元大小为跨度的 1/8 时，计算结果趋于稳定，综合考虑计算效率和精度，控制单元尺寸不应大于跨度的 1/8。

柱支座梁自振频率　　　　　　　　　　　　　　　　表 2-3-7

单元大小（跨度）	1/4	1/8	1/16	1/32
峰值位移（m）	4.800×10^{-5}	4.337×10^{-5}	4.184×10^{-5}	4.136×10^{-5}
峰值频率（Hz）	49.00	51.50	52.5	52.75

为获得峰值位移和峰值频率，对激励频率分辨率对计算结果的影响进行研究，图 2-3-9 和表 2-3-8 给出激励频率分辨率分别为 0.5Hz 和 0.25Hz 时的计算结果对比。

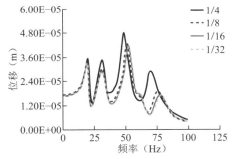

图 2-3-8　单元划分大小对计算结果的影响　　图 2-3-9　不同频率分辨率计算结果对比

柱支座梁自振频率　　　　　　　　　　　　　　　　表 2-3-8

频率分辨率（Hz）	0.25	0.50
峰值位移（m）	4.337×10^{-5}	4.337×10^{-5}
峰值频率（Hz）	51.5	51.5

图 2-3-10 给出楼板竖向振动的前六阶模态振型图，表 2-3-9 给出楼板竖向振动的前六阶模态的自振频率，楼板竖向振动的自振频率分布密集，且有重频现象。

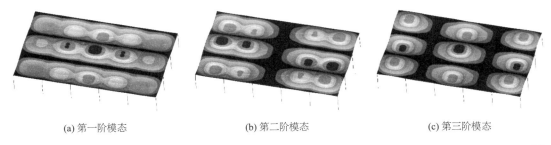

(a) 第一阶模态　　　　　　　　　　(b) 第二阶模态　　　　　　　　　　(c) 第三阶模态

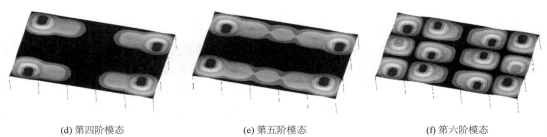

(d) 第四阶模态   (e) 第五阶模态   (f) 第六阶模态

图 2-3-10   楼板竖向振动的前六阶模态

楼板竖向振动的前六阶频率   表 2-3-9

模态阶数	一	二	三	四	五	六
频率（Hz）	18.3	18.6	19.1	19.9	19.9	20.0

如图 2-3-7 所示，当激励点在横向主梁跨中激励时，共有 4 个激励点，分别得到在 4 个点作用激励时，次梁和主梁跨中的峰值响应。定义各个响应点的峰值位移与激励点处的峰值位移之比为该响应点对应其激励点的传递系数。根据传递系数的计算结果，可得各个响应点的传递系数按照响应点与激励点的几何关系，不同激励点计算的传递系数相差不大，因此，可用 4 个激励点的传递系数平均值来表示激励点作用在主梁跨中时，整个平面上振动位移的传递规律，如图 2-3-11 所示。当激励点与图示不一致时，可按几何关系对照查找。

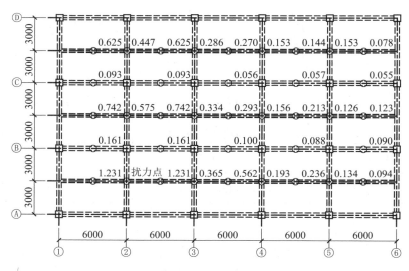

图 2-3-11   扰力点在横向主梁的传递系数

当激励作用在纵向主梁和次梁上，其传递系数和激励作用在横向主梁上的传递系数具有相似的规律，相应的传递系数平均值的计算结果如图 2-3-12 和图 2-3-13 所示。

算例中各验算点处修正系数的分布情况如图 2-3-14 所示，统计见表 2-3-10。由计算结果可知，激励作用在非梁中时的传递系数与激励作用在梁中时的传递系数之比较接近，取比值的平均值 1.44 进行修正，可用图 2-3-11～图 2-3-13 所示的传递系数计算激励不在梁中时的传递系数。

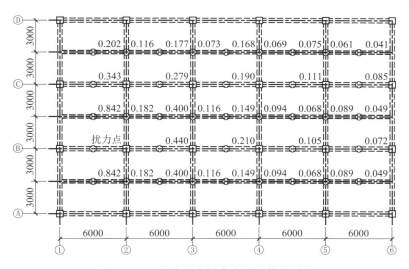

图 2-3-12 扰力点在纵向主梁的传递系数

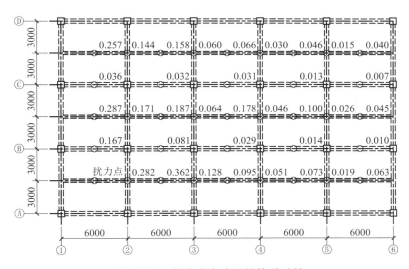

图 2-3-13 扰力点在次梁的传递系数

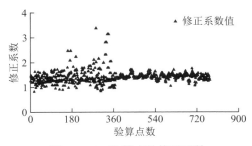

图 2-3-14 验算点的修正系数

修正系数统计 表 2-3-10

统计指标	最大值	最小值	平均值	方差	变异系数（%）
修正系数	3.40	0.85	1.44	0.06	3.87

（2）楼层层间振动传递：激振层的振动可通过竖向构件传递到其他受振层。层间振动传递较为复杂，早在20世纪60年代初，我国开始对该问题进行研究并开展了实测试验。80年代后期，又进行了更进一步的试验验证和理论研究。

对6个多层工业建筑较为系统地进行了层间振动传递实测试验，结果表明：层间传递比离散性较大，主要由于影响层间振动的因素较多，如各层楼盖及与振源远近不同位置处测点均存在一定的共振频率差；在某一共振频率时，不是各层楼盖及各测点均出现振动的最大响应；在实测试验中，存在着某些外界振动干扰或较小位移振动等因素，给实测试验结果带来误差。6个多层工业建筑实测值，均考虑在第一共振频率密集区的最大响应，在多个共振频率下，可得到不同的试验值，剔除过大、过小值，然后对多个数据取平均值作为实测值。对6个多层工业建筑楼盖层间振动传递的数据，采用保证率为90%以上进行回归分析，并以此确定距振源不同距离处的层间振动传递比。层间振动传递比的大小，一般远处大于近处，大约传递到4个柱距后，可考虑接近1；振源附近各层相差较大，而距离振源较远处各层相差甚小；上层区域大于下层区域；隔跨区域大于本跨区域；振幅小时大于振幅大时。通过对西安东风仪表厂进行测试，结果表明：当二层机床开动率为60%～80%时，梁中最大振动位移1～6μm，板中最大位移2～10μm，振动可传递到三层；上下对应点的层间振动传递比，梁中为0.35～0.50，板中为0.20～0.60，振幅小时，传递比大，反之则小。

二、结构选型及布置

1.结构选型

承受振动荷载作用的工业建筑结构应优先采用钢筋混凝土结构、组合结构等，设计时需要根据工艺特点、振动荷载、振动频率、施工要求等优化选择。

对于受低频水平振动荷载影响的结构，可优先考虑抗侧刚度相对较大的钢筋混凝土结构，或采取措施提高钢结构抗侧刚度，避免发生结构共振。

（1）电子工业防微振厂房

防微振厂房同一结构单元的基础不宜设置在不同类别的地基土上。集成电路制造厂房前工序、液晶显示器制造厂房、纳米科技建筑及实验室应按防微振要求设置厚板式钢筋混凝土地面。当地面为超长混凝土结构时，不宜设置伸缩缝，可采用超长混凝土结构无缝设计。

集成电路制造厂房前工序、液晶显示器制造厂房、光伏太阳能制造厂房、纳米科技建筑及各类实验室等宜采用小跨度柱网，工艺设备层平台宜采用钢筋混凝土结构，平台与周围结构之间宜设隔振缝。当建筑物超长时，不宜设置伸缩缝，而应采用超长混凝土结构无缝设计技术，并采取措施降低温度应力。根据防微振需要，可在防微振工艺设备层平台下的部分柱间设置钢筋混凝土防微振墙，墙体宜纵横向对称布置，墙厚不宜小于250mm，墙体不宜开设孔洞。当屋盖多跨结构的中柱与工艺设备层平台之间设缝时，在非地震区，缝宽不应小于50mm；在地震区，缝宽不应小于100mm，且应符合现行国家标准《建筑抗震设计规范》GB 50011中有关防震缝的要求。

（2）多层织造厂房

多层织造厂房应优先采用现浇或装配整体式钢筋混凝土框架-抗振墙结构。框架-抗振墙结构的柱网尺寸一般宜在10m以内。当有充分依据时，也可采用较大的柱网尺寸。凸出屋面的局部房屋不宜采用混合结构。框架内纵横两个主轴方向均应设置现浇混凝土抗振墙，抗振墙的中心宜与框架柱中心重合。混凝土抗振墙在结构单元内应力应均匀，结构单元刚度中心与质量中心宜重合。混凝土抗振墙横断面与结构单元平面面积之比在织机经纱向（打纬向）不小于 0.15%，在织机纬纱向（投梭向）的面积比不小于 0.12%。

2. 振动设备的布置

当动力设备振动荷载较大时，可单独设框架式或墙式动力设备基础，并与主体结构脱开。支承在柱和吊车梁上的起重机产生的振动直接作用于结构，会影响工业建筑内的精密设备间。研究表明，设有起重机的多层工业建筑，起重机运行时楼盖上的设备将受到较大影响，有些特殊要求的工厂，只有在楼盖上的动力设备不工作时才能使用。振动控制要求较严的多层工业建筑内可采用小车或传输线运输，不宜设置起重机，不宜在结构柱子上设置支承式起重机，也不宜在楼盖梁下设置悬挂式起重机。确需设置起重设备时，起重机支撑结构应与主体结构脱开，单独设置；或者设置独立于工业建筑结构体系之外的门式起重机、悬臂起重机或摇臂起重机。当动力设备振动荷载较大时，可单独设框架式或墙式动力设备基础，与主体结构脱开。

第四节　结构振动验算

一、基本规定

工业建筑振动控制设计时，应进行结构正常使用极限状态和承载能力极限状态验算。正常使用极限状态是保证满足设备正常使用要求和结构构件的正常使用要求，主要是振动荷载作用下的容许位移、速度、加速度验算以及结构构件的变形和裂缝等验算。结构承载力极限状态验算包括结构和构件的强度验算、必要的疲劳验算，验算要考虑振动荷载和静力荷载的效应组合。

二、振动荷载作用效应组合研究

1. 振动荷载组合的相关问题

近年来，多层工业建筑以及民用建筑工程中设备上楼愈来愈多。现行国家标准《建筑结构荷载规范》GB 50009 中，除起重机荷载外，很少涉及设备振动荷载，其他有关振动的规范标准和文献，虽然给出部分振动荷载取值规定以及部分振动荷载组合计算公式，但未涉及设备荷载与已有结构设计荷载的组合方法。振动荷载组合需要解决以下两方面问题：

（1）两类极限状态下的验算内容

工业建筑振动控制设计包括承载能力极限状态和正常使用极限状态，对于承载能力极限状态设计，包括结构构件承载力计算、减振产品承载力计算等；另外，还包括直接承受重复荷载的钢筋混凝土构件疲劳验算（钢结构疲劳验算应采用容许应力幅法）。正常使用极限状态设计包括振动荷载作用下的构件变形验算，设备及仪表要求的振动位移、振动速度、振动加速度验算，人体舒适度验算，必要时的混凝土构件应力和裂缝宽度验算。

根据验算内容不同，两种极限状态对应的结构和构件设计应分别采用不同的荷载组合类型。如表 2-4-1 所示，荷载组合类型一仅包含动荷载组合，其组合路径相对统一；荷载组合类型二为动荷载与常规结构设计荷载组合，包括两种实现路径。

荷载组合分类 表 2-4-1

极限状态	验算内容	荷载组合类型
承载能力极限状态	构件承载力计算	类型二
	钢筋混凝土构件疲劳验算	类型二
	减振产品承载力验算	类型一
正常使用极限状态	构件变形验算	类型二
	混凝土构件应力和裂缝宽度验算	类型二
	设备及仪表要求的振动位移、速度、加速度验算	类型一
	人体舒适度验算	类型一

（2）振动荷载超越概率

结构可靠度是以概率为基础的极限状态设计，目前，对于各类设备荷载，尚未见相关文献研究其概率分布模型，无法结合工艺资料确定其荷载设计特征值及组合系数。

当无法确定数学模型时，可根据设备使用频率、荷载工况的出现概率，采用近似的参考值概率确定其组合值。与设备振动荷载相关的荷载工况及发生概率见表 2-4-2。

设备振动荷载发生概率 表 2-4-2

荷载类别	工况类别	发生概率
设备振动荷载	运行工况	高
	启动工况	较低
	试验或调试工况	低

（3）振动荷载与常规结构设计荷载的组合路径

对于微振工况，仅需要计算荷载组合类型一；对于非微振工况，需要考虑设备振动荷载与常规结构设计荷载的组合效应，即考虑荷载组合类型二。除起重机荷载以外，其他设备荷载的具体组合方法尚未充分研究。针对该种荷载组合路径，提出以下两种方法：

路径一是每个设备振动荷载均作为一个可变荷载参与荷载组合，组合公式参考现行国家标准《建筑结构荷载规范》GB 50009。该路径需要解决的问题是：应给出不同设备荷载组合系数。

路径二是分步组合，即先把设备振动荷载组合，然后把设备振动荷载效应组合值作为可变荷载，参与结构设计荷载组合。其中，设备振动荷载组合本身也可以按同频率和不同频率，分两步实施组合。

2. 相关规范中的振动荷载效应组合

对于设备振动荷载组合，在现行国家标准《工业建筑振动控制设计标准》GB 50190、中华人民共和国冶金工业部标准《机器动荷载作用下建筑物承重结构的振动计算和隔振设计规程》YBJ 55 YSJ 009、中华人民共和国纺织工业部标准《多层织造厂房结构动力设计规范》FZJ 116 和《电子工业防微振工程技术规范》GB 51076 中均有相应规定，但考虑设备荷载动力特性、传递路径不同，给出的振动荷载组合有所区别。

（1）水平振动效应组合

对于设备水平荷载效应组合，行业标准《机器动荷载作用下建筑物承重结构的振动计算和隔振设计规程》YBJ 55 YSJ 009 给出计算公式(2-4-1)，行业标准《多层织造厂房结构动力设计规范》FZJ 116 给出计算公式(2-4-2)，现行国家标准《电子工业防微振工程技术规范》GB 51076 给出稳态振源中三台以下振源计算公式(2-4-3a)和(2-4-3b)、多台振源计算公式(2-4-3c)、随机振源荷载组合效应计算公式(2-4-3d)。

$$V_r = 2\pi c \sqrt{\sum_{i=1}^{n} A_{ri}^2 f_{ei}^2} \tag{2-4-1}$$

$$F_j = 1.414 \sqrt{\sum_{i=1}^{n} F_{iy}^2} \tag{2-4-2}$$

$$D_r = D_{r1} + D_{r2} \tag{2-4-3a}$$

$$D_r = \frac{2}{\sqrt{3}} \sqrt{\sum_{i=1}^{3} D_{r1}^2} \tag{2-4-3b}$$

$$D_r = D_{r1max} + \sqrt{\sum_{i=2}^{N} D_{ri}^2} \tag{2-4-3c}$$

$$D_r = \sqrt{\sum_{i=1}^{N} D_{ri}^2} \tag{2-4-3d}$$

式中：V_r——工业建筑第r层的振动速度；

　　　A_{ri}——第i台机器作用下的计算幅值；

　　　f_{ei}——第i台机器的扰力频率；

　　　F_{iy}——第i台机器的振动荷载；

　　　c——系数，当两台机器作用时，$c = 1.2$；三台机器作用时，$c = 1.1$；四台及四台以上机器作用时，$c = 1.0$；

　　　D_r——多个稳态振源距指定点距离r处的振动响应叠加；

　　　D_{r1}——第一个稳态振源距指定点处的振动响应；

　　　D_{r2}——第二个稳态振源距指定点处的振动响应；

　D_{r1max}——多个振源中距指定点处振动响应最大的一个；

　　　N——振源个数。

　　上述设备振动荷载的组合计算基本均是基于平方和开方法，而对于少量设备的振动荷载组合所采用的修正方法不同，主要区别在于是否区分振源类型。行业标准《机器动荷载作用下建筑物承重结构的振动计算和隔振设计规程》YBJ 55-YSJ 009 不区分振源类型，当两台机器作用时，修正系数为1.2，三台机器作用时，修正系数为1.1；行业标准《多层织造厂房结构动力设计规范》FZJ 116 不区分振源类型，所有情况下的修正系数均取1.414；现行国家标准《电子工业防微振工程技术规范》GB 51076 对不同的振源类型采用不同的计算方法，对三台及以下稳态振源的组合，采用峰值线性叠加以及平方和开方法乘以近似1.2的修正系数并取两者较大值，对于多台稳态振源采用最大值和剩余振源平方和开方结果之和，对于随机振源则采用平方和开方法。为对比不同计算方法计算的组合值可靠度，假定不同振源的效应值相同，得到不同方法计算的组合值相当于单个振源效应值的放大系数。图 2-4-1 给出了不同计算方法得到的水平振动放大系数与组合振源数的关系曲线。由图可见，其他相关规范给出的水平振动荷载组合计算方法基本一致，所得规律也基本相同；但计算所得具体数值略有区别，特别是当少量设备振动荷载组合时的计算结果差别较大。

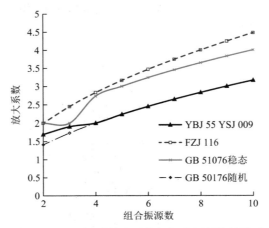

图 2-4-1　水平振动放大系数与组合振源数的关系

（2）竖向振动效应组合

现行国家标准《工业建筑振动控制设计标准》GB 50190 规定当周期性运转设备为 2～4 台时，可取其中两台在验算点上产生较大的效应之和，其他振动效应组合应采用平方和开方法计算：

$$V_r = 2\pi c \sqrt{\sum_{i=1}^{n} A_{ri}^2 f_{ei}^2} \tag{2-4-4}$$

上述规范对于竖向振动效应组合的计算方法与水平振动相同。

图 2-4-2 给出了不同计算方法得到的稳态振源竖向振动放大系数与组合振源数的关系，图 2-4-3 给出不同计算方法得到的非稳态振源竖向振动放大系数与组合振源数的关系。结果可见，相关规范给出的竖向振动荷载组合计算方法基本一致，规律相同；同样，对于少量设备振动荷载组合时，差别较大；此外，行业标准《多层织造厂房结构动力设计规范》FZJ 116 组合值偏大，不适用于随机振源组合。

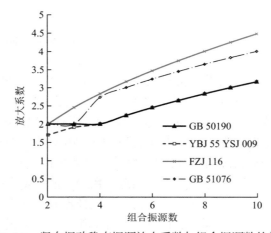

图 2-4-2　竖向振动稳态振源放大系数与组合振源数的关系

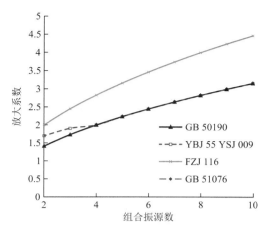

图 2-4-3　竖向振动非稳态振源放大系数与组合振源数的关系

3. 振动荷载组合建议

对于组合振源数较少的稳态振源采用平方和开方法计算可靠度较低，因此，目前相关规范均对该情况进行了调整，对于组合振源数较多的不同类型振源组合，平方和开方法可靠度较高。

振动效应组合时，采用如下公式：

$$S_v = \sqrt{\sum_{i=1}^{n}(S_{vi})^2} \tag{2-4-5}$$

式中：S_v——振动效应组合值；

S_{vi}——第i个振动荷载作用效应值。

为确保安全适用，组合值不得小于下式计算值：

$$S_v = S_{vmax1} + S_{vmax2} \tag{2-4-6}$$

式中：S_{vmax1}——振动荷载作用效应的第一较大值；

S_{vmax2}——振动荷载作用效应的第二较大值。

三、设计荷载作用效应组合

分步荷载组合即荷载组合路径二，先把设备振动荷载组合，然后把设备振动荷载效应组合值作为可变荷载参与结构设计荷载组合。

根据验算内容不同，组合可分为基本组合、标准组合、准永久组合，分别用于构件承载力验算、变形验算、裂缝验算和疲劳验算。组合种类的划分以及是否考虑荷载长期作用等，以原设计荷载组合为准。

由于设备振动荷载效应组合值已考虑了设备本身的组合系数影响，所以，动力荷载参与基本组合时组合系数大于 1.0，其他组合时组合系数均取 1.0。

1. 基本组合

结构构件振动作用效应与其他荷载效应的基本组合，可按下式计算：

$$S = S_s + 1.5S_v \tag{2-4-7}$$

式中：S——结构构件内力组合的设计值，包括组合的弯矩、轴力和剪力设计值等；

S_s——结构构件在静力荷载作用下内力组合设计值，其中静力荷载包含恒荷载及除动力设备以外的可变荷载；

S_v——结构构件在振动荷载作用下的效应值。

2. 标准组合

进行结构和构件在静力荷载作用下的变形、应力以及裂缝计算时，荷载组合依据现行国家标准《建筑结构荷载规范》GB 50009、《混凝土结构设计规范》GB 50010 和《钢结构设计标准》GB 50017 的规定确定，根据构件材料及形式、裂缝控制等级的不同，应分别考虑标准组合、准永久组合，涉及是否考虑荷载长期作用等因素，其中，静力荷载包含恒荷载及除动力设备以外的可变荷载。

工业建筑受振结构和构件的变形设计值，可按下式计算：

$$u = u_s + u_v \tag{2-4-8}$$

式中：u——结构和构件的变形设计值；

u_s——结构和构件在静力荷载作用下的变形值；

u_v——结构和构件在振动荷载作用下的变形幅值。

工业建筑钢筋混凝土构件在计算振动荷载作用下的拉应力及开展裂缝验算时，构件截面内力组合设计值可按下式计算：

$$S = S_s + S_v \tag{2-4-9}$$

3. 疲劳验算采用的组合

工业建筑构件疲劳验算时，结构构件的振动荷载作用效应与其他荷载效应的标准值组合，可按下式计算：

$$S = S_{ks} + S_v \tag{2-4-10}$$

式中：S_{ks}——构件在静力荷载作用下内力组合的标准值。

四、工程振动验算要求

工业建筑振动控制设计时，应进行结构正常使用极限状态验算，以确保设备正常使用要求。结构的正常使用极限状态验算主要包括振动荷载作用下的容许位移、速度、加速度验算。结构承载力极限状态验算包括结构和构件强度验算、必要的疲劳验算，验算要考虑振动荷载和静力荷载的效应组合。

正常使用极限状态应符合下列设计表达式：

$$S_v \leqslant C_v \tag{2-4-11}$$

式中：S_v——正常使用极限状态振动荷载效应设计值；

C_v——设备及仪器正常使用限值。

承载能力极限状态应符合下列设计表达式：

$$\gamma_0 S \leqslant R \tag{2-4-12}$$

式中：γ_0——结构重要性系数；

S——承载能力极限状态下作用组合的效应设计值；

R——结构或构件的抗力设计值。

第三章　结构振动计算

第一节　一般规定

一、基本原则

工业建筑中的振动设备布置在结构上，或者厂区外存在其他环境振源，在没有采取隔振或减振措施时，振动会影响到工业建筑中其他精密设备的正常工作，操作人员的舒适性，甚至影响工业建筑结构的安全。

由于工业建筑结构多是空间框架结构，为准确得到振动计算结果，有效指导振动控制设计，宜采用有限元数值分析方法进行结构振动分析，特别是对于不等跨楼盖、特殊布置楼盖、存在复杂振动荷载激励的楼盖等。

工业建筑框架结构动力计算应按无限自由度体系处理，但在求解无限自由度体系的振动问题时，尚没有特殊有效的方法。一般把无限自由度体系离散为一个有限自由度体系，即把柱、梁、板等结构构件的分布质量在力学模型上聚集到有限个节点上去，而体系的刚度分布仍保持不变，可将问题转化为有限自由度体系的振动问题，其核心内容是求解一个高阶广义特征值问题。无限自由度体系转化为有限自由度体系，在节点数量和位置拾取适当的情况下，所产生的误差较小。

结构整体水平振动应取独立结构单元进行计算，建筑物与附属建筑或构筑物相连时，应计入附属结构影响；有限元模型尚应考虑填充墙等非结构构件对整体刚度的影响。

楼盖竖向振动计算应取独立结构单元进行计算；计算设备荷载引起的本层楼盖竖向振动响应时，可仅取本层楼盖进行分析；计算设备荷载引起的其他层楼盖竖向振动响应时，计算模型宜取整体结构进行分析。

工业建筑结构振动计算时，需要详细了解振源路径、结构各框架之间的关系，明确计算目标，以便对复杂框架结构进行有效简化。

工程经验表明：一个方向的动荷载在另一方向上产生的振动，与另一方向的动荷载所产生的振动不在一个数量级上。因此，为提高计算效率，振动控制计算时，可不考虑楼盖及屋盖的竖向振动和整体结构水平振动的相互影响，对结构的水平振动与竖向振动分别进行计算。在下列条件下，可采用简化方法进行振动分析：

1. 水平振动

对于平面及竖向布置规则、结构质量及刚度分布均匀、楼盖刚度较大、振动作用与结构抗侧刚度偏心小（不大于±5%）且扭转效应小的结构，可采用动应力放大系数法（等效静力方法计算振动响应）以及响应放大系数法（利用振动荷载幅值作用下的静位移和响应放大系数计算振动响应）。

研究分析得出二阶自振频率以上的动力放大系数很小，因此，当楼盖上的振动荷载工作频率大于对应方向上的结构自振二阶频率时，可取振动荷载幅值的等效静力荷载进行计算。

对于平面及竖向布置规则、结构质量及刚度分布均匀、楼盖刚度较大、振动作用与结构抗侧刚度偏心小（不大于±5%）且扭转效应小的结构，可采用简化方法：包括动应力放大系数法（等效静力方法计算振动响应）以及响应放大系数法（即基于解析解的动力分析方法，利用振动荷载幅值作用下的静位移和响应放大系数计算振动响应）。而对于空间作用强、扭转耦联效应大的结构水平振动分析可采用数值计算方法。

大量计算分析表明，水平横向、纵向和水平扭转向只有第一阶放大系数大于1.0，二阶频率以上的振动响应放大系数小于0.25，随着振型阶数的增加，放大系数变小，当振动荷载频率大于结构振动方向的二阶频率时，可不考虑动力放大系数，将振动荷载幅值按静力荷载计算即可。

2. 竖向振动

竖向受力无空间协同作用，楼盖各跨跨度最大相差不超过20%的工业建筑，竖向可以简化计算。根据设计经验，扰频小于1500r/min的设备作用在工业建筑楼盖和屋盖时，不会出现三阶及以上的频率密集区。因此，动力设备转速小于1500r/min时，可将工业建筑简化为单榀结构；但对于具有高转速动力设备的工业建筑结构，为避免楼盖高阶模态参与，一般不采取简化计算方法。

竖向简化计算分析可按现行国家标准《工业建筑振动控制设计标准》GB 50190的第5章、第6章及第7章规定的方法进行。对于不等跨楼盖、特殊布置楼盖、振动荷载激励复杂的楼盖，其竖向振动分析宜采用数值计算方法。

二、结构振动计算的基本内容

1. 振动荷载的取值、组合

工业建筑振动控制设计时，可按现行国家标准《建筑振动荷载标准》GB/T 51228的规定进行振动荷载取值，荷载形式包括动力荷载、动力时程、时频域，将各类型荷载取值依据统计于表3-1-1，便于工程技术人员参考。

《建筑振动荷载标准》规定的振动荷载统计表

表 3-1-1

荷载类别			计算公式	动力荷载	动力时程	时频域
4 旋转式机器	4.1 汽轮发电机组与重型燃气轮机	汽轮发电机组和重型燃气轮机作用在基础上的振动荷载	$F_{vx} = m_i G \dfrac{\omega^2}{\omega_0}$ $F_{vy} = \dfrac{1}{2} m_i G \dfrac{\omega^2}{\omega_0}$ $F_{vz} = m_i G \dfrac{\omega^2}{\omega_0}$	√	×	—
	4.2 旋转式压缩机	旋转式压缩机的振动荷载	$F_{vx} = 0.25 mg \left(\dfrac{n}{3000}\right)^{\frac{3}{2}}$ $F_{vy} = 0.125 mg \left(\dfrac{n}{3000}\right)^{\frac{3}{2}}$ $F_{vz} = 0.25 mg \left(\dfrac{n}{3000}\right)^{\frac{3}{2}}$	√	×	—
	4.3 离心机	离心机的振动荷载	$F_v = m e \omega_n^2$ $\omega_n = 0.105 n$	√	×	—
		卧式离心机的振动荷载	$F_{vx} = F_v$ $F_{vy} = 0.5 F_v$ $F_{vz} = F_v$	√	×	—
		立式离心机的振动荷载	$F_{vx} = F_v$ $F_{vy} = F_v$ $F_{vz} = 0.5 F_v$	√	×	—
	4.4 通风机、鼓风机、离心泵、电动机	通风机、鼓风机、离心泵、电动机的振动荷载	$F_{vx} = m e \omega^2$ $F_{vy} = F_{vx}$ $F_{vz} = 0.5 F_{vx}$	√	×	—
5 往复式机器	5.1 往复式压缩机、往复泵	往复式机器的振动荷载	旋转不平衡质量 m_{ai} 引起的扰力 $F_{ai} = \sum m_{ai} r_0 \omega^2 (\cos \alpha_i + \lambda \cos 2\alpha_i)$ 往复运动质量 m_{bi} 引起的扰力 $F_{bi} = \sum m_{bi} r_0 \omega^2 (\cos \alpha_i + \lambda \cos 2\alpha_i)$ 往复式机器的一谐波和二谐波产生的振动扰力和扰力矩： 1. 一谐波的水平扰力 $F_{x1} = r_0 \omega^2 (\sum m_{ai} \sin \beta_i + \sum m_{bi} \cos \alpha_i \sin \psi_i)$ 2. 二谐波的水平扰力 $F_{x2} = r_0 \omega^2 \lambda (\sum m_{bi} \cos 2 \alpha_i \sin \psi_i)$ 3. 一谐波的竖向扰力 $F_{z1} = r_0 \omega^2 (\sum m_{bi} \cos \beta_i + \sum m_{bi} \cos \alpha_i \cos \psi_i)$ 4. 二谐波的竖向扰力 $F_{z2} = r_0 \omega^2 \lambda (\sum m_{bi} \cos 2 \alpha_i \cos \psi_i)$	√	×	—

续表

	荷载类别		计算公式	动力荷载	动力时程	时频域
5 往复式机器	5.1 往复式压缩机、往复泵	往复式机器的振动荷载	5. 一谐波与二谐波的回转力矩 $M_\theta = \sum F_{zi} Y_i$ 6. 一谐波与二谐波的扭转力矩 $M_\psi = \sum F_{xi} Y_i$	√	×	—
6 冲击式机器	6.1 锻锤	锻锤的振动荷载	$F_v = \dfrac{2m_1 v_1}{\Delta t}$	√	×	—
	6.2 压力机	热模锻压力机、通用机械压力机、液压压力机和螺旋压力机振动荷载	查表（按持续时间，查荷载值）	√	×	—
7 冶金机械	7.1 冶炼机械	卷筒驱动装置的振动荷载	$F_v = meo^2$	√	×	—
		水渣转鼓装置的振动荷载	$F_{vx} = meo^2 + 0.15 m_r g$	√	×	—
		转炉炉体的振动荷载	1. 钢水激荡振形成的振动荷载 $F_v = kmg$ 2. 转炉切渣时的振动荷载 $F_{vx} = L\tau$	√	×	—
		转炉倾动装置的振动荷载	$M_{v1} = k_1 k_2 M_{max}$ $M_{v2} = 9550 k_3 \eta P - n$	√	×	—
		钢包回转台的振动荷载	$M_{v1} = k_1 mg R$ $M_{v2} = 9550 k_3 \eta P - n$	√	×	—
	7.2 轧钢机械	可逆轧机与连续轧机的振动荷载	1. 轧机咬入时的冲击荷载 $F_{v1} = S_1 \sqrt{\dfrac{6TEI}{W^2 L}}$ $T = \dfrac{1}{2} m(v_0^2 - v^2 \cos^2 \alpha)$ 2. 轧件稳态轧制时的冲击荷载 $F_{v2} = k_v S_1 \dfrac{\sigma_c}{1.15 f_y}$ $k_v = 1 + \dfrac{P_m}{\sqrt{\dfrac{\Delta h}{D}} \dfrac{D}{2}}$ $S_1 = b \sqrt{\dfrac{\Delta h}{D}} \dfrac{D}{2}$ 3. 轧机抛钢时的冲击荷载 $F_{v1} = S_1 \sqrt{\dfrac{6TEI}{W^2 L}}$ 4. 连轧过程中的倾翻力矩 $M_{v\,max} = \dfrac{2M_z}{D} h$	√	×	—

续表

	荷载类别	计算公式	动力荷载	动力时程	时频域
7 冶金机械 7.2 轧钢机械	锯机刀片锯切时对刀槽的振动荷载	$F_v = \dfrac{d_m}{C}$	√	×	—
	滚切式剪机对基础产生的振动荷载	$F_v = \dfrac{0.2k_1 k_2 k_3 h^2 \delta_5 f_u}{\tan\phi}\left(1 + \dfrac{\xi\tan\phi}{0.6k_1\delta_5} + \dfrac{1}{1 + \dfrac{10^9 \cdot k_3\delta_3 E}{5.4 f_u S_x^2 S_x}}\right)$	√	×	—
	开卷机及卷取机对基础产生的振动荷载	1. 开卷机及卷取机稳定开卷和卷取时设备取的振动荷载 $F_v = me\omega^2$。 2. 卷取机产生张力阶段以及卷取结束失去张力阶段使主传动系统产生的扭转振动荷载，可取主传动系统额定输出力矩的2.5倍，荷载作用方向可取单向。对基础产生的力矩可取电机额定力矩的2.5倍，荷载作用方向可取单向。 3. 电机的振动荷载，可取事故荷载；对基础产生的力矩可取电机额定力矩的2.5倍，荷载作用方向可取单向。 4. 减速机工作时对基础产生的力矩，可取输入力矩的尖峰负载的2.5倍；减速机产生的尖峰荷载峰值，可取事故荷载，荷载作用方向可取单向。 5. 机架对基础主传动系统额定输出力矩的2.5倍，荷载作用方向可取单向	√	×	—
8 矿山机械 8.1 破碎机	颚式破碎机的振动荷载	1. 简摆式颚式破碎机的振动荷载 $F_{vx} = e\omega^2[(m_a + 0.8m_b)^2 + 0.25m_c^2]^{\frac{1}{2}}$ 2. 复摆颚式破碎机的振动荷载 $F_{vx} = [e(m_a + 0.5m_b) - e_1 m_d]\omega^2$ $F_{vz} = [e(m_a + m_c) - e_1 m_d]\omega^2$	√	×	—
	圆锥破碎机的振动荷载	$F_{vx} = (m_1 e_1 - m_2 e_2)\omega^2$ $e_1 = \dfrac{1}{2}L\cdot\sin\beta$ $e_2 = L\cdot\sin\beta$	√	×	—
	旋回破碎机的振动荷载		√	×	—
	锤式和反击式破碎机的振动荷载	1. 单转子锤式和反击式破碎机的振动荷载 $F_v = me\omega^2$ 2. 双转子锤式和反击式破碎机的振动荷载 $F_v = F_{v1} + F_{v2}$	√	×	—
8.2 振动筛	计算结构振动内力时，作用在支撑结构上的振动荷载标准值	$F_v = K_d F_k - F_{vk}$	√	×	—
	对于竖向设置单层或双层减震弹簧的振动筛，振动荷载可按下式	1. 对于单层弹簧 $F_{vk} = uK$ 2. 对于双层弹簧 $F_{vk} = u_0 K_b$	√	×	—
	当振动筛坐落于结构楼层上，且第一频率密集区内最低自振频率大于设备的振动频率时，振动筛等效竖向振动荷载	$F_v = \gamma(G_n + G_L)$	√	×	—
	振动筛附有小型传动设备时的振动荷载	$F_{vz} = \gamma G_n$	√	×	—

续表

	荷载类别		计算公式	动力荷载	动力时程	时频域
8 矿山机械	8.3 磨机	作用在磨机两端中心线处的水平振动荷载	$F_{vx}=0.15mg$	√	×	—
		球磨机、棒磨机、管磨机、自磨机、半自磨机等的竖向荷载和瞬时荷载	1. 竖向荷载 $F_{vz}=N_{01}+N_{02}$ 2. 瞬时荷载 $F_v=N_{01}\dfrac{L_K}{L_1}$	√	×	—
	8.4 离心脱水机	化工、石化用离心脱水机的等效竖向振动荷载	$F_v=\gamma G$	√	×	—
9 轻纺机械	9.1 纸机和复卷机	纸机各组成分部和复卷机的振动荷载	$F_v=0.5me\omega_n^2$	√	×	—
		竖向和沿纸页运行水平向振动响应计算时	$F_{vz}=F_v\sin(\omega t+\theta)$ $F_{vx}=F_v\cos(\omega t+\theta)$	√	×	—
	9.2 磨浆机	各旋转部件的振动荷载	$F_v=me\omega_k^2\left(\dfrac{\omega_n}{\omega_k}\right)^2$ $e=\dfrac{G}{\omega_k}$	√	×	—
		计算竖向和水平向振动响应时	$F_{vz}=F_v\sin(\omega t+\theta)$ $F_{vx}=F_v\cos(\omega t+\theta)$	√	×	—
	9.3 纺织机械	织机的振动荷载	查表或按公式 $F=F_0\left(\dfrac{n}{n_0}\right)^2$ 计算	√	×	—
10 金属切削机床			按型号查振动荷载值	√	×	—
11 振动试验台			按1/3倍频程查荷载值	√	×	频域
12 人行振动	12.1 公共场所人群密集楼盖	人群自由行走的竖向振动荷载	$F_v(t)=\sqrt{n}\sum_{n=1}^{K}\alpha_n Q\sin(2\pi nft-\phi_n)$	×	√	时域
	12.2 人行天桥	人行天桥的人行振动荷载	$F_v(t)=F_b\cos(2\pi ft)\gamma'\psi$	×	√	时域
13 轨道交通		作用在单根钢轨上的列车竖向振动荷载	$F_v(t)=F_0+F_1\sin(\omega_1 t)+F_2\sin(\omega_2 t)+F_3\sin(\omega_3 t)$	×	√	时域
14 施工机械			按型号查振动荷载值	√	×	—

建筑结构重力荷载代表值应取结构和构配件自重标准值和各可变荷载组合值之和。可变荷载组合值应符合下列规定：

（1）计算结构整体自振频率、振动响应时，楼面活荷载可采用与主梁设计相同的荷载并计入准永久值系数进行组合；

（2）计算楼盖整体自振频率、竖向振动响应时，楼面活荷载宜采用与次梁设计相同的荷载并计入准永久值系数进行组合；

（3）计算楼盖局部自振频率、竖向振动响应时，楼面活荷载宜按实际情况计入。

主梁、次梁设计时楼面活荷载按现行国家标准《建筑结构荷载规范》GB 50009 的规定确定。

1）振动荷载代表值

工程振动荷载代表值的选用直接影响到振动荷载的取值，涉及结构设计的安全性和适用性。在工程设计中，作为结构设计的输入条件，应首先确定荷载，以及荷载的表达式和量值。荷载可根据不同的设计要求，规定不同的代表值，使其更确切地反映设计特点。

对于静力设计而言，现行国家标准《建筑结构荷载规范》GB 50009 给出 4 种代表值：标准值、组合值、频遇值和准永久值。永久荷载应采用标准值作为代表值，可变荷载应根据设计要求采用标准值、组合值、频遇值、准永久值作为代表值。荷载标准值是静力设计荷载的基本代表值，其他代表值都可在标准值的基础上乘以相应系数后得出。

对于动力设计问题，现行国家标准《建筑振动荷载标准》GB/T 51228 给出两种代表值：标准值和组合值。振动荷载代表值是在建筑结构设计中用于验算结构振动响应的荷载量值，也是一个振动荷载作用效应的量值。振动荷载标准值是动力设计荷载的基本代表值，组合值是在标准值的基础上，根据组合计算公式得到。

2）振动荷载可靠度要求

工业建筑中大型装备和振动设备种类较多，不同类型设备的振动荷载具有较大的离散性。即使是同类型机器，不同厂家生产的设备也会有差异。虽然荷载规范运用统计方法可以得到具有包络特性的振动荷载数值，然而由于设备的差异性，可能会引起荷载的偏差。因此，工程设计时振动荷载应优先由设备厂家提供，当设备厂家不能提供时，可按现行国家标准《建筑振动荷载标准》GB/T 51228 的规定确定。

由于振动荷载的变异性较大，现行国家标准《建筑振动荷载标准》GB/T 51228 的取值是根据振动设备的资料、试验测试及以往工程经验，综合考虑反映振动荷载变异性的各种统计参数，运用概率分析方法得到工程振动荷载的代表值。

振动荷载作用具有动力特性，振动荷载应包含：荷载的频率区间、振幅大小、持续时间、作用位置及方向等。振动荷载动力特性的变化会改变结构的振动响应，会影响结构安全性和适用性。因此，振动荷载应明确荷载最大值或荷载时间历程曲线、作用位置及方向、作用有效时间和作用有效频率范围等。振动荷载计算时，其计算模型和基本假定至关重要，须与设备运行的实际工况一致。

工程振动可靠度设计的主要内容包括：

（1）振动荷载和结构抗力的统计特征；

（2）构件材料和结构体系的可靠度分析；

（3）工程振动的可靠度目标。

工程振动可靠性设计原理如图 3-1-1 所示。

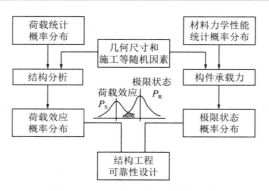

图 3-1-1　工程振动可靠性设计

3）振动荷载的统计特性

振动荷载与静力荷载不同，荷载在振动方向、振幅大小和振动频率等方面应能包络振动激励的所有工况。在考虑结构安全、适用的前提下，尚需考虑结构的经济性。因此，根据振动荷载的变异性，在确定振动荷载参数值时，应当满足合理的保证概率。

根据现行国家标准《建筑结构可靠性设计统一标准》GB 50068 的规定，对振动荷载进行统计和组合计算。根据数理统计学，两个正态分布过程，不论是否独立，其组合依然服从正态分布。在考虑多振源振动效应时，由于振动相位的随机性，振动相遇时组合振动的分布特性具有随机振动特性，多数情况接近正态分布，因此，可以参照正态分布函数基本特性来分析多源振动荷载的组合效应。

4）指标确定

结构可靠度是结构可靠性的概率度量，是在规定时间内和规定条件下结构完成预定功能的概率。设可靠概率为 P_s，失效概率为 P_f，设计表达式为：

$$P_s + P_f = 1 \tag{3-1-1}$$

结构基本随机向量为 $X = (X_1, X_2, \cdots, X_n)$，结构的功能函数为：

$$\begin{aligned} Z &= g(X_1, X_2, \cdots, X_n) \\ &= R(Y_1, Y_2, \cdots, Y_m) - S(F_1, F_2, \cdots, F_l) = 0 \end{aligned} \tag{3-1-2}$$

$$Z = g(X) \begin{cases} < 0, & 结构失效状态 \\ = 0, & 结构极限状态 \\ > 0, & 结构可靠状态 \end{cases} \tag{3-1-3}$$

结构构件的极限状态见图 3-1-2。

抗力是指与荷载效应（弯矩、剪力、轴力）对应的截面抗力，即为结构构件的极限状态。为简化计算，假设极限状态是与时间无关的随机变量。影响结构构件抗力不确定性的主要因素是结构的材料性能 f、几何参数 a 和抗力计算模式 P，均为随机变量。

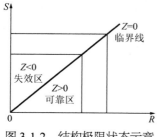

图 3-1-2　结构极限状态示意

工程振动设计过程中，需要确定两个基本技术条件：（1）振动效应的极限状态——容许振动标准；（2）振动输入条件——振动荷载。振动效应和荷载主要包括周期振动、随机振动和瞬态振动等类型。主要参数包括均方根值、幅值和峰值等，这些参数均具有随机性。

根据现行国家标准《建筑结构可靠性设计统一标准》GB 50068，并结合试验数据和资料分析，可以得到：建筑结构的荷载效应、结构构件的抗力、建筑结构可靠性指标以及结构构件的失效概率等分析时，是按正态分布函数，或者当量正态分布函数的平均值和标准差计算。可见，正态分布函数是结构可靠性设计中最常用的方法，由图 3-1-3 和图 3-1-4，可以得出材料强度和振动荷载的分布特性。

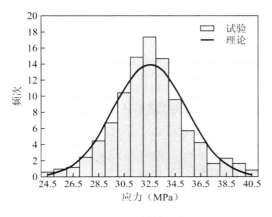 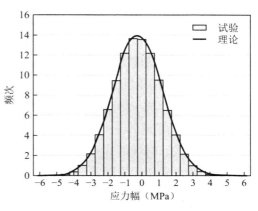

图 3-1-3　材料强度　　　　　　　　　　图 3-1-4　振动荷载数据

随机变量X是服从数学期望μ、方差σ^2的正态分布，记为$N(\mu,\sigma^2)$，其概率密度函数为：

$$f(z) = \frac{1}{\sqrt{2\pi}\sigma}\exp\left[-\frac{(z-\mu)^2}{2\sigma^2}\right] \tag{3-1-4}$$

正态分布具有的重要特性，即3σ原则：用均方根值区间来表示数据的分布概率，如图 3-1-5 所示。

$$P(\mu-\sigma \leqslant Z \leqslant \mu+\sigma) = 68.3\%$$
$$P(\mu-2\sigma \leqslant Z \leqslant \mu+2\sigma) = 95.4\%$$
$$P(\mu-3\sigma \leqslant Z \leqslant \mu+3\sigma) = 99.7\%$$

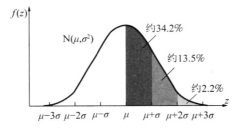

图 3-1-5　正态分布曲线

试验研究表明：在工程振动荷载三种类型的振动信号中，周期振动和随机振动一般情况下为正态分布；而冲击振动为偏态分布，可按照对数正态分布或当量正态分布来统计。因此，可运用正态分布的3σ原则，确定对应保证概率下的荷载效应和容许振动标准，这也是现行国家标准《建筑工程容许振动标准》GB 50868 和《建筑振动荷载标准》GB/T 51228 编制的相关依据。

5）两种极限状态

结构构件的极限状态可分为两类：

（1）承载能力极限状态：该极限状态对应于结构或构件达到最大承载能力或不适于继续承载的变形。

（2）正常使用极限状态：该极限状态对应于结构或结构构件达到正常使用或耐久性能的某项规定限值。

工程振动可靠性设计应以满足安全、适用和耐久性三个方面规定的功能要求为极限状态，其中，包括承载能力极限状态和正常使用极限状态。

关于正常使用极限状态和承载能力极限状态的定义和计算表达式，现行国家标准《工程结构可靠性设计统一标准》GB 50153 和《建筑结构荷载规范》GB 50009 中都有明确规定，《建筑振动荷载标准》GB/T 51228 针对振动荷载的特点进行了细化，并对各种动力荷载的拟静力形式、时域形式和频域形式进行了规定。

振动荷载正常使用极限状态计算时，荷载代表值应符合下列规定：

（1）计算结构振动加速度、速度和位移等振动响应及结构变形时，宜采用振动荷载效应标准值或标准组合值。

（2）验算结构裂缝时，宜采用等效静力荷载效应的标准组合值。

承载能力极限状态计算时，荷载代表值应符合下列规定：

（1）验算结构承载力时，宜采用振动荷载效应与静力荷载效应的基本组合值。

（2）验算结构疲劳强度时，宜采用振动荷载效应与静力荷载效应的基本组合值。

6）荷载效应及组合

在工业建筑结构设计中，所涉及的荷载条件主要包括：静力荷载和动力荷载两大类。

根据工业建筑结构的荷载分类，考虑现行国家标准《建筑结构荷载规范》GB 50009 与《建筑振动荷载标准》GB/T 51228 之间的分工、衔接和相互补充等问题，应对荷载及荷载组合进行明确，具体要求见表 3-1-2。

荷载组合 表 3-1-2

序号	组合内容	组合要求	执行规范
1	静 +（等效）静	基本组合	GB 50009
2	静 + 动	标准组合	GB 50009
3	动 + 动	标准组合	GB/T 51228

建筑工程振动荷载作用效应组合，应符合下列规定：

（1）静力计算时，等效静力荷载应按可变荷载考虑。在与静力荷载组合时，采用基本组合。当荷载的动力系数确定后，可按现行国家标准《建筑结构荷载规范》GB 50009 的规定计算。

（2）静力荷载与振动荷载的效应组合，应采用标准组合，当振动荷载标准值、组合值系数、频遇值系数和准永久值系数确定后，可按现行国家标准《建筑结构荷载规范》GB 50009 的规定计算。

（3）动力计算时，振动荷载与振动荷载的效应组合，应采用标准组合，按现行国家标准《建筑振动荷载标准》GB/T 51228 的规定计算。

振动荷载与静力荷载不同，荷载在振动方向、振幅大小和振动频率等方面应能包络振动激励的所有工况。在考虑结构安全、适用的前提下，尚需考虑结构的经济性。因此，根据振动荷载的变异性特点，在确定振动荷载参数值时，应满足合理的保证概率。

根据现行国家标准《建筑结构可靠性设计统一标准》GB 50068 的规定，对振动荷载进行统计和组合计算。

在考虑多源振动效应时，由于振动相位的随机性，振动相遇时组合振动的分布具有随机振动特性，多数情况接近正态分布，因此，可按照正态分布函数基本特性来分析多源振动荷载的组合效应。

对于多源（包括三个及三个以上的振源）情形，振动叠加较为复杂，振幅变化难有规律可循，如图 3-1-6、图 3-1-7 所示。

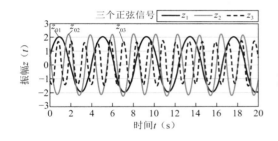 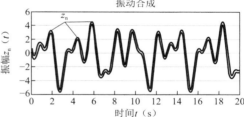

图 3-1-6　三个正弦信号　　　　　　　图 3-1-7　多振源振动组合

根据多源叠加原理，对于周期振动荷载和稳态随机振动荷载，振动荷载的效应组合，可按均方根叠加的方法计算：

$$S_{\sigma n} = \sqrt{\sum_{i=1}^{n} S_{\sigma i}^2} \qquad (3\text{-}1\text{-}5)$$

式中：$S_{\sigma i}$——第 i 个振动设备荷载标准值的均方根效应；

　　　$S_{\sigma n}$——n 台振动设备的均方根效应组合值；

　　　n——振动设备的总数量。

对于两个振源振动叠加情形，当两个振源荷载效应的振幅和频率相近时，会出现拍频振动现象。此时，没有等高振幅，振幅大小有变化，最大振幅为两振源振幅之和，如图 3-1-8、图 3-1-9 所示。

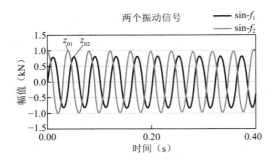
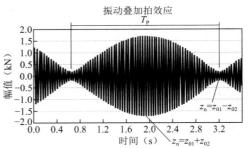

图 3-1-8　两个正弦信号　　　　　图 3-1-9　两个正弦信号的拍振

当两个周期振动荷载组合时，振动荷载效应组合的最大值，可按下式计算：

$$S_{\text{vmax}} = S_{\text{v1max}} + S_{\text{v2max}} \tag{3-1-6}$$

式中：S_{vmax}——两个振动荷载效应组合的最大值；

　　　S_{v1max}——第 1 个振动荷载效应的最大值；

　　　S_{v2max}——第 2 个振动荷载效应的最大值。

当振动荷载随时间变化，表现为瞬态激励时，冲击振动荷载的曲线时域过程在时间轴上是一个脉冲函数，持续时间非常短暂（图 3-1-10），在频率轴上呈现宽带连续分布的图形。例如，锻锤打击力、压力机冲裁力以及打桩施工等振动荷载。

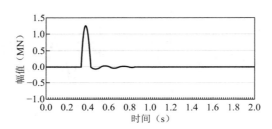

图 3-1-10　冲击振动荷载时间历程

对于冲击荷载，振动荷载效应组合值可按下式计算：

$$S_{\text{Ap}} = S_{\text{max}} + \alpha_{\text{k1}} \sqrt{\sum_{i=1}^{n} S_{\sigma i}^2} \tag{3-1-7}$$

式中：S_{Ap}——冲击荷载控制时，在时域范围上效应的组合；

　　　S_{max}——冲击荷载效应在时域上的最大值；

　　　α_{k1}——冲击作用下的荷载组合系数，可取 1.0。

7）等效静力荷载

振动荷载效应可采用动力荷载或等效静力荷载。工程设计时，为简化工业建筑结构的设计计算，有充分依据时，可将重物或设备的自重乘以动力系数后得到动力荷载。再根据该动力荷载就可以按静力方法设计，这种用动力荷载设计的方法也叫拟静力设计方法。将承受动力荷载的结构或构件，根据动力效应和静力效应的比值得到动力系数。

当振动荷载效应采用拟静力方法分析时，振动荷载的动力系数可按下列公式计算：

$$\beta_d = 1 + \mu_d \tag{3-1-8}$$

$$\mu_d = \frac{S_d}{S_j} \tag{3-1-9}$$

式中：β_d——振动荷载的动力系数；

$\quad\quad \mu_d$——振动荷载效应比；

$\quad\quad S_d$——振动荷载效应；

$\quad\quad S_j$——静力荷载效应。

动力系数的取值与振动设备特性有关，如电机、风机、水泵等设备工作较为平稳；球磨机、往复压缩机、发动机等设备具有中等冲击；锻锤、压力机、破碎机等设备具有较大冲击；动力系数应具有包络特性。

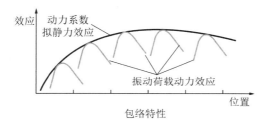

图 3-1-11 等效荷载效应的包络特性

确定动力系数通常可采用两种方法：（1）经验推荐值，可以通过查阅有关机械设计手册得到；（2）对于简单的机械系统，动载系数可用解析法求出。

动力效应可分为：（1）直接作用，如振动设备基础；（2）间接作用，如振动设备所在工业建筑楼盖或屋盖结构。对于设备振动荷载直接作用的结构，动力荷载应为动力系数乘以设备重量；对于振动荷载间接作用的结构，动力荷载应为动力系数乘以相应的结构重量。

8）振动荷载测量

（1）一般要求

振动荷载测试仪器性能应符合现行国家有关标准的规定，测试仪器应由国家认定的计量部门定期检定或校准，并在有效期内使用。

测试仪器的选择应与所测物理量相符，包括传感器类型、频率范围、测试量程以及测试方向等。为确保测试数据的有效性和准确性，测试系统应按照国家有关标准进行校准。

测试信号应根据需要，可以是时域或频域；分析结果应包括幅值、峰值、均值、均方根值以及最大值等。对于模态试验的分析结果，应包括振型、频率和阻尼比等。

工业建筑振动类型较多，可根据不同的需要进行分类。为便于测试与分析，将振源特性按下列方法分类：

①振源的几何特征

a. 点振源激励：压缩机、汽轮机、锻锤等振动设备；打桩、爆破等冲击振动等。

b. 线振源激励：公路、铁路、桥梁、结构梁柱等的振动。

c. 面振源输入：楼板、墙面、地面等的振动。

d. 体振源输入：地下工程的环境振动、基础工程的振动等。

不同几何特征的振动，其传播方式与过程会有差别。实际工程中，振动信号包含多种几何特征的激励源，需要工程技术人员根据现场情况判断振动信号的几何特征。

②振源的数据特征

a.周期振动：压缩机、电机、水泵、汽轮机以及发动机等的振动。

b.随机振动：火车、汽车以及地脉动等的振动。

c.瞬态冲击：锻锤、落锤、压力机、锤击打桩和爆破等的激励。

实际振动较为复杂，在一段实测信号中会伴随不同的振动数据特性。例如，随机信号中常会包含冲击成分，而周期信号会夹杂一些随机成分，即使是周期信号，也可能包含多个周期信号成分。

③振源的物理特征

a.初始位移激励：压力机启动和锻压阶段、剪切机冲剪阶段等。

b.初始速度激励：锻锤打击过程激励。

c.激振力的作用：旋转往复运动机械设备的振动激励。

d.基础位移输入：环境振动传播的地面运动、隔振基础下的楼板振动等。

激振作用的物理特征是为了振动分析而确定，理论分析中往往需要对计算模型做一些假定，并对实际物体进行必要的简化。

（2）测试系统

振动测试仪器包括：传感器、放大器、抗混滤波器、数模转换和信号分析系统等，振动测试原理见图 3-1-12。

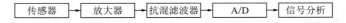

图 3-1-12　振动测试系统示意框图

振动测试中，测试系统应当尽可能准确反映振动信号的三要素：幅值、频率和相位。振幅反映振动强度，而频率和相位可为防振和隔振设计提供依据，也便于探寻振源位置和振动设备。

在选择测试系统时，需要对系统做全面考察，包括：系统性能的稳定可靠，满足测试精度要求，具备良好的抗干扰能力，此外，还需局部完善数据分析处理功能。

振动测试系统的主要性能参数指标：测试范围和量程、灵敏度、线性度、分辨率、失真度、信噪比、频响特性等。

测试系统的频率特性如图 3-1-13 所示，测试的频率范围应位于测试系统频响曲线的平直段，一般认为测试系统的固有频率为信号频率区间上限的 3~5 倍，即 $\omega_n > (3\sim5)\omega$，$\omega_n$ 为测试系统的固有频率。

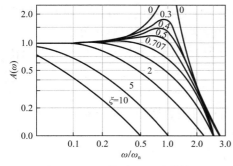

图 3-1-13　传感器频响特性

（3）测量方法

振动荷载测量的内容包括两种：一种是作用于系统上的激振力；另一种是作用于基础上的环境振动。

振动荷载测试方法可以分为：

①直接法，在振动体系的激振输入部位直接测

试作用力；

②间接法，根据振动体系振动输入部位的不同激励形式，推算振动荷载，振动激励形式可以是运动量（位移、速度或加速度等），也可以是能量或动量；

③频响函数法，根据振动系统传递函数，识别振动系统的各项参数，按照数据分析方法推算振动荷载，由运动微分方程：

$$m \cdot \ddot{z}(t) + c \cdot \dot{z}(t) + k \cdot z(t) = P(t) \tag{3-1-10}$$

得到力输入-位移输出体系的传递函数：

$$|H(f)|_{P-d} = \frac{1/k_z}{\sqrt{\left[1 - (f/f_n)^2\right]^2 + (2\xi_z f/f_n)^2}} \tag{3-1-11}$$

则振动荷载可按下式计算：

$$|P(f)| = |H(f)|_{P-d}|Z(f)| \tag{3-1-12}$$

④动平衡法，对于旋转机械中作旋转运动的零部件，旋转机械经过动平衡处理后，残余不平衡量就会产生旋转扰力。

根据动平衡试验的参与不平衡量来计算扰力值：

$$F = me\omega^2 = 1.0966 \times 10^{-5} men^2 \tag{3-1-13}$$

$$\omega = \frac{2\pi n}{60} = 0.10472n \tag{3-1-14}$$

式中：F——旋转扰力（kN）；

　　　m——旋转部件质量（kg）；

　　　e——不平衡偏心距（m）；

　　　ω——角速度（rad/s）；

　　　n——转速（r/min）。

测试方向应包括竖向和水平向，测试内容包括激振力、动应力、动应变、振动位移、振动速度和加速度等。振动荷载测试时，传感器应安装牢固，测试过程中不得产生倾斜或附加振动。

（4）数据处理

测试中会存在一定误差，包括系统误差、过失误差和随机误差等。测试过程中，需要控制系统误差，避免过失误差。一旦信号记录完毕，开始数据分析时，需要考虑随机误差。

为确保数据分析精度，减少测试工作量，常用的平滑段数有：20、32、40、100。对于随机数据，不论取多少段平均，随机误差总存在，即使取 100 段数据平均，也存在 10% 的随机误差。

对于稳态周期振动，如果数据中的随机信号或噪声干扰部分的振动能量不超过总能量的 10%，采用 20 段数据平滑，其统计精度可达 95% 以上。为减少误差影响，判断数据的可信程度，在数据分析中常采用凝聚函数法。

凝聚函数应满足下列条件：

$$0 \leqslant \gamma_{xy}^2(f) \leqslant 1 \tag{3-1-15}$$

当系统是理想线性且无噪声时，凝聚函数等于 1，否则位于 0 与 1 之间。

振动荷载测量数据分析，应符合下列规定：

①稳态周期振动分析时，宜采用时域分析法，将测量信号中所有幅值在测量区间内进行平均；亦可采用幅值谱分析的数据作为测量结果。每个样本数据宜取1024的整数倍，并应进行加窗函数处理，频域上的总体平均次数不宜小于20次。

②冲击振动分析时，宜采用时域分析方法，应选取3个以上的连续冲击周期中的峰值，经比较后选取最大的数值作为测量结果。

③随机振动分析时，应对随机信号的平稳性进行评估；对于平稳随机过程宜采用总体平滑的方法提高测量精度；当采用FFT或频谱分析时，每个样本数据宜取1024的整数倍，并应进行加窗函数处理，频域上的总体平均次数不应小于32次。

④传递函数或振动模态分析时，应同时测量激振作用和振动响应信号；当输入与输出信号的凝聚函数在0.8～1.0区间时，可取分析的传递函数。

⑤每个测点记录振动数据的次数不得少于2次，当2次测量结果与算术平均值的相对误差在±5%以内时，可取其平均值作为测量结果。

测量激振力是确定振动荷载作用的直接方法。然而，多数振动设备的激振力测试较为困难，不易直接获取。工程中常用的间接方法包括通过测量振动输入的能量、动量或惯性动量等来推算振动荷载；还可通过测量振动响应和识别振动系统来推断振动荷载。

（5）误差分析

工业建筑振动分析属于抽样统计分析的范畴，其中测试工况选取、测试方法本身以及数据分析等，都不可避免存在误差。测试误差包括：系统误差、随机误差和过失误差。

①系统误差主要依靠系统标定和测试仪器的内在质量来保证，同时也要验证振动测试方法的准确性和精确度。

数据分析过程中，存在一种由于信号截断造成的偏差，例如，信号采集过程中，样本信号仅能截取实际振动信号的很少一部分信息，不能采集到全部的振动信号。

数据分析时，使用诸如FFT等数学方法，理论上考虑在无穷区域积分，而在实际中，只能在有限的时间或频率区间积分。

以上误差都属于系统误差，不可避免。

②对于过失误差，则需要加强测试人员的责任心，并进行必要的校核检查工作。测试过程中，测试人员对测振设备的接线要正确，测试参数档位的设置要准确。

③标准提出的有关数据分析，主要针对随机误差。在频谱分析中，可以通过数据样本的总体平均次数来减少振动信号的随机误差。

常用的随机数据样本总体平滑段数有：20、32、40、100。对于随机数据而言，不论取多少段平均，随机误差总是存在，即使取了100段数据平均，也存在10%的随机误差可能性。随机误差与总体平均数量的关系见表3-1-3。

随机数据的统计误差 表3-1-3

平滑段数	10	20	32	40	100
统计误差	0.316	0.224	0.177	0.158	0.100

随着总体平均数量的增加，测试时间和分析工作量也增加。考虑到测试的现实条件以

及信号本身的特点，对于不同类型的振动信号，应当提出与之对应的数据平滑段数要求，使之既能满足测试精度要求，也便于实际操作。

对于稳态周期振动，如果数据中的随机信号或噪声干扰部分的振动能量不超过总能量的 10%，采用 20 段数据平滑，其统计精度可达 95% 以上。

对于平稳随机过程，为了提高统计精度，总体平均段数应取更多一些，可采用 32 段平均。

对于周期或随机振动，在振动信号分析之前，应先对数据进行周期性或稳态性检验，只有在符合周期性或稳态性条件下，才能运用相应的数据分析方法。

数据分析需要采集数据样本，每个数据样本的记录长度根据数据分析的要求决定。采用快速傅里叶变换分析的数据，每个数据帧必须为 $2n$ 个，常用的每帧数据的大小为 516、1024 和 2048 等。为确保数据分析精度，建议样本数不少于 1024 个。

此外，对于周期或随机振动，绝大多数指标适用于波峰因数小于或等于 9 的情形。当波峰因数大于 9 时，应进行专项研究。

（6）试验实例

工业建筑工程中，锻锤是一种振动危害很大的机械设备。国内很少做过锻锤打击力测试，无论是在锻锤设备研制，还是在机器基础设计时所采用的锻锤激振力数值只能是经验方法，因此，难以确保锻锤的可靠运行，也无法保证设备基础的安全使用。为获取更为可靠的锻锤打击力数据以及振动荷载特性参数，指导工业建筑振动控制设计，本实例开展了锻锤打击力测试。

测试中所使用的仪器包括：

①打击力传感器

打击力测试采用的传感器如图 3-1-14 所示，传感器安装及试件如图 3-1-15 所示，力传感器的主要技术指标：设计量程范围 0~10000kN，固有频率为 9573.8Hz（仿真分析值），线性度、迟滞、重复性误差<0.5%，主体尺寸为 $\phi300mm \times 120mm$。

图 3-1-14　打击力传感器　　　　　图 3-1-15　传感器安装及铜柱试件

②加速度计

机身上加速度测试所用加速度计为 YD-63D 型压电加速度计，主要技术指标：量程范围 $0.005~5000m/s^2$，谐振频率 12kHz，电荷灵敏度 $30pC/ms^{-2}$，最大横向灵敏度比<5%。

地面加速度测试所用加速度计为 YD-25 型压电加速度计，主要技术指标：量程范围 $0.005\sim300m/s^2$，谐振频率 2kHz，电荷灵敏度 $300pC/ms^{-2}$，最大横向灵敏度比<5%。

③动态应变放大器

打击力传感器为 DYB-5 型应变式传感器，其输出信号的放大调理采用动态应变放大器，动态应变放大器与打击力传感器进行配套校准。动态应变放大器的主要技术指标：适用电阻应变计阻值 $50\sim10000\Omega$；应变测量范围：$-200000\sim+200000\mu\varepsilon$，供桥电压准确度 0.1%，增益准确度 0.5%，频带宽度 DC30kHz。

滤波器上限频率（$-3dB\pm1dB$）：10Hz、100Hz、300Hz、1kHz、10kHz、PASS，滤波器平坦度：当 $f<0.5f_c$ 时，频带波动小于 0.1dB；噪声：不大于 $3\mu VRMS$（输入短路，在最大增益和最大带宽时折合至输入端）。

④电荷放大器

测量振动的加速度计为压电式传感器，其输出信号采用电荷放大器进行放大调理，选用的电荷放大器型号为 DHF-3 型。主要技术指标：输入电荷范围：$0\sim10^5pC$，输入电阻：大于 $10^{11}\Omega$，频带宽度：$0.3Hz\sim100kHz$（$+0.5\sim-3dB$），滤波器上限频率（$-3dB\pm1dB$）：1kHz、3kHz、10kHz、30kHz、PASS，准确度：优于 1%，噪声：小于 $5\times10^{-3}pC$。

⑤信号采集分析仪

信号采集采用 TST3206 型动态测试分析仪，其主要技术指标：输入量程：$\pm100mV\sim\pm20V$，8 档程控可调；采样频率：$500Hz\sim20MHz$（SPS），多档可调；AD 精度：12bit；带宽：$0\sim5MHz$（$-3dB$），系统准确度：优于 0.5%。

⑥传感器校准

试验中所用的传感器在现场测试前均进行校准，打击力传感器的校准曲线如图 3-1-16 所示，对校准结果进行分析，打击力传感器的灵敏度为 0.665mV/kN，线性度、迟滞、重复性等指标均小于 0.5%，传感器总体精度优于 0.5 级。

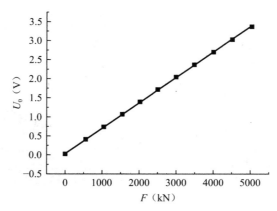

图 3-1-16　打击力传感器校准曲线

加速度计的校准依据现行行业标准《压电加速度计检定规程》JJG 233 进行，所用加速度计的灵敏度检定结果如表 3-1-4 所示，传感器的其他性能指标均符合规程要求。

		加速度计灵敏度校准结果	表 3-1-4
加速度计类型	加速度计编号	灵敏度（pC/ms⁻²）	传感器安装位置

加速度计类型	加速度计编号	灵敏度（pC/ms^{-2}）	传感器安装位置
YD-63D	9031	36.0	机身 1
YD-63D	9009	36.5	机身 2
YD-63D	0510	34.1	机身 3
YD-25	11067	372	地面 1
YD-25	1005	379	地面 2
YD-25	11069	362	地面 3

（7）传感器现场安装及仪器联机调试

打击力传感器直接放置在锻锤砧座上，为防止打击后传感器反弹落地，将传感器适当固定。采用快干胶粘接的方式将传感器固定在机身上，地面上加速度测点位置如图 3-1-17 所示，其中，地面测点 1 位于紧靠锻锤基座的地面上，测点 2、测点 3 与测点 1 之间的间距为 5m，3 个测点在一条直线上，加速度计采用快干胶粘接的方式固定在地面上。

图 3-1-17　地面上加速度计安装　　　图 3-1-18　测试仪器

如图 3-1-18 所示，传感器安装完成后与放大器和采集仪联机调试，进行接地、平衡等调节，确保测试系统本底噪声小。

对锻锤打击测试波形分析和识别，打击力波形可采用下式所示的正矢脉冲函数拟合：

$$F(t) = \begin{cases} \dfrac{F_{max}}{2}\left(1 - \cos\dfrac{2\pi t}{\tau}\right) & (t_0 \leqslant t \leqslant t_0 + \tau) \\ 0 & (其他情况) \end{cases} \tag{3-1-16}$$

根据拟合曲线得到的各次打击下打击力的峰值及脉冲时间如表 3-1-5 所示。

		打击力测试结果统计表		表 3-1-5
序号	打击能量	打击次数	打击条件	最大力（kN）	脉冲时间（ms）

序号	打击能量	打击次数	打击条件	最大力（kN）	脉冲时间（ms）
1	10%	1	加毡垫	2260	2.18
2	10%	2	直接打击	3600	1.78
3	10%	3	加毡垫	2840	2.08
4	10%	4	直接打击	3530	1.775

续表

序号	打击能量	打击次数	打击条件	最大力（kN）	脉冲时间（ms）
5	20%	1	加毡垫	5172	1.85
6	20%	2	直接打击	5390	1.85
7	20%	3	直接打击	5064	2.01
8	30%	1	直接打击	6252	1.80
9	40%	1	直接打击	7476	1.80
10	50%	1	直接打击	8624	1.80
11	100%	1	直接打击	*20400	*1.80

注：表中带*的数据为推断值。

100%打击能量时，打击力超出传感器量程范围，弹性体发生塑性变形，打击力拟合是根据传感器响应波形的上升部分进行拟合及根据脉冲时间推断出来的；其中，第10次30%打击能量直接打击和第13次50%打击能量直接打击的测试数据如图3-1-19和图3-1-20所示。打击力波形采用正矢脉冲函数拟合。图3-1-21、图3-1-22给出打击地面的加速度响应。

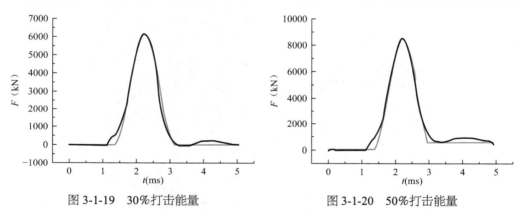

图 3-1-19　30%打击能量　　　　　图 3-1-20　50%打击能量

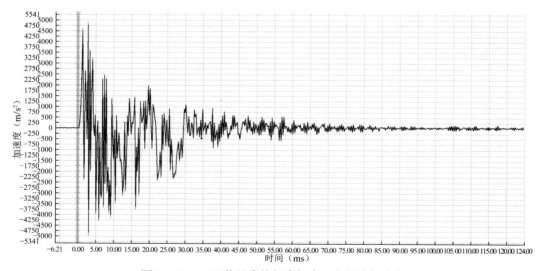

图 3-1-21　10%能量直接打击机身 3 点振动加速度

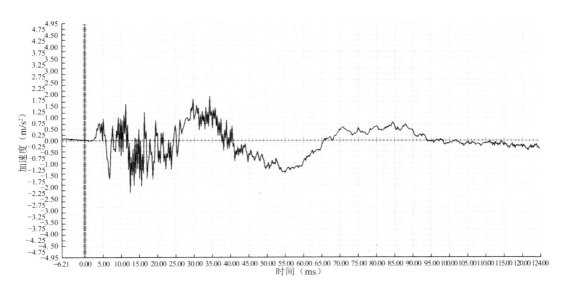

图 3-1-22　10%能量直接打击地面 2 点振动加速度

2. 结构自振特性

包括自振频率、振型分析，对于直接支撑动力设备的结构，计算自振频率的范围一般应取其工作频率的 1.3 倍，以便考虑高阶振动对结构的影响。

3. 振动传递

指计算动力设备的振动对工业建筑结构中其他部位或构件的振动传递情况，以考察工业建筑结构各层的振动是否满足要求。

某建筑结构负一层动力站房内设置了冷却及冷冻水泵等动力设备。动力设备运行时，产生的振动由管道、连接、结构柱等从负一层向一层、二层及更高楼层传递，特别是动力设备对应位置的上部一至三层均有振感，局部位置振感明显。对该结构进行了竖向和水平向振动测试，研究其振动传递。

1）振动竖向传递

针对负一层 B1（动力设备层）产生的振动，开展的振动测试传递研究如图 3-1-23 所示，测点编号从负一层 B1 地面开始，至二层 F2 地面，序号 1～14。其中，5 为水泵（振源）产生的振动，存在两个传递路径：第一是经过隔振基础向下传递至地面（也会传递至负二层 B2）；第二是经过橡胶软连接、水管、铁制吊杆以及梁板柱向上传递，到达一层 F1、二层 F2 以及更高楼层。在典型 25Hz 附近处（动力设备转子频率为 24.2Hz，为振源激发的强迫振动）的各处测点，均存在峰值。25Hz 处各测点的振动峰值，如表 3-1-6 及图 3-1-24 所示。

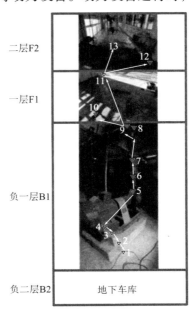

图 3-1-23　动力设备振动沿竖向传递

<table>
<tr><td colspan="3">1～14 测点 25Hz 处振动峰值　　　　　　表 3-1-6</td></tr>
</table>

序号	测点说明	25Hz 振动峰值加速度（m/s²）
1	负一层地面（±0.00m）	0.19395
2	设备基础上（+0.30m）	0.23096
3	设备下的铁制支撑上（+0.40m）	0.32084
4	设备下与铁制支撑之间（+0.55m）	0.54938
5	设备竖向和横向管道连接处（+1.05m）	2.41524
6	橡胶软连接下（+1.35m）	3.0392
7	橡胶软连接上（+1.50m）	1.84308
8	铁制吊杆下（+3.00m）	0.23221
9	铁制吊杆水管上（+3.40m）	0.69309
10	一层楼板与负一层连接柱子处（+4.80m）	0.03892
11	一层楼板与负一层铁制吊杆连接处（+4.80m）	0.28949
12	二层楼板与一层连接柱子处（+9.60m）	0.02162
13	二层楼板负一层铁制吊杆连接处正上方（+9.60m）	0.14744
14	二层楼板与 12 测点对角处（+9.60m）	0.53491

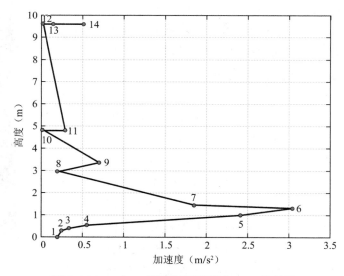

图 3-1-24　1～14 号测点振动测试 25Hz 处结果

竖向振动传递测试结果：

（1）冷却泵设备基础顶面或地板基本振动水平在 0.2～0.3m/s²，结构顶板下方的管道支架振动在 0.2m/s² 附近。

（2）冷却泵设备下的减振器前后分别为 0.32m/s² 和 0.23m/s²，隔振效率为 30％左右，直接隔振效果远低于 90％，无法起到共振频带处的减振作用。

（3）通过测点 1、10、12 的观测，可以看到，该三点分别为负一层、一层、二层柱脚处楼板振动逐渐减小，符合振动传递规律。

2）振动水平传递

负一层 B1（动力设备层）产生的振动，沿负一层 B1 地面进行传递，开展测试的振动传递分析如图 3-1-25 所示，主要分析振动沿水平向的传递规律。

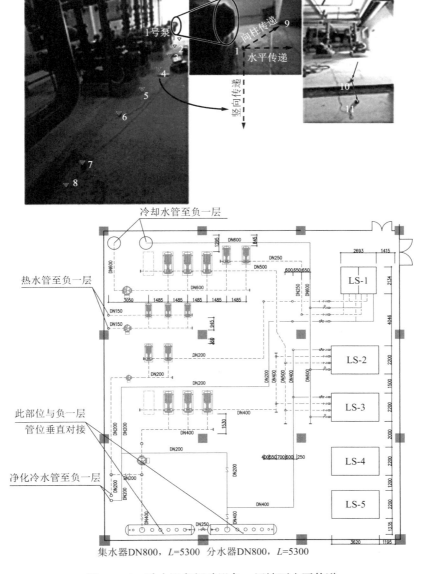

图 3-1-25 动力设备振动沿负一层地面水平传递

表 3-1-7、图 3-1-26 给出设备振动在 25Hz 处的振动峰值（序号 1～8），表 3-1-8 给出设备振动向柱传递 25Hz 处的振动峰值。

设备振动传递 1～8 测点 25Hz 处振动峰值 表 3-1-7

序号	说明	25Hz 振动峰值加速度（m/s²）
1	6 号冷却泵设备基础旁楼板旁 1m 处	0.33171
2	6 号冷却泵设备基础旁楼板	0.39251
3	5 号冷却泵设备基础旁楼板	0.39118
4	4 号冷却泵设备基础旁楼板	0.19028
5	3 号冷却泵设备基础旁楼板	0.1126
6	2 号冷却泵设备基础旁楼板	0.15057
7	1 号冷却泵设备基础旁楼板	0.11036
8	1 号冷却泵设备基础旁楼板旁 1m 处	0.09157

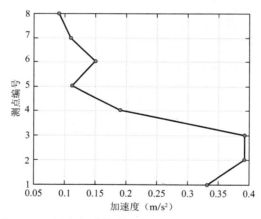

图 3-1-26 设备振动传递 1～8 测点 25Hz 处振动峰值

设备振动向柱传递在 25Hz 处的振动峰值 表 3-1-8

序号	位置描述	25Hz 振动峰值加速度（m/s²）
1	测线 C，设备振动向柱传递 1	0.20766
2	测线 C，设备振动向柱传递 2	0.03248
3	测线 D，设备振动水平向传递 1	0.19704
4	测线 D，设备振动水平向传递 2	0.22844

水平振动传递测试结果：

（1）6 号冷却泵向 1 号冷却泵设备基础旁楼板振动传递，总体呈逐渐减小趋势，说明

6 号和 5 号冷却泵的振动实际危害较大，25Hz 处最大值为 0.39m/s²，最小值为 0.09m/s²。

（2）负一层冷却泵附近楼板由近至远，同层传递变化不大，基本在 0.2m/s²附近（图 3-1-27）。

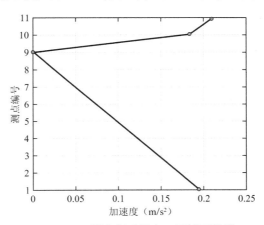

图 3-1-27　设备振动沿负一层地面传递

（3）局部刚度突变处振动较小，主要是 9 号测点临近结构柱，具有较强的刚度约束，振动相对较小。

4. 结构材料特性及阻尼比取值

根据现行国家标准《混凝土结构设计规范》GB 50010，混凝土受压和受拉弹性模量宜按表 3-1-9 采用，混凝土的剪切变形模量可按相应弹性模量值的 40％确定。

混凝土的弹性模量（×10⁴N/mm²）　　表 3-1-9

混凝土强度等级	C15	C20	C25	C30	C35	C40	C45	C50	C55	C60	C65	C70	C75	C80
E_c	2.20	2.55	2.80	3.00	3.15	3.25	3.35	3.45	3.55	3.60	3.65	3.70	3.75	3.80

注：1. 当有可靠试验依据时，弹性模量可根据实测数据确定；
　　2. 当混凝土中掺有大量矿物掺合料时，弹性模量可按规定龄期根据实测数据确定。

根据现行国家标准《钢结构设计标准》GB 50017，钢材和铸钢件的物理性能指标应按表 3-1-10 采用。

钢材和铸钢件的物理性能指标　　表 3-1-10

弹性模量E（N/mm²）	剪变模量G（N/mm²）	线膨胀系数α（以每℃计）	质量密度ρ（kg/m³）
206×10^3	79×10^3	12×10^{-4}	7850

振动响应大小与阻尼比取值关系密切，特别是当振动荷载的工作频率与结构的自振频率相近的情况下，阻尼比对共振峰影响显著。阻尼比取值经大量的测试与计算对比，并与振动荷载相对应的情况下，参考了其他规范标准，取值建议见表 3-1-11。

结构振动计算时采用的阻尼比　　表 3-1-11

结构类型	阻尼比
混凝土结构	0.05
钢结构	0.02
组合结构	0.035

动力机器作用下的混凝土基础结构，其阻尼比取值可参考现行国家标准《动力机器基础设计标准》GB 50040。

5. 结构构件截面参数取值

在工业建筑结构振动简化分析时，构件截面参数准确设计可发挥结构的振动控制性能。考虑楼板对梁刚度的影响，对于现浇楼板、叠合板、结构面层，宜考虑楼板作为翼缘对梁刚度的影响。梁受压区有效翼缘计算宽度 b'_f 可按表 3-1-12 所列情况中的最小值取用；也可采用梁刚度增大系数法近似考虑，刚度增大系数应根据梁有效翼缘尺寸与梁截面尺寸的相对比例确定。

受弯构件受压区有效翼缘计算宽度 b'_f　　　　表 3-1-12

	情况	T 形、I 形截面		倒 L 形截面
		肋形梁（板）	独立梁	肋形梁（板）
1	按计算跨度 l_0 考虑	$l_0/3$	$l_0/3$	$l_0/6$
2	按梁（肋）净距 s_n 考虑	$b + s_n$	—	$b + s_n/2$
3	按翼缘高度 h'_f 考虑	$b + 12h'_f$	b	$b + 5h'_f$

此外，考虑振动计算结果对楼盖频率敏感，尚应考虑设备基础及墙体对楼盖刚度的影响。

6. 振动响应评价

振动控制结果是否达到目标要以控制标准来评价，如果工业建筑中的动力设备厂家没有明确提出振动控制标准，可按照现行国家标准《建筑工程容许振动标准》GB 50868 的相关条文对振动控制设计结果进行评价。如果超出振动控制容许值，应对设计方案进行修订，或采用隔振、减振措施。

根据工业建筑结构使用功能特点，按照现行国家标准《建筑工程容许振动标准》GB 50868，振动响应评价主要分两类，一类是设备的容许振动控制标准；一类是厂区内操作人员的舒适度和疲劳-工效降低的振动控制标准。设备振动控制包括需要进行环境振动控制的精密设备及产生振源的动力设备两种。精密加工设备的容许振动限值参见表 3-1-13，汽轮发电机动力机器设备的容许振动限值参见表 3-1-14，生产操作区的容许振动计权加速度级参见表 3-1-15。

精密加工设备在时域范围内的容许振动值　　　　表 3-1-13

设备名称	容许振动速度峰值（μm/s）
3～5μm 厚金属箔材扎制机	30
高精度刻线机、胶片和相纸挤压涂布机、光导纤维拉丝机等	50
高精度机床装配台、超微粒干板涂布机	100
硬质金属毛坯压制机	200
精密自动绕线机	300

汽轮发电机组普通基础在时域范围内的容许振动值　　　　表 3-1-14

机器额定转数（r/min）	容许振动位移峰值（mm）
3000	0.02
1500	0.04

注：当汽轮发电机组转数小于额定转数的 75% 时，其容许振动值应取表中规定数值的 1.5 倍。

生产操作区容许振动计权加速度级（dB）　　　　表 3-1-15

界　限		暴露时间								
		24h	16h	8h	4h	2.5h	1h	25min	16min	1min
舒适性降 低界限	竖向	95	98	102	105	109	113	117	118	121
	水平向	90	95	97	101	104	108	112	113	116
疲劳-功 效降低界限	竖向	105	108	112	115	119	123	127	128	130
	水平向	100	105	107	111	114	118	122	123	126

注：本表适用于人体承受 1~80Hz 全身振动，并通过主要支撑面将振动作用于立姿、坐姿和斜靠姿的操作人员。

7. 振动位移、速度及加速度换算

在单一周期性荷载作用下，结构的振动速度和振动加速度可按下列公式计算：

$$v = u\omega \tag{3-1-17}$$

$$a = u\omega^2 \tag{3-1-18}$$

式中：v——振动速度（m/s）；

$\quad\quad a$——振动加速度（m/s^2）；

$\quad\quad u$——振动位移（m）；

$\quad\quad \omega$——振动荷载圆频率（rad/s）。

若某工业建筑楼盖位移振动容许值为 1μm，基于 VC 曲线，根据上式计算所得的 1~100Hz 位移、速度和加速度三重对数曲线如图 3-1-28 所示，在实际工程中可作为响应估算的速查曲线。

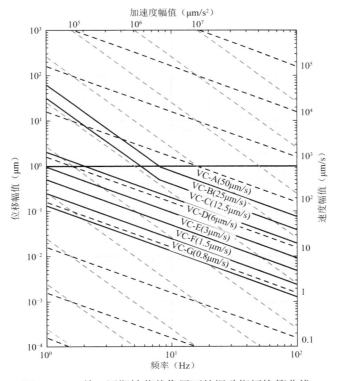

图 3-1-28　单一周期性荷载作用下的振动指标换算曲线

第二节　结构振动分析数值计算方法

一、结构建模的基本方法

采用有限元数值计算方法时，对于框架主体的梁柱结构，工业建筑结构一般以梁单元建模，对于楼盖结构，一般以板壳单元建模，设备集中荷载以集中质量单元模拟，活荷载可用均布质量单元模拟。

对于梁柱重叠区域，可采用常规有限元方法中"刚域"的处理方法；对于钢筋混凝土楼盖梁板重叠区域，可忽略计算模型中增加的楼板单元质量、刚度影响。

单元网格划分应保证计算精度、不遗漏模态、不出现振型奇异，同时应兼顾计算时间和计算容量。对于加载点，应根据振动荷载类型，确保有限元节点可有效模拟加载；对于受振点，应根据容许振动特征，选择控制点为单元节点。

二、振动响应的计算方法

1. 谐响应分析方法

旋转机器的振动属于周期性荷载，在谐波、周期性或频段较集中的振动荷载作用下，结构系统会产生持续的周期响应，称为谐响应，属于稳态受迫振动。从数值计算角度，谐响应分析相当于进行一系列等幅值正弦激励下的频响分析；从试验角度，它对应于"扫频振动"。

谐响应分析的目的是计算结构在振动荷载下的响应值（振动位移、速度、加速度等）与频率的关系曲线，从而预测结构的持续动力特性，避免产生共振、疲劳及其他受迫振动引起的不良影响。谐响应分析属于线性分析，模型中的任何非线性特性将被忽略。谐响应分析也可以分析预应力结构。

在结构动力计算过程中，应注意以下要点：应考虑工业建筑自振频率的多阶特征以及可能的密集特征；应考虑建模、参数取值等存在的偏差；应考虑实际工业建筑结构自振频率变化的可能性，以及设备运行振动荷载随频率变化的可能性（谐响应分析需考虑结构在不同频率范围内的动力响应）。

振动荷载扫频区的频率最大值和最小值应按下列公式计算：

$$f_{e,min} = f_e(1 - \varepsilon) \tag{3-2-1}$$

$$f_{e,max} = f_e(1 + \varepsilon) \tag{3-2-2}$$

式中：$f_{e,min}$——扫频区频率最小值（Hz）；

$\quad\quad f_{e,max}$——扫频区频率最大值（Hz）；

$\quad\quad f$——设备的振动荷载频率（Hz）；

$\quad\quad \varepsilon$——扫频参数，按表 3-2-1 确定。

扫频参数ε　　　　　　　　　　　　　　　　　　　　表 3-2-1

扫频参数	计算楼盖屋盖竖向振动	计算结构整体水平振动
ε	0.2	0.3

当结构一阶振型频率大于扫频区频率最大值时，振动荷载频率可取扫频区频率最大值；

当结构主导振型最高频率小于扫频区频率最小值时,振动荷载频率可取扫频区频率最小值;当结构主导振型频率在扫频区范围内时,振动荷载频率取值间隔不宜大于 0.5Hz,并应涵盖所有扫频区范围内的结构频率。

实际工程中,驱动机与从动机转速不同(即振动荷载频率不同),谐响应分析不能计算频率不同时的多个荷载同时作用的响应,可分别计算不同频率荷载的响应再进行叠加,从而得到整体响应。

某楼盖的长、宽、厚分别为9m、8.1m、0.3m,四边梁的截面尺寸为 0.2m×0.35m,密肋梁截面尺寸为 0.4m×0.85m,结构材料为 C35 钢筋混凝土,分为两种工况进行数值计算:楼盖四个角点固接(不考虑柱计算)、楼盖由 9 根柱子支撑(考虑柱计算)。楼盖所受动力设备的卓越频率为 25Hz。采用有限元对楼盖进行扫频计算,水平向扫频范围为 17.5～32.5Hz,竖向扫频范围为 20～30Hz,频率间隔 0.1Hz,振动荷载为施加到楼盖中心的单位集中力(1N)。所建立的数值计算模型如图 3-2-1 所示,荷载位置如图 3-2-2 所示,模态计算结果如图 3-2-3 所示。

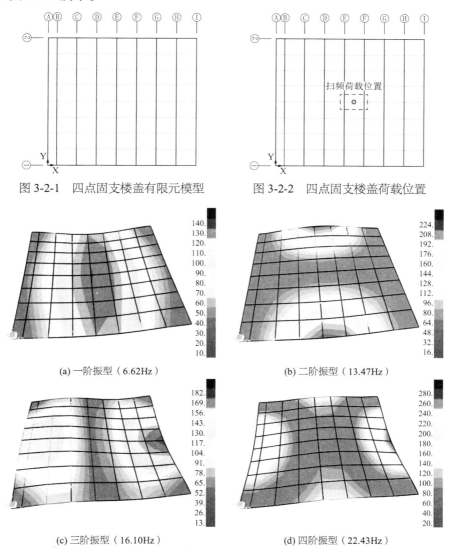

图 3-2-1 四点固支楼盖有限元模型　图 3-2-2 四点固支楼盖荷载位置

(a) 一阶振型(6.62Hz)　(b) 二阶振型(13.47Hz)

(c) 三阶振型(16.10Hz)　(d) 四阶振型(22.43Hz)

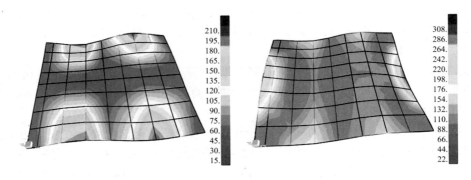

(e) 五阶振型（31.16Hz）　　　　　　　　(f) 六阶振型（32.53Hz）

图 3-2-3　四点固支楼盖模态计算结果

　　如图 3-2-4 所示，根据模态计算结果提取左侧 117 点、中间 138 点和右侧 159 点扫频结果，如图 3-2-5 所示。

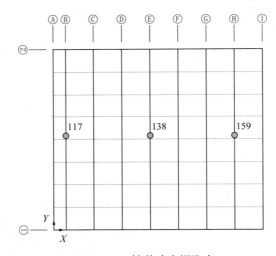

图 3-2-4　楼盖响应提取点

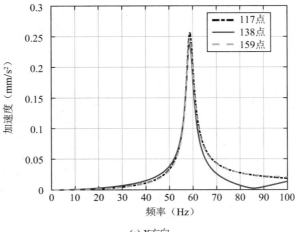

(a) X方向

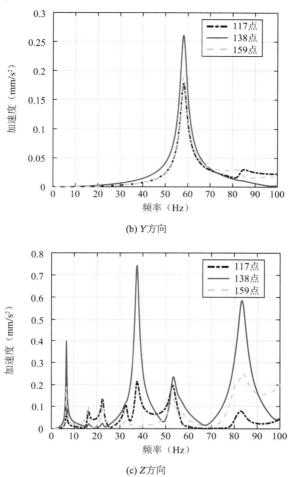

(b) Y方向

(c) Z方向

图 3-2-5　四点固支楼盖扫频计算结果

若楼盖考虑 9 根 3m 长柱子，柱截面尺寸为 500mm×500mm，柱底部固结，纵向柱间距约 4.5m，横向柱间距约 4m，进行扫频计算。数值计算模型及模态计算结果分别如图 3-2-6、图 3-2-7 所示。

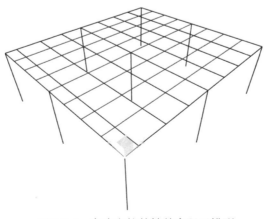

图 3-2-6　考虑立柱的楼盖有限元模型

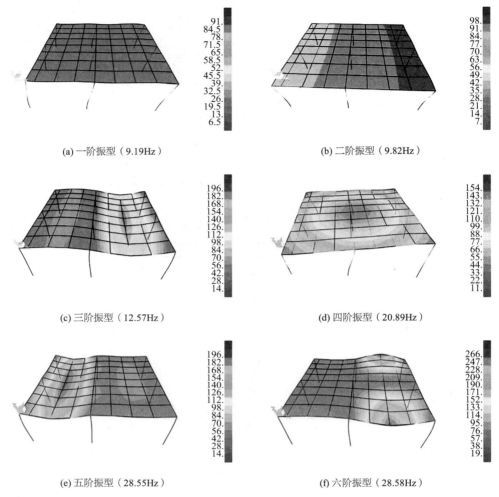

(a) 一阶振型（9.19Hz）　　　　　　　　　　(b) 二阶振型（9.82Hz）

(c) 三阶振型（12.57Hz）　　　　　　　　　　(d) 四阶振型（20.89Hz）

(e) 五阶振型（28.55Hz）　　　　　　　　　　(f) 六阶振型（28.58Hz）

图 3-2-7　考虑立柱的楼盖模态计算结果

根据模态计算结果，选择左侧 117 点、中间 138 点、右侧 159 点进行扫频结果提取（图 3-2-8）。图 3-2-9 给出扫频计算结果。

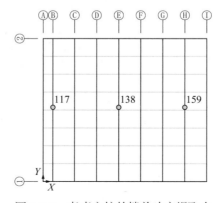

图 3-2-8　考虑立柱的楼盖响应提取点

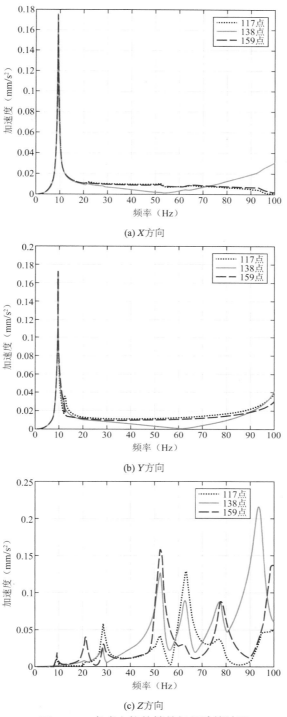

(a) X方向

(b) Y方向

(c) Z方向

图 3-2-9 考虑立柱的楼盖扫频计算结果

　　综上所述，实际工程中可按标准条文规定的重点关注区间进行谐响应计算，当确有条件和必要时，也可进行全频段扫频计算，扫频间隔应满足标准要求，应兼顾时效性和计算精度。

2. 动力时程分析方法

环境振动荷载、轨道交通荷载等属于非稳定、非周期或频率成分比较复杂的振动荷载，

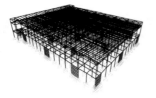

该类振动荷载作用下，宜采用动力时程分析方法，该方法是基于直接输入动力荷载求解结构振动响应的直接方法，它以数值积分为基础，很少受制于谐响应方法中的各种假定，可考虑结构的非线性。理论上讲，时程分析法是解决各种结构振动问题最精确的方法。

图 3-2-10 某工业建筑结构数值计算模型

考虑某工业建筑，采用有限元进行计算，数值计算模型如图 3-2-10 所示，模态计算结果如图 3-2-11～图 3-2-16 所示。

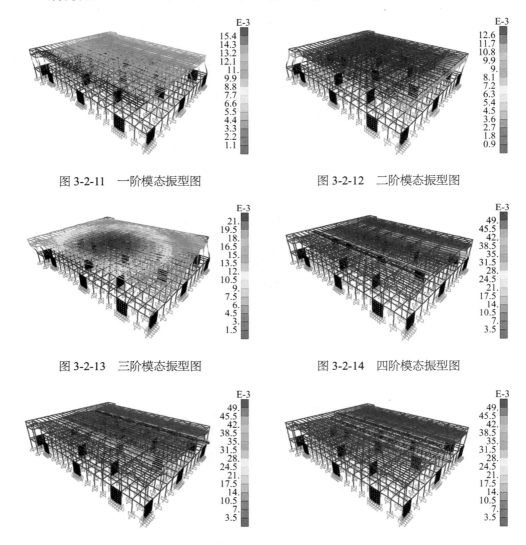

图 3-2-11 一阶模态振型图　　　　图 3-2-12 二阶模态振型图

图 3-2-13 三阶模态振型图　　　　图 3-2-14 四阶模态振型图

图 3-2-15 五阶模态振型图　　　　图 3-2-16 六阶模态振型图

采用的振动输入为场地实测振动加速度，考虑最不利工况，选取测试中相对较大的一组数据，振动输入数据如图 3-2-17 所示。

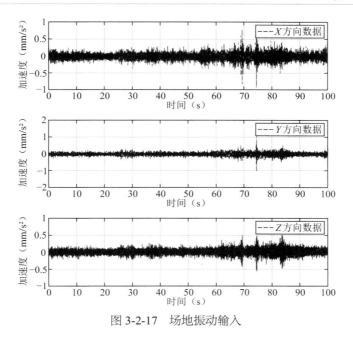

图 3-2-17　场地振动输入

　　除此之外，工业建筑振动计算时，还应考虑建筑结构内部的动力设备产生的振动荷载，动力设备相关参数见表 3-2-2。

动力设备参数表　　　　　　　　　　　　　　　表 3-2-2

序号	设备类型	数量	质量（kg）	振动频率（Hz）	振动荷载（N）
1	新风机组	2	3000	24	2848
2	新风机组	4	30000	18	21365
3	酸排风机	3	2200	25	2176
4	碱排风机	2	680	25	673
5	有机排风机（主工艺风机）	2	3000	25	2967
6	脱附风机	1	650	25	643

　　根据现行国家标准《建筑振动荷载标准》GB/T 51228 关于通风机、鼓风机、离心泵、电动机振动荷载的计算规定，宜按下列公式计算：

$$F_{vx} = me\omega^2 \tag{3-2-3}$$

$$F_{vy} = 0.5F_{vx} \tag{3-2-4}$$

$$F_{vz} = F_{vx} \tag{3-2-5}$$

式中：m——旋转部件的总质量（kg）；

　　　　e——转子质心与转轴几何中心的当量偏心距（m）；

　　　　ω——转子转动角速度（rad/s）。

　　标准条文说明规定：工程中，当机器技术资料缺乏时，假设转子的平衡品质等级为 6.3mm/s（即 $e\omega = 6.3$）。

　　根据式(3-2-3)、式(3-2-4)、式(3-2-5)、条文说明内容及设备制造商提供的动力设备质量、运行频率，计算动力设备振动荷载。

动力设备布置在结构南侧屋面，以简谐荷载的方式施加，施加位置如图 3-2-18 所示，开展动力时程计算，屋面及楼盖加速度云图如图 3-2-19、图 3-2-20 所示。

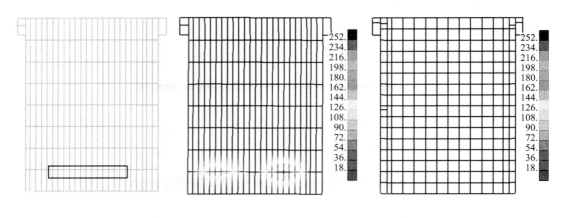

图 3-2-18　屋面设备荷载　　　　图 3-2-19　屋面加速度响应　　　图 3-2-20　楼盖加速度响应
　　　　　　施加位置　　　　　　　　　　　云图（包络图）　　　　　　　　云图（包络图）

设备振动影响下，选择 1000106、1000111、1000117 三个测点数据进行对比。倍频程计算结果如图 3-2-21～图 3-2-23 所示。

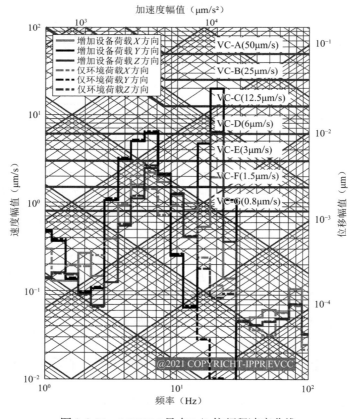

图 3-2-21　1000106 号点 1/3 倍频程速度曲线

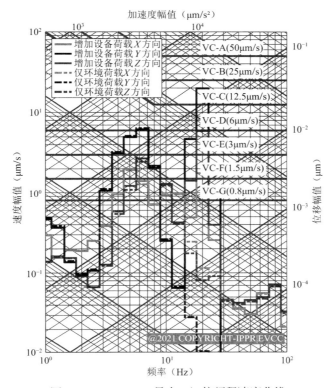

图 3-2-22　1000111 号点 1/3 倍频程速度曲线

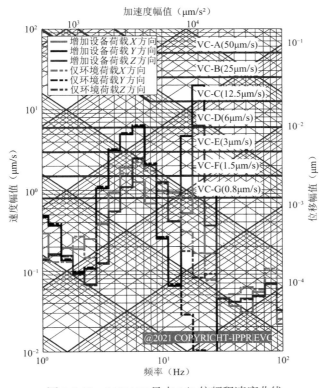

图 3-2-23　1000117 号点 1/3 倍频程速度曲线

第三节　工程实例

　　某钢结构工业建筑中锅炉房和动力主机房联在一起,如图 3-3-1～图 3-3-3 所示。其中,图 3-3-1 为锅炉房钢结构框架图,结构由 4 根箱形柱和 5 层平台组成,两侧设有辅框架;图 3-3-2 为动力设备主机房钢筋混凝土框架结构图,纵向 12 跨,A～B 轴线间共 3 层平台,B～D 轴线间共 11 层平台;图 3-3-3 是锅炉房与动力设备主机房与 D 轴和⑦～⑪轴线联在一起的整体框架图。动力设备主机基础台板通过弹簧放置于 B～D 和⑦～⑪轴线间 78.6m楼层上,⑦～⑪轴线正对锅炉。

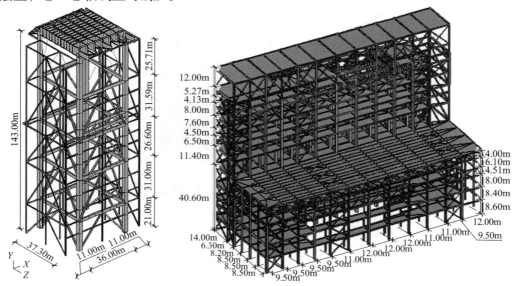

图 3-3-1　锅炉房钢结构框架图　　　　图 3-3-2　动力设备主机房钢筋混凝土框架结构图

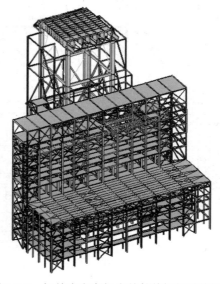

图 3-3-3　锅炉房和主机房的整体框架结构图

分析模型分别由工业建筑结构和设备主机基础模型拼装而成，采用有限元进行分析。主机基础台板以实体单元建立，台板混凝土 C40，重量为 20976.28kN（含 0.05m 二次浇灌层）；设备重量为 13195kN（含转子 1330kN）。设备荷载选用刚体单元和质量单元（Mass21），以集中荷载方式施加，如图 3-3-4 所示。

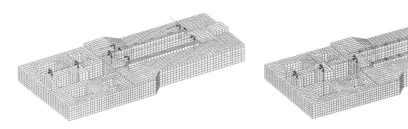

(a) 设备转子质量加载 　　　　　　　　(b) 设备定子质量加载

图 3-3-4　主机设备荷载

分别建立结构和汽机基础 Ansys 模型，两个模型的节点号先分开，模型合并前分别进行特征值分析，再用刚体单元把汽机基础模型弹簧底部和钢梁与底板连结在一起，建立联合整体模型。

选用分块法（Lanczos）模态提取法和一致质量凝聚法进行特征值分析，得到的自振频率结果见表 3-3-1，相应的振型见图 3-3-5～图 3-3-7。

自振频率（根据参振质量比或振型判别，3 个方向基本振型）　　　　表 3-3-1

方向	f_{re}(Hz)
纵向（X）	0.555
竖向（Y）	3.755
横向（Z）	0.532

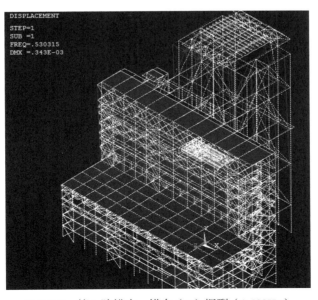

图 3-3-5　第 1 阶模态，横向（Z）振型（0.532Hz）

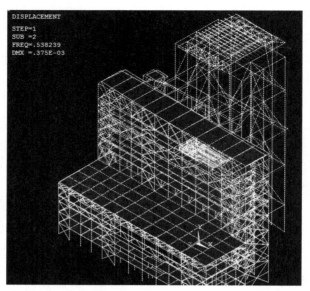

图 3-3-6　第 2 阶模态，纵向（X）和扭转振型（0.555Hz）

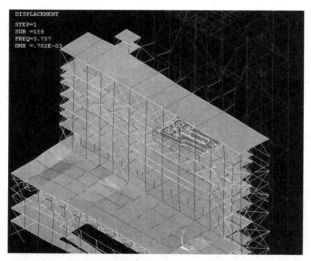

图 3-3-7　第 158 阶模态，竖向（Y）振型（3.755Hz）

主机为旋转式机器，扰力幅值根据现行国家标准《建筑振动荷载标准》GB/T 51228 的规定计算：

$$P_{oi} = M_{gi}G\Omega^2/\omega = M_{gi}G\omega(\Omega/\omega)^2 = (W_{gi}/9.80665) \times (G \times \omega) \times (\Omega/\omega)^2 \quad (3\text{-}3\text{-}1)$$

式中：M_{gi}——作用在基础第 i 点（扰力点）的机器转子质量；

$\quad\quad W_{gi}$——作用在基础第 i 点（扰力点）的机器转子重量；

$\quad\quad \omega$——机器的工作转速 $2\pi \times 50$（rad/s）；

$\quad\quad \Omega$——强迫振动分析时的激振转速（rad/s）；

$\quad\quad G$——分析平衡质量等级（mm/s），$G = e \times \omega$。

表 3-3-2 给出根据设备厂家要求确定的动力计算参数，表 3-3-3 给出通过公式计算得到的不同扰力点的扰力幅值。

强迫振动分析动参数 表 3-3-2

平衡质量等级	扰力值	扰力变化（0～65Hz）	阻尼比
G6.3	$0.20W_{gi}$	$(f_i/f_m)^2$	0.02

扰力作用位置及其大小（kN） 表 3-3-3

标号	转子重量（kN）	竖向加载的节点号和扰力值		横向加载的节点号和扰力值	
		节点号	扰力 $0.2W_{gi}$	节点号	扰力 $0.2W_{gi}$
BRG1	100	40001	20	40001	20
BRG2	255	40003	51	40003	51
BRG3	155	40005	31	40005	31
BRG4	410	40023，40024	41	40007	82
BRG5	410	40025，40026	41	40008	82

选用 Ansys 中的 Harmonic 模块进行强振分析，阻尼比为 0.02；分析截止频率大于 1.3 倍机组工作频率为 65Hz，计算模态数为 5000。将扰力分别作用的每个轴承中心处的响应值进行平方和开平方，作为扰力每一频率的最大且最可能响应，分别取得每个轴承中心处的竖向、横向两个方向的每一频率响应，即竖向、横向振幅设计值。可分别将两个方向的振幅进行校核。关于纵向振幅设计值，可取竖向扰力作用的纵向振幅。

经与设备厂家协商确定，容许振动评判标准按照《机械振动 在非旋转部件上测量和评价机器的振动 第 2 部分：50MW 以上，额定转速 1500r/min、1800r/min、3000 r/min、3600r/min 陆地安装的大型汽轮机和发电机》DIN ISO 20816-2 开展振幅评估，如表 3-3-4 所示。

轴承座振动速度评价值 表 3-3-4

区域界限	振动速度 RMS（mm/s）	振动位移（μm）
A/B	3.8	17.10
B/C	7.5	33.75
C/D	11.8	53.10

注：这些数值相应于在额定转速、稳定工况下在推荐的测量位置上用于所有轴承的径向振动测量和推力轴承的轴向振动测量。

区域 A：新交付机器的振动通常属于该区域（记为"优"）；

区域 B：机器振动处在该区域通常可长期运行（记为"良好"）；

区域 C：机器振动处在该区域一般不宜作长时间连续运行，通常机器可在此状态下运行有限时间，到有采取补救措施的合适时机为止（记为"及格"）；

区域 D：机器振动处在该区域其振动烈度足以导致机器损坏（记为"不合格"）。

速度与位移幅值可通过下式转换：

$$S = \frac{225}{f}V \tag{3-3-2}$$

式中：S——振动幅值位移（μm）；

    V——振动幅值速度（mm/s）；

    f——工作频率，50Hz。

扰力作用下轴承中心处的振动响应见表 3-3-5、表 3-3-6。

竖向扰力作用下轴承中心处的竖向振动位移设计最大值（μm）　　　　表 3-3-5

频率段（Hz）	BRG_1	BRG_2	BRG_3	BRG_4	BRG_5	最大
幅值	13.14	13.08	12.16	11.33	16.55	16.55
频率（0~65）	30.19	30.20	30.20	30.20	46.61	BRG_5
幅值	3.67	1.87	2.10	1.96	8.63	8.63
频率（40~45）	45.00	45.00	45.00	45.00	45.00	BRG_5
幅值	7.93	3.72	4.03	5.03	16.55	16.55
频率（45~47.5）	46.68	46.62	47.49	47.49	46.61	BRG_5
幅值	6.03	2.70	7.26	8.95	12.50	12.50
频率（47.5~52.5）	47.51	47.51	48.90	48.87	48.98	BRG_5
幅值	1.49	0.98	2.25	2.60	5.09	5.09
频率（52.5~55）	52.51	52.51	52.51	52.51	52.51	BRG_5
幅值	1.93	1.08	1.86	1.63	0.56	0.56
频率（55~65）	56.44	56.44	56.44	56.44	56.44	BRG_5

横向扰力作用下轴承中心处的横向振动位移设计最大值（μm）　　　　表 3-3-6

频率段（Hz）	BRG_1	BRG_2	BRG_3	BRG_4	BRG_5	最大
幅值	30.36	18.29	31.30	26.82	22.08	31.30
频率（0~65）	17.43	25.27	39.12	39.12	17.43	BRG_3
幅值	5.60	10.23	21.07	18.06	11.34	21.07
频率（40~45）	45.00	40.01	40.01	40.01	40.01	BRG_3
幅值	13.63	7.57	13.11	11.95	6.91	13.63
频率（45~47.5）	47.05	47.02	47.03	47.04	46.97	BRG_1
幅值	12.67	6.89	12.06	11.09	6.04	12.67
频率（47.5~52.5）	47.51	47.51	47.51	47.51	47.51	BRG_1
幅值	12.88	5.47	6.55	4.78	4.08	12.88
频率（52.5~55）	54.50	54.40	54.26	54.99	54.99	BRG_1
幅值	11.79	4.81	21.49	21.22	12.31	21.49
频率（55~65）	55.01	55.01	59.99	59.99	59.99	BRG_3

工作操作区的环境振动分主机基础台板两边纵梁、标高 78.6m、82.73m 和 70.6m 楼层

4 个区域，振动幅值分别取自 4 个区域的顶面节点。

楼层采样点可假定高于楼层中心层 0.5m，以 Ansys 的质量单元 mass21 建立，单元质量为零，选用刚性杆或刚体单元与楼层中心层连接。台板采样节点可用同样方法处理，如图 3-3-8 所示。

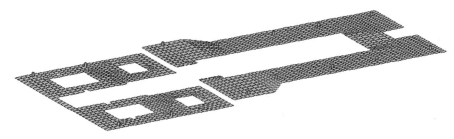

图 3-3-8 台板的环境振动采样节点

根据现行国家标准《建筑工程容许振动标准》GB 50868 中对厂区内操作人员的舒适度和疲劳-工效降低的振动控制标准，结合本工业建筑的运行状况，将操作区域的环境振动控制指标换算为速度，见表 3-3-7。

操作区域环境振动的衡量标准 表 3-3-7

振动方向	容许振动速度[V]（mm/s）
竖向	3.2
水平	5.0

工作操作区域环境在扰力作用下的振动响应计算结果见表 3-3-8～表 3-3-10。

竖向扰力作用下节点竖向振动速度最大值 表 3-3-8

频率段（Hz）	台板	78.6m 标高	82.73m 标高	70.6m 标高
最大幅值（mm/s）	4.428	1.258	0.720	0.595
频率（0～65）	46.68	8.50	4.35	4.36
最大幅值（mm/s）	2.0473	0.0468	0.2520	0.0501
频率（40～45）	45.00	45.00	40.94	40.17
节点	41062	41094	41095	41101
最大幅值（mm/s）	4.4284	0.0854	0.1816	0.0166
频率（45～47.5）	46.68	46.25	46.70	45.21
节点	41062	41094	41095	41109
最大幅值（mm/s）	3.3712	0.2022	0.1388	0.0222
频率（47.5～52.5）	47.51	49.83	47.51	49.35

续表

频率段（Hz）	台板	78.6m 标高	82.73m 标高	70.6m 标高
节点	41061	41082	41095	41109
最大幅值（mm/s）	0.8248	0.0654	0.0396	0.0062
频率（52.5～55）	52.51	52.51	52.51	54.99
节点	41061	41082	41095	41109
最大幅值（mm/s）	1.2725	0.0360	0.0414	0.0160
频率（55～65）	56.44	56.57	59.99	57.67
节点	41061	41090	41097	41109

竖向扰力作用下节点纵向振动速度最大值　　　　　表 3-3-9

频率段（Hz）	台板	78.6m 标高	82.73m 标高	70.6m 标高
最大幅值（mm/s）	1.821	0.095	0.146	0.045
频率（0～65）	48.92	8.51	15.82	8.64
节点	41074	41082	41100	41110
最大幅值（mm/s）	0.7664	0.0222	0.0128	0.0226
频率（40～45）	45.00	40.99	41.00	40.27
节点	41066	41081	41096	41109
最大幅值（mm/s）	1.6199	0.0236	0.0263	0.0097
频率（45～47.5）	46.66	46.97	46.74	46.61
节点	41066	41081	41097	41109
最大幅值（mm/s）	1.8213	0.0268	0.0191	0.0166
频率（47.5～52.5）	48.92	50.04	47.51	49.32
节点	41074	41082	41097	41109
最大幅值（mm/s）	0.6861	0.0109	0.0030	0.0087
频率（52.5～55）	52.51	52.51	52.51	54.99
节点	41074	41081	41100	41109
最大幅值（mm/s）	0.9380	0.0084	0.0033	0.0230
频率（55～65）	56.44	58.95	59.99	57.71
节点	41061	41081	41099	41109

横向扰力作用下节点横向振动速度最大值 表 3-3-10

频率段（Hz）	台板	78.6m 标高	82.73m 标高	70.6m 标高
最大幅值（mm/s）	4.337	0.403	0.466	0.268
频率（0～65）	39.12	3.85	3.89	4.23
节点	41073	41081	41097	41109
最大幅值（mm/s）	2.9203	0.0095	0.1177	0.0120
频率（40～45）	40.01	40.97	40.01	40.01
节点	41073	41082	41095	41101
最大幅值（mm/s）	3.5499	0.0113	0.0573	0.0022
频率（45～47.5）	46.99	46.90	47.10	46.08
节点	41063	41090	41095	41110
最大幅值（mm/s）	3.1403	0.0086	0.0530	0.0023
频率（47.5～52.5）	47.51	47.51	47.51	47.81
节点	41063	41090	41095	41104
最大幅值（mm/s）	3.4167	0.0073	0.0185	0.0025
频率（52.5～55）	54.50	54.50	54.99	54.99
节点	41061	41082	41095	41109
最大幅值（mm/s）	3.1353	0.0162	0.0307	0.0112
频率（55～65）	55.01	58.60	58.06	57.80
节点	41061	41090	41095	41109

第四章　单层工业建筑振动控制

第一节　一般规定

一、基本内容

因生产需要，工业建筑内会有大量动力设备，这些设备或生产装置在厂区内形成多点振源，引起建筑结构楼面与屋盖振动。如果屋盖振动过大，会影响结构的安全性、适用性和舒适性；长期处于高强度振动环境，结构会出现基础沉降和结构疲劳问题。单层工业建筑承受振动荷载作用，现行国家标准《工业建筑振动控制设计标准》GB 50190 给出了结构水平振动、屋盖竖向振动和吊车梁振动控制的设计方法。

从结构安全性角度，应考虑结构的承载力和疲劳强度问题，承载力验算和疲劳分析的监测、评估较为麻烦，而振动速度响应测试较为便捷。研究表明：结构应力应变循环与振动速度有关，由图 4-1-1，振动速度与构件应力的频响特性吻合较好，故可采用振动速度指标判别结构是否需要进行承载力与疲劳验算。

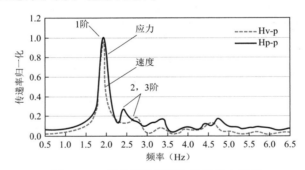

图 4-1-1　楼盖振动速度与构件应力关系

德国结构容许振动标准 DIN 4150-3 给出评估短期振动对结构影响的振动速度指标，见表 4-1-1。

DIN 4150-3 给出的建筑物容许振动速度　　　　　　　　　　　　　表 4-1-1

序号	建筑物类型	顶层楼面容许振动速度峰值（mm/s）	地基基础容许振动速度峰值（mm/s）		
		1～100Hz	1～10Hz	10～50Hz	50～100Hz
1	工业、公共建筑	40	20	20～40	40～50
2	住宅类建筑	15	5.0	5～15	15～20
3	对振动敏感且具有保护价值、不能划归到第 1 类和第 2 类的建筑	8	3	3～8	8～10

现行国家标准《建筑工程容许振动标准》GB 50868 给出强夯施工振动对建筑结构影响的容许振动值（见表 4-1-2），对于工业建筑，其振动速度一般控制在 12～24mm/s 范围内。

强夯施工对建筑结构影响的容许振动值　表 4-1-2

序号	建筑物类型	顶层楼面容许振动速度峰值（mm/s）	基础容许振动速度峰值（mm/s）		
		1~100Hz	1~10Hz	10~50Hz	1~100Hz
1	工业建筑、公共建筑	24.0	12.0	24.0	24.0
2	居住建筑	12.0	5.0	12.0	12.0
3	对振动敏感、具有保护价值、不能划归上述两类的建筑	6.0	3.0	6.0	6.0

现行国家标准《工业建筑振动控制设计标准》GB 50190 规定：当单层工业建筑屋盖设置动力设备时，应验算屋盖水平向及竖向振动荷载作用下的振动响应；当屋盖竖向振动速度超过 20mm/s 时，应进行屋盖在振动荷载作用下的承载力和疲劳验算。

二、容许振动标准

现行国家标准《工业建筑振动控制设计标准》GB 50190 规定的单层工业建筑基础容许振动值在我国现代工业工程中应用广泛，单层工业建筑采用天然地基时，基础容许振动加速度宜按表 4-1-3 确定。

基础容许振动加速度　表 4-1-3

地基土类别	砂土	黏土	黄土
容许振动加速度（m/s²）	1.0	1.5	3.0

某落锤破碎间将不易入炉、运送、分选的大尺寸、特殊形状的废钢采用氧气切割或落锤破碎的方法进行破碎。对铸铁件，如钢铁模、铁水包中的残余废铁，带生铁的渣等脆性易碎物用落锤砸碎。落锤法是通过一定质量（通常 5~10t）从高处落下，靠落锤释放的重力势能将击中物破碎。

落锤破碎间厂房为钢排架结构，共由 11 跨组成，每跨跨度为 12m。厂房所在场地的土类型为 Ⅱ 类。厂房内 12.00m 层布置 1 台 16/10t 的起重机，在 20.00m 层布置了 1 台 16t 起重机。

厂房总体布置如图 4-1-2 所示。

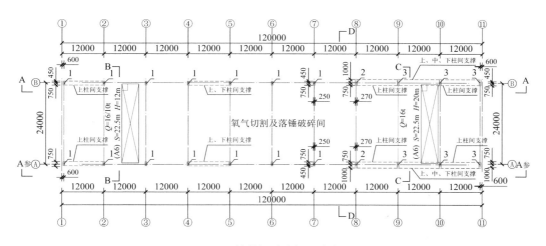

图 4-1-2　某落锤破碎间厂房布置图

厂房内布置 2 个落锤破碎坑，分别位于③~⑤轴间和⑨~⑪轴间（图 4-1-3）。落锤坑构造由下往上分别为：水泥土搅拌桩基础、200mm厚碎石褥垫层、1800mm厚夯实系数大于0.95的砂石垫层，最上面是分层夯实的钢渣（图4-1-4）。

强烈的冲击振动对人员、设备及工业建筑影响较大，易造成落锤破碎坑破损、沉陷、倾斜，还会造成结构基础、柱等发生严重变形，应开展振动测试和评估。

落锤破碎车间现场如图4-1-5所示，测点布置如图4-1-6所示。

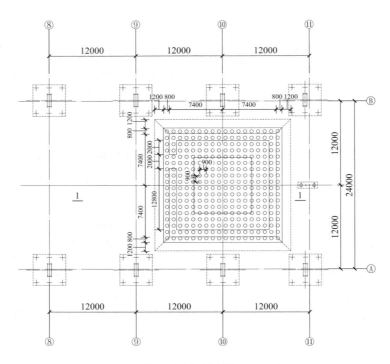

图4-1-3 落锤破碎间地基处理平面布置图

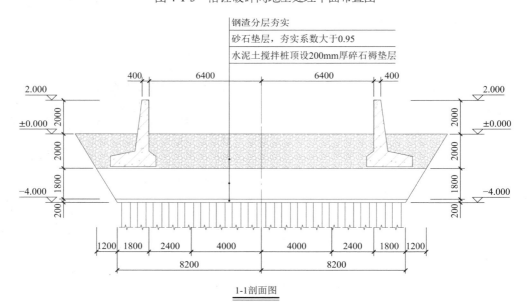

1-1剖面图

图4-1-4 落锤破碎间地基处理剖面图

图 4-1-5 落锤破碎车间现场图

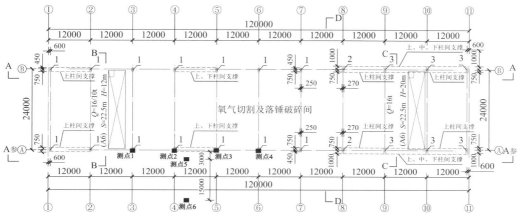

图 4-1-6 振动测试测点分布图

测点 1 位于③轴的柱脚,测点 2、测点 3、测点 4 分别位于④轴、⑤轴、⑥轴的柱子上,测点 5 距离 A 轴柱外侧 3.0m,测点 6 离 A 轴柱外侧 18.0m。根据图 4-1-7 的测试方案,对落锤破碎间进行振动测试,共测试 11 种工况(图 4-1-7~图 4-1-11),结果见表 4-1-4~表 4-1-14。

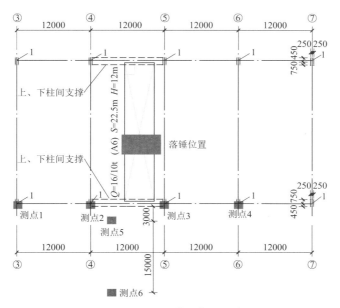

图 4-1-7 工况一落锤位置示意图

工况一时域指标统计值 表 4-1-4

序号	指标	测点 1	测点 2	测点 3	测点 4	测点 5	测点 6
	工程单位	m/s²	m/s²	m/s²	m/s²	m/s²	m/s²
1	容许值	1.0					
2	最大值	0.2689	0.9282	1.6178	1.3715	1.8733	0.3343
3	最小值	−0.2636	−0.8842	−1.7065	−1.1473	−1.0092	−0.3364
4	评价	正常	正常	超标	超标	超标	正常

工况一的落锤位置在④轴和⑤轴之间、靠近⑤轴位置，振动最大值出现在测点 3，最大值为 1.7065m/s²，在结构横向、离得较远的测点 1 衰减到 0.2689m/s²，而在结构纵向、离得最远的测点 6 衰减至 0.3364m/s²。

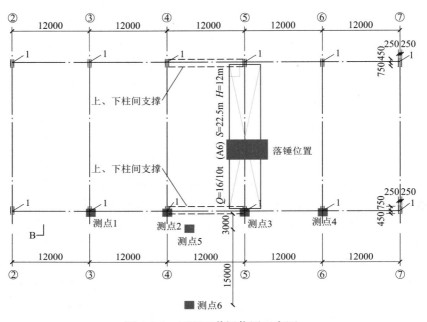

图 4-1-8　工况二落锤位置示意图

工况二时域指标统计值 表 4-1-5

序号	指标	测点 1	测点 2	测点 3	测点 4	测点 5	测点 6
	工程单位	m/s²	m/s²	m/s²	m/s²	m/s²	m/s²
1	容许值	1.0					
2	最大值	0.1553	0.5953	1.1829	0.7459	1.0368	0.2650
3	最小值	−0.1567	−0.6615	−1.8081	−0.9676	−1.1613	−0.2385
4	评价	正常	正常	超标	超标	超标	正常

工况二的落锤位置在⑤轴附近，振动最大值出现在测点 3，最大值为 1.8081m/s²，在结构横向、离得较远的测点 1 衰减至 0.1567m/s²，而在结构纵向、离得最远的测点 6 衰减到 0.2385m/s²。

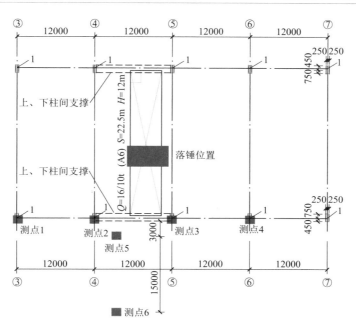

图 4-1-9　工况三、四落锤位置示意图

工况三时域指标统计值　　　　　　　　　　表 4-1-6

序号	指标	测点 1	测点 2	测点 3	测点 4	测点 5	测点 6
	工程单位	m/s²	m/s²	m/s²	m/s²	m/s²	m/s²
1	容许值	1.0					
2	最大值	0.2016	0.7660	2.2657	0.9298	1.2609	0.2262
3	最小值	−0.2009	−0.8845	−2.7581	−1.0087	−1.7022	−0.2866
4	评价	正常	正常	超标	超标	超标	正常

　　工况三的落锤位置在④轴和⑤轴之间、靠近⑤轴位置，振动最大值出现在测点 3，最大值为 2.7581m/s²，在结构横向、离得较远的测点 1 衰减到 0.2009m/s²，而在结构纵向、离得最远的测点 6 衰减到 0.2866m/s²。

工况四时域指标统计值　　　　　　　　　　表 4-1-7

序号	指标	测点 1	测点 2	测点 3	测点 4	测点 5	测点 6
	工程单位	m/s²	m/s²	m/s²	m/s²	m/s²	m/s²
1	容许值	1.0					
2	最大值	0.2135	0.7172	0.9191	0.3856	0.8194	0.2283
3	最小值	−0.2400	−0.7732	−1.7581	−0.4283	−1.0637	−0.2506
4	容许值	正常	正常	超标	正常	超标	正常

　　工况四的落锤位置在④轴和⑤轴之间、靠近⑤轴位置，振动最大值出现在测点 3，最大值为 1.7581m/s²，在结构横向、离得较远的测点 1 衰减到 0.2400m/s²，而在结构纵向、离得最远的测点 6 衰减到 0.2506m/s²。

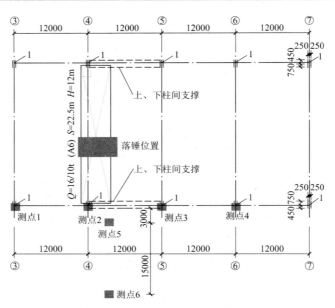

图 4-1-10　工况五落锤位置示意图

序号	指标	测点 1	测点 2	测点 3	测点 4	测点 5	测点 6
	工程单位	m/s²	m/s²	m/s²	m/s²	m/s²	m/s²
1	容许值				1.0		
2	最大值	0.7070	1.3639	1.1870	0.4716	1.5471	0.3519
3	最小值	−0.6264	−0.8935	−0.8447	−0.3639	−1.2281	−0.2792
4	评价	正常	超标	超标	正常	超标	正常

工况五时域指标统计值　　　　　　　　　　　　　　　表 4-1-8

工况五的落锤位置在④轴附近，振动最大值出现在测点 2，最大值为 1.3639m/s^2，在结构横向、离得较远的测点 4 衰减到 0.4716m/s^2，而在结构纵向、离得最远的测点 6 衰减到 0.3519m/s^2。

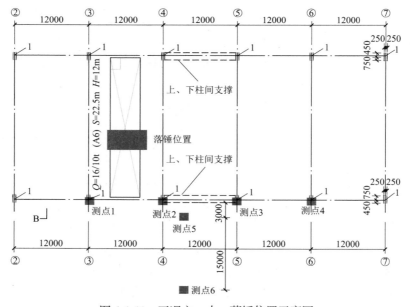

图 4-1-11　工况六~十一落锤位置示意图

工况六时域指标统计值　　　　　　　　　　　　表 4-1-9

序号	指标	测点 1	测点 2	测点 3	测点 4	测点 5	测点 6
	工程单位	m/s²	m/s²	m/s²	m/s²	m/s²	m/s²
1	容许值	1.0					
2	最大值	0.8348	0.7796	0.8033	0.3427	0.8625	0.2445
3	最小值	−0.4770	−0.9471	−0.6116	−0.2612	−0.7994	−0.1761
4	评价	正常	正常	正常	正常	正常	正常

工况六的落锤位置在③轴和④轴中间,振动最大值出现在测点 2,最大值为 0.9471m/s²,在结构横向、离得较远的测点 4 衰减到 0.3427m/s²,而在结构纵向、离得最远的测点 6 衰减到 0.2445m/s²。

工况七时域指标统计值　　　　　　　　　　　　表 4-1-10

序号	指标	测点 1	测点 2	测点 3	测点 4	测点 5	测点 6
	工程单位	m/s²	m/s²	m/s²	m/s²	m/s²	m/s²
1	容许值	1.0					
2	最大值	0.9289	0.9415	0.6901	0.3038	0.9935	0.2686
3	最小值	−0.5724	−0.6201	−0.6868	−0.3273	−0.8498	−0.2011
4	评价	正常	正常	正常	正常	正常	正常

工况七的落锤位置在③轴和④轴中间,振动最大值出现在测点 2,最大值为 0.9415m/s²,在结构横向、离得较远的测点 4 衰减到 0.3473m/s²,而在结构纵向、离得最远的测点 6 衰减到 0.2686m/s²。

工况八时域指标统计值　　　　　　　　　　　　表 4-1-11

序号	指标	测点 1	测点 2	测点 3	测点 4	测点 5	测点 6
	工程单位	m/s²	m/s²	m/s²	m/s²	m/s²	m/s²
1	容许值	1.0					
2	最大值	0.7024	0.7849	0.5893	0.2353	0.7799	0.2458
3	最小值	−0.7219	−0.6995	−0.6418	−0.2343	−0.7836	−0.2316
4	评价	正常	正常	正常	正常	正常	正常

工况八的落锤位置在③轴和④轴中间,振动最大值出现在测点 2,最大值为 0.7849m/s²,在结构横向、离得较远的测点 4 衰减到 0.2343m/s²,而在结构纵向、离得最远的测点 6 衰减到 0.2316m/s²。

工况九时域指标统计值　　　　　　　　　　　　表 4-1-12

序号	指标	测点 1	测点 2	测点 3	测点 4	测点 5	测点 6
	工程单位	m/s²	m/s²	m/s²	m/s²	m/s²	m/s²
1	容许值	1.0					
2	最大值	0.8467	1.0079	0.6455	0.2481	0.8117	0.2991
3	最小值	−0.6800	−0.7226	−0.5917	−0.2457	−0.6717	−0.2676
4	评价	正常	略超标	正常	正常	正常	正常

工况九的落锤位置在③轴和④轴中间,振动最大值出现在测点 2,最大值为 1.0079m/s²,在结构横向、离得较远的测点 4 衰减到 0.2481m/s²,而在结构纵向、离得最远的测点 6 衰减到 0.2991m/s²。

工况十时域指标统计值   表 4-1-13

序号	指标	测点 1	测点 2	测点 3	测点 4	测点 5	测点 6
	工程单位	m/s²	m/s²	m/s²	m/s²	m/s²	m/s²
1	容许值	1.0					
2	最大值	0.3435	0.6930	0.3968	0.3692	0.4273	0.1376
3	最小值	−0.2887	−0.7083	−0.4456	−0.4147	−0.4103	−0.1466
4	评价	正常	正常	正常	正常	正常	正常

工况十的落锤位置在③轴和④轴中间，振动最大值出现在测点 2，最大值为 0.7083m/s²，在结构横向、离得较远的测点 4 衰减到 0.4147m/s²，而在结构纵向、离得最远的测点 6 衰减到 0.1466m/s²。

工况十一时域指标统计值   表 4-1-14

序号	指标	测点 1	测点 2	测点 3	测点 4	测点 5	测点 6
	工程单位	m/s²	m/s²	m/s²	m/s²	m/s²	m/s²
1	容许值	1.0					
2	最大值	0.8168	1.2659	0.9916	0.5236	1.5395	0.4327
3	最小值	−0.5827	−1.0097	−0.9697	−0.5975	−1.0759	−0.3531
4	评价	正常	超标	正常	正常	超标	正常

工况十一的落锤位置在③轴和④轴中间，振动最大值出现在测点 2，最大值为 1.2659m/s²，在结构横向、离得较远的测点 4 衰减到 0.5236m/s²，而在结构纵向、离得最远的测点 6 衰减到 0.4327m/s²。

从以上 11 个工况的振动数据分析结果可以看出，落锤破碎间的最大振动加速度值为 2.7581m/s²（工况三），对应的速度为 26.5mm/s。除与现行国家标准《工业建筑振动控制设计标准》GB 50190 对比外，将结果与现行国家标准《建筑工程容许振动标准》GB 50868 进行对比，见表 4-1-15，可见落锤振动对工业建筑及周边环境造成局部超标。

与现行国家标准《建筑工程容许振动标准》对比   表 4-1-15

测点 1（mm/s）	测点 2（mm/s）	测点 3（mm/s）	测点 4（mm/s）	测点 5（mm/s）	测点 6（mm/s）	规范限值（mm/s）
2.84	10.1	26.5	10.8	17.3	3.12	12
正常	正常	超标	正常	超标	正常	—

三、动力折减系数

当锻锤、压力机、落锤、破碎机、磨机等动力设备振动对单层工业建筑基础有影响时，地基基础设计采用的地基土承载力特征值应计入振动影响折减系数：

$$\alpha_f = \frac{1}{1 + 0.3\dfrac{a}{g}}$$ (4-1-1)

式中：α_f——建筑结构基础地基土承载力特征值振动影响折减系数；

a——动力设备基础振动加速度最大值（m/s²）；

g——重力加速度（m/s²）。

某模锻电液锤，总质量 35t，打击能量 25kJ。基础平面图、剖面图如图 4-1-12、图 4-1-13

所示，基础振动加速度 5.17m/s²。按式(4-1-1)计算可得：

$$\alpha_f = \frac{1}{1 + 0.3 \times \dfrac{5.17}{9.81}} = 0.863$$

故建筑结构基础地基承载力的动力折减系数是 0.863，地基承载力静力计算如下：

锻锤基础以砂和黏土为持力层，地基承载力特征值 f_{ak} =150kPa。基础底面采用砂石换填垫层进行地基处理，垫层厚度 4000mm，垫层顶面每边超出基础 1500mm；分层压实时，每层厚度不超过 300mm，压实系数 0.97，承载力特征值不小于 250kPa。

修正后的地基承载力特征值为：

$$f_a = 250 + 1 \times 18 \times (3.62 - 0.5) = 306.16\text{kPa}$$

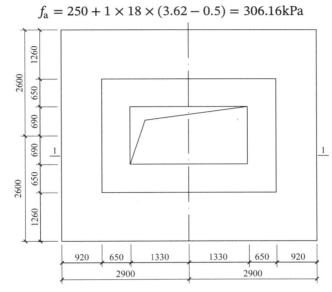

图 4-1-12 模锻电液锤基础平面图

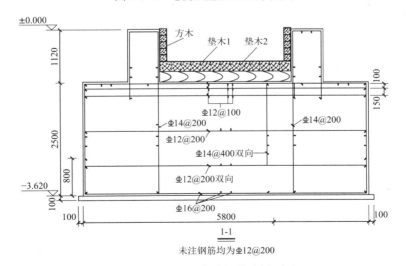

1-1

未注钢筋均为⊈12@200

图 4-1-13 模锻电液锤基础剖面图

由基础平面图、剖面图可知，基础质量约 207.65t，设备考虑动力系数 1.2，基础上覆土重约 39.41t，方木及垫木质量按 1.5t 考虑。可得基组总质量为$m = 1.2 \times 35 + 207.65 + 39.41 + 1.5 = 290.56$t。基础底面积$A = 5.8 \times 5.2 = 30.16\text{m}^2$。

基础底面平均静压力值$p = \dfrac{mg}{A} = \dfrac{290.56 \times 9.81}{30.16} = 94.51$kPa，$\alpha_f f_a = 0.863 \times 306.16 = 264.22$kPa，$p < \alpha_f f_a$，地基承载力静力计算满足要求。

第二节　结构振动计算

一、屋盖竖向振动计算

工业建筑屋盖在竖向振动荷载作用下，设备作用点处的竖向振动位移可按下式计算：

$$u_v = \frac{F_{v0}}{K} \frac{1}{\sqrt{\left[1 - \left(\frac{f_0}{f_{v1}}\right)^2\right]^2 + \left(2\xi \frac{f_0}{f_{v1}}\right)^2}} \tag{4-2-1}$$

式中：u_v——屋盖上动力设备作用点处的竖向振动位移（m）；

F_{v0}——屋盖上动力设备的振动荷载幅值（N）；

K——屋盖动力设备处的抗弯刚度（N/m）；

ξ——工业建筑屋盖阻尼比；

f_0——设备振动荷载频率（Hz）；

f_{v1}——屋盖一阶竖向自振频率（Hz）。

由式(4-2-1)，设$\mu = \dfrac{f_0}{f_{v1}}$，为设备振动荷载与屋盖一阶竖向自振频率的比值，$u_v / \left(\dfrac{F_{v0}}{K}\right)$为屋盖上动力设备作用点处的竖向振动位移与动力设备振动荷载幅值作为静力荷载作用下的屋盖竖向变形的比值，所得的频率比与竖向位移比关系曲线如图 4-2-1 所示。由图可见，随着阻尼比增加，楼盖结构的峰值响应有效降低，故提高工业建筑结构阻尼比是工业建筑振动控制的有效措施之一。

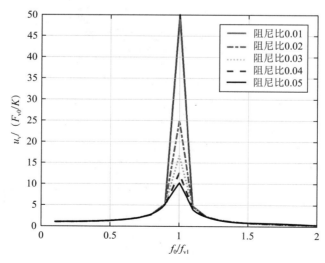

图 4-2-1　频率比与竖向位移比关系曲线

二、屋盖水平振动计算

工业建筑屋盖在水平振动荷载作用下，屋架下弦的水平振动位移可按下式计算：

$$u = u_0 \frac{1}{\sqrt{\left[1 - \left(\frac{f_0}{f_{h1}}\right)^2\right]^2 + \left(2\xi \frac{f_0}{f_{h1}}\right)^2}} \tag{4-2-2}$$

式中：u——结构屋架下弦水平振动位移（m）；

$\quad\quad u_0$——结构在振动荷载幅值作用下产生的静水平位移（m）；

$\quad\quad f_{h1}$——结构一阶水平自振频率（Hz）。

由式(4-2-2)，若设水平位移比为u/u_0，其频率比$\frac{f_0}{f_{h1}}$与水平位移比u/u_0的关系曲线同图 4-2-1。

三、设备基础振动引起结构柱的振动计算

单层工业建筑横向一阶自振频率可按下列公式计算：

$$f_{h1} = \frac{1}{\phi_1 \phi_2 \left(0.37 + 0.0002\phi_3 L\sqrt{H^3}\right)} \tag{4-2-3}$$

$$\phi_2 = 1.48 - 0.0006 L\sqrt{H^3} \tag{4-2-4}$$

式中：f_{h1}——单层工业建筑横向一阶自振频率（Hz）；

$\quad\quad L$——建筑横向总跨度（m）；

$\quad\quad H$——建筑屋架下弦高度（m）；

$\quad\quad \phi_1$——山墙影响系数，按表 4-2-1 确定；

$\quad\quad \phi_2$——侧墙类型影响系数；

$\quad\quad \phi_3$——屋盖类型影响系数，按表 4-2-2 确定。

山墙影响系数　　　　　　　　　　　　表 4-2-1

L/B	0.85	1.0	1.5	≥2.00
山墙影响系数ϕ_1	0.80	0.85	0.90	1.00

注：1. B为山墙间距；

　　2. 当L/B为中间值时，山墙影响系数可采用线性插入法确定。

屋盖类型影响系数　　　　　　　　　　表 4-2-2

屋盖类型	混凝土屋架	钢屋架
屋盖类型影响系数ϕ_3	1.00	0.85

四、设备基础振动引起结构屋架的振动计算

大型动力设备作用于地面时，结构柱基础的竖向振动位移可按下列公式计算：

$$u = 0.55 \frac{r_0}{r} u_0 \tag{4-2-5}$$

$$r_0 = \sqrt{\frac{A_0}{\pi}} \qquad\qquad (4\text{-}2\text{-}6)$$

式中：u——柱基础的振动位移幅值（m）；

$\quad\quad u_0$——设备基础的振动位移幅值（m）；

$\quad\quad r$——柱基中心至设备基础中心的距离（m）；

$\quad\quad r_0$——设备基础折算半径（m）；

$\quad\quad A_0$——设备基础面积（m^2）。

大型动力设备作用于地面时，结构柱顶的竖向振动位移可按下式计算：

$$u_c = \eta_c u \qquad\qquad (4\text{-}2\text{-}7)$$

式中：η_c——柱顶振动传递系数，按表 4-2-3 确定。

柱顶振动传递系数 表 4-2-3

H/r_c	$\leqslant 40$	$\geqslant 60$
η_c	1.0	0.8

注：当H/r_c为中间值时，柱顶振动传递系数可采用线性插值法取值；r_c为柱回转半径（m），可取$\sqrt{A_c/\pi}$；H为柱的高度（m）；A_c为柱截面面积（m^2）。

大型动力设备作用于地面时，屋架的竖向振动位移可按下列公式计算：

$$u_v = \bar{u}_c \frac{1}{\sqrt{\left[1 - \left(\frac{f_0}{f_{v1}}\right)^2\right]^2 + \left(2\xi\frac{f_0}{f_{v1}}\right)^2}} \qquad\qquad (4\text{-}2\text{-}8)$$

$$\bar{u}_c = \frac{u_{cr} + u_{cl}}{2} \qquad\qquad (4\text{-}2\text{-}9)$$

式中：$\bar{u}_c$——屋架支撑柱顶的振动位移平均幅值（m）；

$\quad\quad u_{cr}$——屋架支撑右柱柱顶位移幅值（m）；

$\quad\quad u_{cl}$——屋架支撑左柱柱顶位移幅值（m）。

第三节　构件内力计算

一、一般规定

单层工业建筑内安装锻锤、落锤、压力机及空气压缩机等振动较大动力设备时，结构构件的承载力验算应计入振动荷载作用的影响。

单层工业建筑在振动荷载作用下，结构内力可按现行国家标准《工业建筑振动控制设计标准》GB 50190 的规定计算；对于非轻质屋盖结构，也可采用本节动应力放大系数方法进行简化计算。单层工业建筑在振动荷载作用下，动应力放大系数宜符合下列规定：

（1）屋盖结构动应力放大系数，按现行国家标准《工业建筑振动控制设计标准》GB 50190 的规定确定。

（2）吊车梁动应力放大系数，可取 1.05。

（3）柱可不考虑动应力放大系数。

二、振动荷载对屋盖结构的动应力放大系数

1. 锻锤振动对屋盖结构的动应力放大系数可按表 4-3-1 确定。

锻锤振动对屋盖结构的动应力放大系数　　　　　表 4-3-1

锻锤下落部分的公称质量（t）	≤ 1.0	5.0	16.0	25.0
屋盖结构的动应力放大系数	1.05	1.10	1.15	1.20

注：当锻锤下落部分的公称质量为表中间值时，屋盖结构动应力放大系数可采用线性插入法确定。

2. 落锤振动对屋盖结构的动应力放大系数可按表 4-3-2 确定。

落锤振动对屋盖结构的动应力放大系数　　　　　表 4-3-2

落锤冲击能量（kJ）	≤ 600	1200	≥ 1800
屋盖结构的动应力放大系数	1.15	1.20	1.25

注：当落锤冲击能量为表中间值时，屋盖结构动应力放大系数可采用线性插入法确定。

3. 空气压缩机振动对屋盖结构的动应力放大系数可按表 4-3-3 确定。

空气压缩机振动对屋盖结构的动应力放大系数　　　　　表 4-3-3

空气压缩机基础竖向振动位移（μm）	50	100	200
屋盖结构的动应力放大系数	1.05	1.10	1.15

注：当空气压缩机基础竖向振动位移为表中间值时，屋盖结构动应力放大系数可采用线性插入法确定。

4. 压力机振动对屋盖结构的动应力放大系数可按表 4-3-4 确定。

压力机振动对屋盖结构的动应力放大系数　　　　　表 4-3-4

压力机公称压力（kN）	≤ 16000	18000	> 18000
屋盖结构的动应力放大系数	1.05	1.10	1.15

注：当压力机公称压力为表中间值时，屋盖结构动应力放大系数可采用线性插入法取值。

第四节　振动控制构造措施

一、单层工业建筑自身的构造措施

单层工业建筑屋盖设置动力设备时，宜设置上弦支撑等加强屋盖整体水平刚度，可设置纵向支撑等加强屋盖之间的空间协同作用。

二、建筑内有强动力设备时，建筑物需采取的补强构造措施

单层工业建筑内设置锻锤、落锤、压力机及空气压缩机等振动较大动力设备时，墙体与柱应设置拉结措施，柱间宜设垂直支撑。单层工业建筑内设置落锤时，结构柱顶应设置联系横梁等拉结措施。

第五节 工程实例

[实例1] 某拟建冲焊联合工业建筑

某拟建冲焊联合工业建筑，长82m，宽68m。柱距10m×8m，跨度为24m+2×18m，外加7.6m跨辅房；屋架下弦高度13m。最大起重机吨位20t。冲焊联合厂房内设有4台液压压力机，两台800t压力机，两台630t压力机。4台压力机安装在带状基础上。建筑西侧山墙靠近某营房宿舍，距离仅14m，压力机作业时产生的振动影响不可忽略。振动测试采用的传感器及编号如表4-5-1所示。

图4-5-1 测点布置

在冲床设备一侧机脚布置1个测点，②号加速度计，量程±5g，沿设备中心线方向约5m及15m处的水泥地面分别布置一个测点，③号加速度计，量程±0.5g，测点布置如图4-5-1所示。

序号	类型	型号	量程	备注
1	加速度	PCB	50g	测压力机
2	加速度	PCB	5g	测压力机
3	加速度	PCB	0.5g	测地面

测试传感器 表4-5-1

按照时间顺序，测试工况分为三种，见表4-5-2。

测试工况说明 表4-5-2

工况编号	工况说明	备注
1	冲床设备开启，车架拉伸作业	—
2	冲床设备开启，肋板冲裁作业	振动最大工况
3	冲压车间加工设备全部关停	背景噪声测试，涂装车间风机开

压力机作业过程中，产生的强信号为非周期瞬态脉冲信号，表4-5-3给出压力机作业过程中产生最大脉冲信号的响应峰值，各测点的振动加速度级见表4-5-4，分析频段为1~250Hz。

不同测点位置最大冲击信号加速度峰值（m/s²） 表4-5-3

测试工况	机脚测点	5m测点	15m测点
1	11.22	0.56	0.470
2	32.86	1.25	0.390
3	0.02	0.04	0.018

不同测点位置总振动加速度级（dB） 表4-5-4

测试工况	机脚测点	5m测点	15m测点
1	108.40	87.88	87.40
2	120.88	102.57	95.23
3	72.08	71.93	74.86

注：计算振动加速度级的参考值为10^{-6}m/s²。

工况 1 在 15m 处测点测试中，附近风机设备处于开启状态，振动信号测试偏大，在工况 2 测试过程中，风机处于关闭状态。由表 4-5-4，压力机冲裁作业时，压力机基础边缘处的振动为 102.57dB。压力机基础边缘至住宅建筑的距离为 52m，考虑振动衰减大约 15dB，振动指标仍然超过容许振动标准，应采取振动控制措施。

考虑在设备下设置弹簧阻尼隔振器，进行设备直接隔振，设备隔振的力学模型如图 4-5-2 所示，计算结果见图 4-5-3。

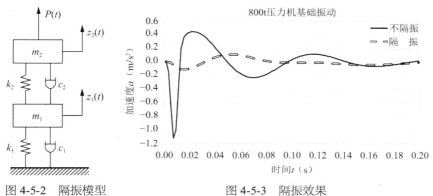

图 4-5-2　隔振模型　　　　　　　图 4-5-3　隔振效果

隔振频率 5Hz，其隔振比为 $\eta = 0.11/1.15 = 0.096$，振动大约降低 20dB。根据振动测试结果，并考虑振动在土中的距离衰减效应（振动在土中传播衰减的归一化曲线如图 4-5-4 所示），计算 50m 处的振动数值 $V_L = 103 - 20 - 13 = 70dB < 77dB$，满足要求。

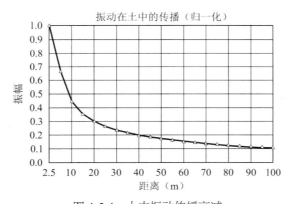

图 4-5-4　土中振动传播衰减

[实例 2] 某钢结构输煤双皮带机通廊

某钢结构输煤双皮带机通廊，长 300m，宽 9.18m。通廊支承为钢支架结构，廊身采用实腹式钢梁结构，钢梁标准跨度 12m，钢梁两端采用铰接。通廊外观、通廊皮带与托辊如图 4-5-5 所示。

投运后，桥身有明显竖向间歇性剧烈振动，间隔时间无明显规律，短到几秒，长则几十秒。为明确振动危害，开展振动测试分析。

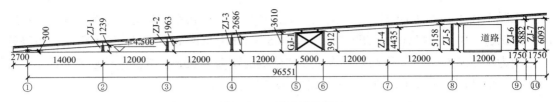

图 4-5-5　通廊立面图

1. 测试工况及测点布置

测试工况：皮带机空载运行和"满载"运行（"满载"为皮带载有物料正常运行，并未达到额定载荷）。测点主要布置在支承皮带的钢梁（次梁）跨中（图 4-5-6 中测点 4、测点 5）、纵向主梁跨中（图 4-5-6 中测点 1、测点 2 及测点 3）、钢格栅板跨中（图 4-5-6 中测点 6）。测试设备如图 4-5-7 所示，采用 891-II 型超低频拾振器以及 INV3062C 分布式采集仪，数据分析采用 Coinv DASP V10。

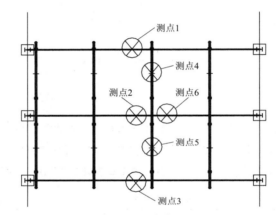

图 4-5-6　测点布置图

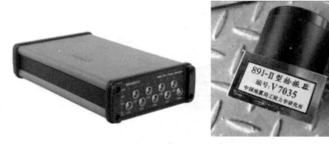

图 4-5-7　现场测试设备

2. 测试结果

因通廊标准跨结构形式一致，且振动情况类似，以⑦～⑧轴跨为例，空载和满载工况下，竖向振动测试结果见表 4-5-5、表 4-5-6。

通廊竖向振动测试结果（空载）　　　　　　　　　　　　　　　　表 4-5-5

测点编号	最大速度（mm/s）	最大位移（mm）	主频率（Hz）
1	5.99	0.11	8.84
2	7.91	0.10	8.86

续表

测点编号	最大速度（mm/s）	最大位移（mm）	主频率（Hz）
3	6.42	0.09	8.84
4	10.18	0.19	8.84
5	9.58	0.16	8.84
6	12.99	0.21	8.84

通廊竖向振动测试结果（满载）　　　　　　　表 4-5-6

测点编号	最大速度（mm/s）	最大位移（mm）	主频率（Hz）
1	21.89	0.68	5.16/8.75
2	14.74	0.45	5.16/8.75
3	8.37	0.15	5.33/8.72
4	19.10	0.59	5.16/8.75
5	12.78	0.39	5.16/8.72
6	39.40	0.90	5.16/8.78

3. 测试数据分析

（1）空载工况下

振动幅值：钢格栅板振动速度较大，最大振幅 12.99mm/s；主梁、次梁振动速度相对较小，除个别测点振幅大于 10mm/s 外，其余测点振幅均在 10mm/s 以下。

振动频率：空载运行时，主梁、次梁及格栅板的振动频率均在 8.8Hz 左右，该频率与托辊的转动频率接近。

（2）满载工况下

振动幅值：满载工况下，主梁、次梁及格栅板振幅均明显增大，主梁、次梁振幅达到或超过 20mm/s，格栅板振幅接近 40mm/s。

振动频率：满载运行时，5.2Hz 和 8.8Hz 两种频率成分同时存在，能量基本相当。

（3）静止工况下

测得通廊竖向弯曲自振频率为 6.2Hz。根据振动测试结果，为明确结构振动特性，开展振动控制，对结构进行数值计算分析。采用 Midas Gen 建立有限元模型（图 4-5-8），考虑通廊主梁与柱铰接，为方便模态识别及自振特性分析，按单跨建立模型，因每跨结构形式类似，仅对通廊⑦～⑧轴（跨度 12m，坡角 3.5°）进行动力分析。

图 4-5-8　通廊计算模型（⑦～⑧轴）

胶带机物料重量变化会引起通廊结构自振频率变化，按空载（工况一）和满载（工况二：额定载重）两种极限工况分析结构自振特性，结果见表4-5-7、表4-5-8及图4-5-9～图4-5-12，括号内数值代表满载工况下的结构自振特性计算结果。

通廊竖向模态频率与振型描述 表4-5-7

模态号	频率（Hz）	振型描述
1	6.27（4.87）	主要为主梁沿竖向（Z向）弯曲
2	9.27（7.42）	主要为次梁沿竖向（Z向）弯曲

通廊竖向振型方向因子（%） 表4-5-8

模态号	TRAN-X	TRAN-Y	TRAN-Z	ROTN-X	ROTN-Y	ROTN-Z
1	0（0）	0（0）	98.52（98.52）	0.33（0.49）	1.13（0.98）	0（0）
2	0（0）	0（0）	98.79（92.51）	2.09（6.58）	1.08（0.89）	0（0.03）

图 4-5-9　通廊竖向第 1 阶振型向量坐标
　　　　　云图（工况一）

图 4-5-10　通廊竖向第 2 阶振型向量坐标
　　　　　云图（工况一）

图 4-5-11　通廊竖向第 1 阶振型向量坐标
　　　　　云图（工况二）

图 4-5-12　通廊竖向第 2 阶振型向量坐标
　　　　　云图（工况二）

由数值计算结果，可以得出：

（1）从振源角度考虑：一方面，皮带承载物料会对托辊产生周期性冲击作用，引起结构振动；另一方面，动力设备旋转会对结构产生简谐激励，通廊动力设备包括：电机（转动频率 25Hz）、减速机（转动频率 1.59Hz）、托辊（转动频率 8.72～8.88Hz）。结构实际振动频率为：8.8Hz 左右和 5.2Hz 左右两种，不存在与 1.59Hz、25Hz 一致或接近的频率成分，通过现场调查，电机与减速机布置在转运站内，与通廊独立且相隔较远，不会对结构产生强烈激振。

（2）从结构自振特性角度考虑：空载时，结构前 2 阶竖向自振频率分别为 6.27Hz、9.27Hz；满载时，结构前 2 阶竖向自振频率分别为 4.87Hz、7.42Hz。结构竖向自振频率会随物料荷载的增加而减小，所谓"满载"也并未达到设计额定载重，故"满载"时，结构前 2 阶竖向自振频率应分别在 4.87～6.27Hz 之间、7.42～9.27Hz 之间。

（3）"拍现象"产生条件：两种简谐激励的圆频率分别为 ω_1、ω_2，振幅分别为 A_1、A_2，若 ω_1 与 ω_2 相差很小且（$\omega_1 - \omega_2$）与（$\omega_1 + \omega_2$）很接近时，会产生拍现象。每拍周期：$T_{拍} = \dfrac{\pi}{\omega_1 - \omega_2}$，最大振幅与最小振幅分别为 $A_1 + A_2$ 和 $A_1 - A_2$。

主要结论如下：

（1）结构 8.8Hz 左右的振动由托辊旋转产生的简谐激励引起，激励频率与结构第 2 阶竖向自振频率较为接近，会产生共振。

（2）满载时，结构 5.2Hz 左右频率占主导，该频率是物料运动过程产生的周期性冲击频率。结构第 1 阶竖向自振频率在 4.87～6.27Hz 之间，考虑并未达额定载重，5.2Hz 左右的冲击频率与结构第 1 阶竖向自振频率（承载物料时）较为接近，会产生共振。

（3）托辊转动频率测试结果表明：托辊之间的转动频率存在较小差异（集中在 8.72～8.88Hz 之间），具备拍现象产生条件，根据公式 $T_{拍} = \dfrac{\pi}{\omega_1 - \omega_2}$ 及实际测试的多种振动频率，可得出多种拍周期，周期范围 3～50s。由现场实测结果，间歇性振动间隔时间无明显规律，短则几秒，长则一分钟，说明：通廊间歇性振动是由于托辊转速存在较小差异而形成的"拍现象"。

因此，通廊竖向振动过大是由水平承载系统第 1、2 阶竖向自振频率与激振频率共振、托辊转速存在较小差异导致"拍现象"等原因综合导致。根据以上分析结果，采取针对性的振动控制措施。

通廊振动由两种激励引起：物料运动产生的周期性冲击荷载；托辊转动产生的简谐激励。动力输入-位移输出的传递函数表达式如下：

$$|H(f)|_{\text{P-d}} = \frac{1/k_z}{\sqrt{\left[1 - (f/f_n)^2\right]^2 + (2\xi_z f/f_n)^2}} \qquad (4\text{-}5\text{-}1)$$

将上式变换成如下线性关系：

$$|Z(f)| = |H(f)|_{\text{P-d}}|P(f)| \qquad (4\text{-}5\text{-}2)$$

体系无需输入准确的动力荷载，只需对原结构、考虑治理方案的新结构输入同一冲击荷载或简谐荷载，并进行动力计算分析，对比两种结构的动力响应。若新结构动力响应较原结构明显减小，可认为治理方案有效。选取 10 种方案分别进行动力计算分析，减振效果见表 4-5-9，经对比评价，优先考虑方案一。

各治理方案减振效果评价　　　　　　　　　　　　　　　　　　　　　　　表 4-5-9

方案	方案描述	减振效果评价
方案一	增加斜撑，斜撑采用 ϕ114mm × 6mm 钢圆管	冲击荷载、简谐荷载作用下，减振效果明显，减振率可达 50% 以上，优先考虑此方案
方案二	主梁截面高度由 600mm 增加至 650mm	冲击荷载作用下，减振率可达 20% 以上；简谐荷载作用下，因激励频率与第 2 阶竖向自振频率接近，发生共振，振动响应不减反增，故不建议采用该方案
方案三	主梁截面高度由 600mm 增加至 700mm	与方案二类似，不建议采用该方案

方案	方案描述	减振效果评价
方案四	主梁截面高度由 600mm 增加至 750mm	与方案二类似，不建议采用该方案
方案五	主梁截面高度由 600mm 增加至 650mm；次梁高度由 200mm 增加至 300mm	与方案二类似，次梁截面高度增加，仍未避开共振区，不建议采用该方案
方案六	主梁截面高度由 600mm 增加至 650mm；次梁高度由 200mm 增加至 400mm	可避开共振，但主梁刚度增加不明显；减振率在 30% 左右，新通廊设计时，可考虑该方案
方案七	主梁截面高度由 600mm 增加至 700mm；次梁高度由 200mm 增加至 300mm	与方案二类似，次梁截面高度增加，但仍未避开共振区，不建议采用该方案
方案八	主梁截面高度由 600mm 增加至 700mm；次梁高度由 200mm 增加至 400mm	可避开共振且主梁刚度增加较大，减振效果较明显，减振率可达 40%，通廊振动治理和新通廊设计均可考虑该方案
方案九	梁柱铰接变固接	刚度明显增加，但没有避开共振，通廊治理时不建议采用该方案；新通廊设计时可在适当减小通廊跨度的基础上，选择该方案
方案十	将承载托辊间距加密一倍	可避开共振，减振率可达 50% 以上，有条件时可采用该方案

[实例3] 某汽车厂总装车间单层工业建筑

某汽车厂总装车间单层工业建筑，占地面积 9.28 万 m^2，建筑面积 9.95 万 m^2。钢柱加钢桁架结构，车间柱网为18m × 18m，桁架顶标高 10.850m。工业建筑单元区格桁架结构效果如图 4-5-13 所示。其中，一榀桁架结构如图 4-5-14 所示。单品桁架结构如图 4-5-15 所示。荷载条件如表 4-5-10 所示。

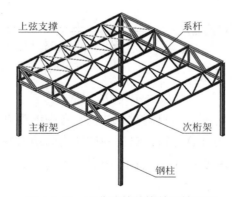

图 4-5-13 工业建筑结构单元效果图

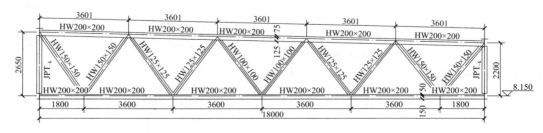

图 4-5-14 桁架结构

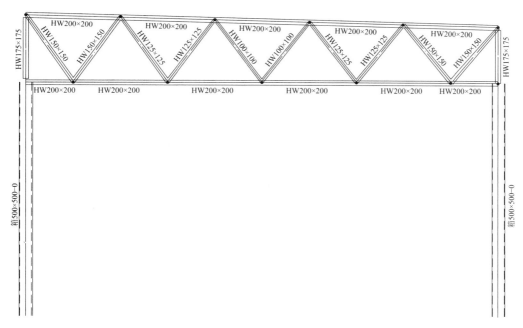

图 4-5-15 单榀桁架结构模型

屋面荷载条件 表 4-5-10

荷载类别		面荷载（kN/m²）	转化为节点荷载（kN）
恒荷载	屋面恒荷载	0.6	0.6 × 6 × 3.6 = 12.96
活荷载	屋面活荷载	0.5	0.5 × 6 × 3.6 = 10.8
	工艺活荷载	2.5	2.5 × 6 × 3.6 = 54
	公用活荷载	0.65	0.65 × 6 × 3.6 = 14.04

利用 Midas Gen 软件计算结构的振型和固有频率，计算结果如表 4-5-11 所示，振型如图 4-5-16、图 4-5-17 所示。

结构振型和固有频率 表 4-5-11

振型号	桁架结构		单榀桁架结构	
	周期（s）	频率（Hz）	周期（s）	频率（Hz）
1	0.1419	7.0484	0.7950	1.3071
2	0.0616	16.2297	0.1667	5.9988
3	0.0411	24.3499	0.0609	16.4204

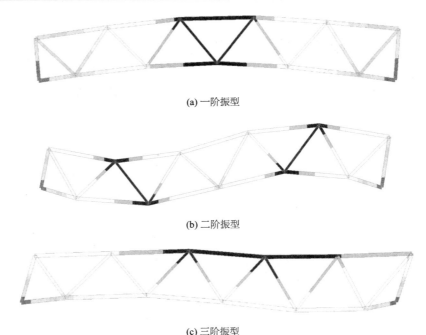

(a) 一阶振型

(b) 二阶振型

(c) 三阶振型

图 4-5-16　桁架前三阶振型图

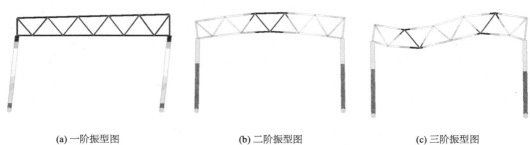

(a) 一阶振型图　　　　　(b) 二阶振型图　　　　　(c) 三阶振型图

图 4-5-17　单榀桁架结构前三阶振型

假设作用于该桁架上的一组风机机组的振动荷载 F_v = 2.848kN（作用于桁架上两个作用点），故作用于一点处的振动荷载 F_{v0} = 1.424kN，设备荷载振动频率 f_0 = 24Hz。在 100kN 竖向集中力作用下，该桁架的竖向位移为 3.9025mm，该桁架的抗弯刚度 K_z = 100 × 10³/(3.9052 × 10⁻³) = 2.5606 × 10⁷N/m，工业建筑屋盖阻尼比一般取 0.05。根据 Midas Gen 软件计算得到屋盖竖向振动频率 f_{v1} = 7.0484Hz，则根据公式(4-2-1)，屋盖上动力设备作用点处的竖向振动位移：

$$u_v = \frac{F_{v0}}{K_z} \frac{1}{\sqrt{\left[1-\left(\frac{f_0}{f_{v1}}\right)^2\right]^2 + \left(2\xi\frac{f_0}{f_{v1}}\right)^2}}$$

$$= \frac{1.424 \times 10^3}{2.5606 \times 10^7} \times \frac{1}{\sqrt{\left[1-\left(\frac{24}{7.0484}\right)^2\right]^2 + \left(2 \times 0.05 \times \frac{24}{7.0484}\right)^2}}$$

$$= 5.2377 \times 10^{-6} \text{m}$$

由 Midas Gen 软件计算，该桁架结构的一阶水平自振频率 $f_{h1} = 1.3071$Hz，在 100kN 水平荷载作用下，桁架结构水平位移为 44.9mm，故该桁架结构的水平刚度 $K_x = 100 \times 10^3 / (44.9 \times 10^{-3}) = 2.2272 \times 10^6$N/m。考虑水平振动荷载 $F_{h0} = 1.424$kN，则根据式(4-2-2)，屋盖上动力设备作用点处的水平向振动位移：

$$u = \frac{F_{h0}}{K_x} \frac{1}{\sqrt{\left[1 - \left(\frac{f_0}{f_{h1}}\right)^2\right]^2 + \left(2\xi\frac{f_0}{f_{h1}}\right)^2}}$$

$$= \frac{1.424 \times 10^3}{2.2272 \times 10^6} \times \frac{1}{\sqrt{\left[1 - \left(\frac{24}{1.3071}\right)^2\right]^2 + \left(2 \times 0.05 \times \frac{24}{1.3071}\right)^2}}$$

$$= 1.9021 \times 10^{-6}\text{m}$$

第五章　多层工业建筑振动控制

第一节　一般规定

一、振动控制设计内容及步骤

首先应确定设备布置需求以及振动荷载作用，由动力设备产生的动力荷载应由设备制造厂提供，支承仪器和设备的楼面或台面振动位移容许值和振动速度容许值应由设备和仪器制造厂提供或通过试验确定；当无资料时，可按现行国家标准《工业建筑振动控制设计标准》GB 50190 的规定采用。根据设备振动频率，设定楼盖结构竖向自振频率、结构整体水平自振频率目标值，然后开展结构设计。

多层工业建筑结构设计应选择合理的结构体系、结构布置方式、构件尺寸，得到合理的结构刚度，确保结构整体水平自振频率、楼盖自振频率避开设备振动频率。0.75～1.25 倍的结构自振频率区间为共振区，一般情况下，应使设备的振动频率小于 0.25 倍的结构自振频率或大于 2 倍的结构自振频率，并远离共振区，避免共振影响。

确定结构体系后，计算结构振动响应，并验算是否满足容许振动值需求；当不满足需求时，需要调整结构和楼盖布置及构件截面，直至满足容许振动标准的要求。

当建筑结构经过合理设计后，其振动仍不能满足动力设备的容许振动标准或结构承载力要求时，应对动力设备采取隔减振措施或对建筑结构采取减振措施；当建筑结构振动无法满足精密仪器的容许振动要求，但仍不涉及结构承载力要求时，可对精密仪器采取隔振措施。

二、建筑结构选型

合理的结构体系、结构布置和构造，可有效地减小振动的传递及影响。

1. 主体结构体系及布置

多层工业建筑一般有双跨、三跨，少数在三跨以上；层数两层至四层为多，少数高达六层；跨度一般为 6～12m；柱距一般为 4～9m，以 6m 为多；层高根据工艺要求确定。

（1）主体结构多采用框架结构，也可采用框架加少量抗震墙结构。

（2）针对冶金、纺织、建材等水平振动较大的工业建筑，当楼层上需要设置低转速、大振动荷载的动力设备时，宜采用框架-剪力墙结构、框架-支撑结构等形式，以增加结构的整体水平抗侧刚度。

（3）混凝土框架、抗震墙应在两个主轴方向均匀、对称设置，抗震墙中心宜与框架柱中心重合；混凝土抗震墙宜沿工业建筑全高贯通设置。

（4）合理设置结构缝和楼梯，振源设备和精密设备相距较近时，可利用结构沉降缝、伸缩缝或防震缝隔开；也可将振源设备和精密设备布置在楼梯间两侧，利用楼梯间的局部刚度，减少振源振动的传递。

2. 地板及楼盖结构

（1）集成电路制造厂房前工序、液晶显示器制造厂房、纳米科技建筑及实验室应按防微振要求设置厚板式钢筋混凝土地面。当采用天然地基时，地面结构厚度不宜小于 500mm，地基土应夯压密实，压实系数不得小于 0.95。当采用桩基支承的结构地面时，地面结构厚度不宜小于 400mm，对于软弱土地区，不宜小于 500mm；对于欠固结土，宜采取防止桩间土与地面结构底部脱开的措施；当地面为超长混凝土结构时，不宜设置伸缩缝，可采用超长混凝土结构无缝设计。

（2）对于有抗微振要求的楼盖，常用现浇钢筋混凝土肋形楼盖或装配整体式钢筋混凝土结构。现浇钢筋混凝土肋形楼盖整体性能好，有利于抑制楼盖振动；当柱距为 6m 时，楼盖竖向固有频率可达 18～22Hz，楼层振动衰减相对较慢。装配整体式钢筋混凝土结构性能也较好，其刚度一般比现浇楼盖小；当柱距为 6m 时，楼盖竖向固有频率在 15～20Hz 之间，比现浇混凝土楼盖低，装配式楼盖在支承处存在摩擦阻尼，楼层振动衰减比现浇楼盖快，对抗微振有利。

根据工程经验，对于承受振动荷载的工业建筑，宜采用梁板式楼盖，梁最小高跨比宜符合表 5-1-1 的规定。工业建筑楼盖承受振动荷载时，板厚不宜小于板跨的 1/20，且不应小于 120mm；不可采用悬臂结构。当振动荷载大于 3kN 时，除采取隔振措施外，梁截面可在 3kN 规定值基础上，根据振动响应计算确定。如果对动力设备采取隔振措施，楼盖结构承受的振动荷载很小时，主次梁截面可适当放宽。

梁最小高跨比		表 5-1-1
振动荷载（kN）	≤1.0	3.0
次梁高跨比	1/12	1/10
主梁高跨比	1/10	1/8

注：当振动荷载为表中中间值时，梁最小高跨比可采用线性插入法确定。

（3）适当提高楼层结构刚度，可有效提高楼层第一固有频率密集区，另外，可在振源区或精密区内，局部增设振动控制墙或支承结构，通过局部加强结构刚度，减小振源振动输出，或减少受振设备处的振动输入。

（4）考虑楼盖设计的可行性，根据工程经验，当楼盖上布置振动荷载为 3～15kN 的动力设备时，宜采取隔振措施；振动荷载超过 15kN 的动力设备，不宜布置在楼盖上，以确保设计合理、安全适用。

（5）当振动荷载较小时，按正常设计的楼盖结构满足相关标准构造措施情况下，支承结构不进行振动荷载作用下的承载力、疲劳和裂缝验算时，应符合下列条件：

①当机器振动荷载不大于 100N 时；

②当机器振动荷载不大于 300N 且振动荷载频率远离结构共振区时。

第二节　结构振动计算

一、水平振动简化计算

国内外大量实测结果表明：高宽比不大的多层工业建筑振动时，竖向主要表现为各个楼层之间的相互错动，因为一般的多层工业建筑高度较小、平面面积较大。一般可认为多层工业建筑振动时，以沿竖向的剪切变形为主，因此，层数不多的工业建筑，可将质量集中在各层楼板处且不考虑楼层梁、板平面内的变形。下面介绍的多层工业建筑结构水平振动简化计算方法，假定楼盖在平面内为刚性、基础为刚性，同时考虑柱的弯曲刚度和砖填充墙、混凝土抗震墙的剪切刚度。

1. 计算模型

对于多层工业建筑，设楼层 1、2、$\cdots$、j、$\cdots$、n 层的质量分别为 m_1、m_2、$\cdots$、m_j、$\cdots$、m_n（楼层之间墙、柱的质量分别向上、向下集总到楼面及屋面处），楼层水平刚度分别为 k_1、k_2、$\cdots$、k_j、$\cdots$、k_n，见图 5-2-1。楼层水平刚度是该层柱上、下两端发生单位相对位移时，该层柱、砖填充墙、混凝土抗震墙中产生的剪力之和。

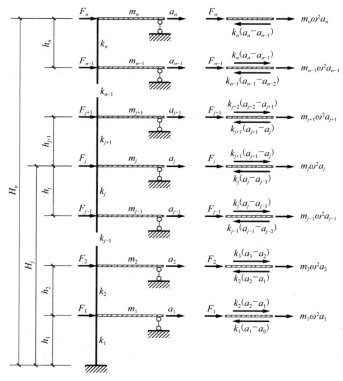

图 5-2-1　楼层的质量和水平刚度

2. 水平刚度计算

多层工业建筑框架（含砖填充墙、混凝土抗震墙）层间水平刚度按下式计算：

$$k_j = k_{zj} + k_{wj} + k_{cj} \tag{5-2-1}$$

$$k_{zj} = \sum \frac{12E_{zj}I_{zj}}{h_{zj}^3} \tag{5-2-2}$$

$$k_{wj} = \sum \frac{A_{wj}G_{wj}}{\rho h_{wj}}\left(1 - 1.2\frac{A_{wj}^0}{A_{wj}}\right)\eta \tag{5-2-3}$$

$$k_{cj} = \sum \frac{A_{cj}G_{cj}}{\rho h_{cj}}\left(1 - 1.2\frac{A_{cj}^0}{A_{cj}}\right) \tag{5-2-4}$$

式中：k_{zj}、k_{wj}、k_{cj}——分别为第 j 层框架柱、砖填充墙、混凝土抗震墙的层间水平刚度；

　　　　　E_z——第 j 层框架柱弹性模量；

　　　G_{wj}、G_{cj}——分别为第 j 层砖填充墙、混凝土抗震墙的剪变模量；

　　　　　I_{zj}——第 j 层框架柱截面惯性矩；

　　　A_{wj}、A_{cj}——分别为第 j 层砖填充墙、混凝土抗震墙的面积；

　　　A_{wj}^0、A_{cj}^0——分别为第 j 层砖填充墙、混凝土抗震墙的洞口面积；

　　h_{zj}、h_{wj}、h_{cj}——分别为第 j 层框架柱、砖填充墙、混凝土抗震墙的层间高度；

　　　　　η——砖填充墙与框架的连接条件修正系数，一般取 1.0；

　　　　　ρ——剪力不均匀系数，取为 1.2。

3. 水平自振圆频率计算

如图 5-2-1 所示，设多层工业建筑的水平振型向量为 $A = (a_1, a_2, \cdots, a_j, \cdots, a_n)$，则动力平衡方程为：

$$\begin{cases} k_1(a_1 - a_0) - k_2(a_2 - a_1) - m_1\omega^2 a_1 = F_{v1} \\ k_2(a_2 - a_1) - k_3(a_3 - a_2) - m_2\omega^2 a_2 = F_{v2} \\ \qquad\qquad\qquad \cdots\cdots \\ k_{j-1}(a_{j-1} - a_{j-2}) - k_j(a_j - a_{j-1}) - m_{j-1}\omega^2 a_{j-1} = F_{vj-1} \\ k_j(a_j - a_{j-1}) - k_{j+1}(a_{j+1} - a_j) - m_j\omega^2 a_j = F_{vj} \\ k_{j+1}(a_{j+1} - a_j) - k_{j+2}(a_{j+2} - a_{j+1}) - m_{j+1}\omega^2 a_{j+1} = F_{vj+1} \\ \qquad\qquad\qquad \cdots\cdots \\ k_{n-1}(a_{n-1} - a_{n-2}) - k_n(a_n - a_{n-1}) - m_{n-1}\omega^2 a_{n-1} = F_{vn-1} \\ k_n(a_n - a_{n-1}) - m_n\omega^2 a_n = F_{vn} \end{cases} \tag{5-2-5}$$

当 $F_1, F_2, \cdots, F_j, \cdots, F_n = 0$ 时（即自由振动），令 $a_n = 1$，则各向量按式(5-2-5)依次求得：

$$a_{j-1} = c_j a_j - \frac{k_{j+1}}{k_j} a_{j-1}(j = 1,2,\cdots,n) \tag{5-2-6}$$

$$c_j = 1 + \frac{k_{j+1}}{k_j} - \frac{m_j}{k_j}\omega^2 \tag{5-2-7}$$

$$a_n = 1$$
$$a_{n-1} = c_n$$
$$a_{n-2} = c_{n-1}c_n - \frac{k_n}{k_{n-1}}$$

$$a_{n-3} = c_{n-2}c_{n-1}c_n - \left(\frac{k_n}{k_{n-1}}c_{n-2} + \frac{k_{n-1}}{k_{n-2}}c_n\right) \tag{5-2-8}$$

$$a_{n-4} = c_{n-3}c_{n-2}c_{n-1}c_n - \left(\frac{k_n}{k_{n-1}}c_{n-2}c_{n-3} + \frac{k_{n-1}}{k_{n-2}}c_nc_{n-3} + \frac{k_{n-2}}{k_{n-3}}c_nc_{n-1}\right) + \frac{k_n}{k_{n-1}}\frac{k_{n-2}}{k_{n-3}}$$
$$\cdots\cdots$$

式中：k_j——第j层的框架层间水平刚度，按式(5-2-1)计算；

ω——工业建筑水平自振圆频率。

令基础振幅为零（即$a_0 = 0$），按式(5-2-8)可解得各振型的圆频率$\omega_i(i = 1,2,\cdots,n)$。

将与圆频率ω对应的c值代入式(5-2-8)中，求得第i振型的振型形式：

$$A_i = (a_{1i}, a_{2i}, \cdots, a_{ji}, \cdots, a_{ni}) \tag{5-2-9}$$

4. 水平动位移计算

多层工业建筑水平动位移可通过振型分解法求解。利用振型正交性，可将强迫振动位移按振型分解，将n个自由度体系的强迫振动计算转化为n个单自由度体系计算，从而使计算简化。具体做法：将位移表达为振型的线性组合，组合系数由满足振动方程和振动初始条件的要求来确定。得到的组合系数算式与单自由度体系强迫振动位移表达式相同，因此，可将n个自由度体系的位移计算转化为求n个组合系数的n个单自由度体系计算。

振型分解法适用于无阻尼体系和有阻尼体系；既适用于滞变阻尼体系，也适用于黏滞阻尼体系；既适用于简谐荷载，也适用于任意其他类型荷载。

设体系共有n个质点，每个质点有一个自由度。质点j的质量以m_j表示，质点j的位移以$y_j(t)$表示。体系有n个质点就有n个振型，振型i上质点j的位移以a_{ji}表示。将各质点的位移按振型分解，其中质点j的位移：

$$y_j(t) = \sum_{i=1}^{n} a_{ji} c_i(t) \tag{5-2-10}$$

$a_{ji}c_i(t)$称为质点j的位移$y_j(t)$的分量，以$y_{ji}(t)$表示。组合系数$c_i(t)$由以下微分方程确定：

$$\ddot{c}_i(t) + 2\xi\omega_i\dot{c}_i(t) + \omega_i^2 c_i(t) = \bar{F}_{vi}(t)/\bar{m}_i \tag{5-2-11}$$

$$\bar{F}_{vi}(t) = \sum_{j=1}^{n} F_{vj}(t) a_{ji} \tag{5-2-12}$$

$F_{vj}(t)$为作用于质点j上的外荷载的复数形式，有：

$$F_{vj}(t) = P_j \sin \theta t \tag{5-2-13}$$

代以$F_{vj}(t) = P_j e^{i\theta t}$，

$$\bar{m}_i = \sum_{j=1}^{n} m_j a_{ji}^2 \tag{5-2-14}$$

$$\bar{F}_{vi}(t) = \sum_{j=1}^{n} P_j e^{i\theta t} a_{ji} = \left(\sum_{j=1}^{n} P_j a_{ji}\right) e^{i\theta t} = \bar{P}_i e^{i\theta t} \tag{5-2-15}$$

$$\bar{P}_i = \sum_{j=1}^{n} P_j a_{ji} \tag{5-2-16}$$

式(5-2-11)可改写为：

$$\ddot{c}_i(t) + 2\xi\omega_i\dot{c}_i(t) + \omega_i^2 c_i(t) = \bar{P}_i e^{i\theta t}/\bar{m}_i \tag{5-2-17}$$

单质点体系的强迫振动微分方程为：

$$\ddot{y}(t) + 2\xi\omega\dot{y}(t) + \omega^2 y(t) = P e^{i\theta t}/m \tag{5-2-18}$$

将确定组合系数$c_i(t)$的微分方程(5-2-17)与单质点体系的强迫振动微分方程(5-2-18)进行对比，可见组合系数$c_i(t)$相当于一个单质点体系（图5-2-2）的位移。

该单质点体系的阻尼比与分析结构的阻尼比相同，质点质量为$\bar{m}_i$；该单质点体系的自振频率等于体系振型i的自振频率ω_i，质点上作用力等于$\bar{P}_i e^{i\theta t}$，称该单质点体系为振型i的折算体系；称$\bar{m}_i$为振型i的折算质量；称$\bar{P}_i\mathrm{e}^{i\theta t}$或$\bar{F}_{vi}(t)$为振型$i$的折算荷载。

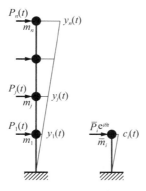

图 5-2-2　质点体系

组合系数$c_i(t)$的表达式可利用已推导的单质点体系强迫振动位移表达式写出。当外荷载$P_j(t)=P_j\sin\theta t\,(j=1,2,\cdots,n)$时，在稳态振动中，按下式考虑：

$$c_i(t)=Y_i^s\beta_i\sin(\theta t-\varepsilon_i) \tag{5-2-19}$$

其中，Y_i^s为在振型i折算荷载幅值$\bar{P}_i$静力荷载作用下，折算体系产生的静位移，可按下式计算：

$$Y_i^s=\bar{P}_i/(\bar{m}_i\omega_i^2) \tag{5-2-20}$$

动力系数：

$$\beta_i=1/\sqrt{\left(1-\theta^2/\omega_i^2\right)^2+\left(2\xi\theta/\omega_i\right)^2} \tag{5-2-21}$$

滞后角：

$$\tan\varepsilon_i=(2\xi\theta/\omega_i)/\left(1-\theta^2/\omega_i^2\right) \tag{5-2-22}$$

若不计阻尼，则：

$$\varepsilon_i=0,\ \beta_i=1/\left(1-\theta^2/\omega_i^2\right),\ c_i(t)=Y_i^s\beta_i\sin\theta t \tag{5-2-23}$$

求出组合系数后，按式(5-2-10)计算位移。

以上尚有同频率、不同相位的简谐振动叠加问题。在按$\sin\theta t$规律变化的荷载作用下，组合系数$c_i(t)$［式(5-2-19)、式(5-2-18)］按$\sin(\theta t-\varepsilon_i)$变化，$\varepsilon_i$值随$\omega_i$变化［式(5-2-22)］，即各组合系数中的滞后角不同。按式(5-2-10)求解位移时，需要解决n个频率相同、幅值和滞后角不同的振动分量的叠加问题，即需计算$\sum Y_i^s\beta_i a_{ji}\sin(\theta t-\varepsilon_i)$，其中，$Y_i^s\beta_i a_{ji}$为在振型$i$折算荷载幅值$\bar{P}_i$作用下折算体系第$j$个质点产生的动位移幅值，记为$B_{ji}^s$。同理，在按$\cos\theta t$变化的荷载作用下，需要计算$\sum B_{ji}^s\cos(\theta t-\varepsilon_i)$。

设：

$$\begin{cases}\sum B_{ji}^s\sin(\theta t-\varepsilon_i)=u_j\sin(\theta t-\varepsilon)\\\sum B_{ji}^s\cos(\theta t-\varepsilon_i)=u_j\cos(\theta t-\varepsilon)\end{cases} \tag{5-2-24}$$

将式(5-2-24)的前一式或后一式的等号两端展开。令两端$\sin\theta t$、$\cos\theta t$的系数相等，得两个等式，以确定u和ε：

$$\begin{cases} u_j \cos \varepsilon = \sum B_{ji}^s \cos \varepsilon_i \\ u_j \sin \varepsilon = \sum B_{ji}^s \sin \varepsilon_i \\ u_j = \sqrt{\left(\sum B_{ji}^s \cos \varepsilon_i\right)^2 + \left(\sum B_{ji}^s \sin \varepsilon_i\right)^2} \\ \tan \varepsilon = \sum B_{ji}^s \sin \varepsilon_i / \sum B_{ji}^s \cos \varepsilon_i \end{cases} \tag{5-2-25}$$

式(5-2-24)表明：同频率的简谐振动合成后，将形成具有同样频率的简谐振动。

对频率相同、相位角相差 90°的两个简谐振动，$\varepsilon_1 = 0°$，$\varepsilon_2 = 90°$，其叠加位移为 $B_{j1}^s \sin \theta t + B_{j2}^s \sin(\theta t - 90°)$，合成振幅为：

$$u_j = \sqrt{\left(B_{j1}^s\right)^2 + \left(B_{j2}^s\right)^2} \tag{5-2-26}$$

合成振动的初相角（滞后角）：

$$\tan \varepsilon = B_{j2}^s / B_{j1}^s \tag{5-2-27}$$

式(5-2-26)表明，相位角相差 90°的两个分量的合成振幅等于分量振幅的平方和的平方根。

综上所述，多层工业建筑的水平振幅按振型分解法求解，计算方法如下：

（1）计算多层工业建筑的所有水平自振圆频率和振型。

（2）按式(5-2-28)计算各振型的折算质量：

$$\bar{m}_i = \sum_{j=1}^n m_j a_{ji}^2 \tag{5-2-28}$$

式中：m_j——第j层的质量；

a_{ji}——第i振型第j层的振型向量。

（3）按式(5-2-29)计算各振型的折算荷载（幅值）：

$$\bar{F}_{vi} = \sum_{j=1}^n F_{vj} a_{ji} \tag{5-2-29}$$

式中：F_{vj}——作用于第j层的动力荷载（幅值）。

（4）按式(5-2-30)计算振型i的折算荷载幅值$\bar{F}_{vi}$，静力作用下折算体系产生的静位移：

$$Y_i^s = \frac{\bar{F}_{vi}}{\bar{m}_i \omega_i^2} \tag{5-2-30}$$

式中：ω_i——第i振型的自振圆频率。

（5）按式(5-2-31)计算动力系数：

$$\beta_i = 1 / \sqrt{\left(1 - \theta^2/\omega_i^2\right)^2 + \left(2\xi\theta/\omega_i\right)^2} \tag{5-2-31}$$

式中：θ——振动设备频率；

ξ——结构的阻尼比。

（6）按式(5-2-32)计算滞后角：

$$\tan \varepsilon_i = (2\xi\theta/\omega_i)/(1 - \theta^2/\omega_i^2) \tag{5-2-32}$$

（7）按式(5-2-33)计算动位移（振幅）：

$$y_j(t) = u_j \sin(\theta t - \varepsilon) \tag{5-2-33}$$

$$u_j = \sqrt{\left(\sum B_{ji}^{\mathrm{s}} \cos \varepsilon_i\right)^2 + \left(\sum B_{ji}^{\mathrm{s}} \sin \varepsilon_i\right)^2} \tag{5-2-34}$$

$$B_{ji}^{\mathrm{s}} = Y_i^{\mathrm{s}} \beta_i a_{ji} \tag{5-2-35}$$

$$\varepsilon = \arctan\left(\frac{\sum B_{ji}^{\mathrm{s}} \sin \varepsilon_i}{\sum B_{ji}^{\mathrm{s}} \cos \varepsilon_i}\right) \tag{5-2-36}$$

式中：$y_j(t)$——第j层的位移；

$\quad u_j$——第j层的振幅；

$\quad \varepsilon$——合成后的初相角；

$\quad \varepsilon_i$——第i振型的滞后角，见式(5-2-32)；

$\quad Y_i^{\mathrm{s}}$——在振型i的折算荷载幅值F_i静力作用下折算体系产生的静位移，式(5-2-30)；

$\quad \beta_i$——第i振型的动力系数，见式(5-2-31)。

（8）作用于第j层水平向的动力荷载幅值$F_{\mathrm{v}j}$，按式(5-2-37)计算：

$$F_{\mathrm{v}j} = 1.414\sqrt{\sum_{j=1}^{n} F_{ix}^2} \tag{5-2-37}$$

式中：F_{ix}——第i台振动设备在水平方向的扰力幅值；

$\quad i$——振动设备序号。

二、竖向振动简化计算

1. 计算模型和梁端支座的假定

楼盖在振动荷载作用下，振动荷载作用点的竖向振动响应可采用计入梁端约束条件的单跨梁模型进行简化计算。

采用单跨梁模型计算振动响应时，可按下列规定对梁端支座进行假定：

（1）柱可作为主梁的刚性支座；

（2）主梁在振动荷载作用下静挠度小于次梁在振动荷载作用下静挠度的 1/10 时，主梁可视为次梁的刚性支座；

（3）当结构第一阶频率小于振动荷载频率时，主次梁节点可采用刚接模型；当结构第一阶频率大于振动荷载频率时，主次梁节点可采用铰接模型；

（4）采用刚接模型时，梁端支座刚度应乘以刚度降低系数，刚度降低系数可取 0.95。

2. 刚性支座均质梁自振圆频率计算

当不考虑结构阻尼时，单跨均质梁的自由振动微分方程为：

$$EI \frac{\partial^4 y(x,t)}{\partial x^4} + \bar{m} \frac{\partial^2 y(x,t)}{\partial t^2} = 0 \tag{5-2-38}$$

式中：E——弹性模量；

$\quad I$——梁截面惯性矩；

$\quad \bar{m}$——梁单位长度质量；

$\quad x$——沿梁轴从坐标原点到所考察截面的距离，通常取梁的最左端为原点；

$y(x,t)$——梁截面重心离开其静平衡位置的横向位移；

$\quad t$——时间。

用分离变量法解式(5-2-38)，令$y(x,t) = y(x) \cdot T(t)$，得出两个常微分方程：

$$\frac{\mathrm{d}^4 y(x)}{\mathrm{d}x^4} - \frac{\bar{m}\omega^2}{EI} y(x) = 0 \qquad (5\text{-}2\text{-}39)$$

$$\frac{\mathrm{d}^2 T(t)}{\mathrm{d}t^2} + \omega^2 T(t) = 0 \qquad (5\text{-}2\text{-}40)$$

式(5-2-39)解的形式为：

$$y(x) = A \sin \lambda x + B \cos \lambda x + C \sinh \lambda x + D \cosh \lambda x \qquad (5\text{-}2\text{-}41)$$

式(5-2-40)解的形式为：

$$T(t) = C_1 \sin \omega x + C_2 \cos \omega x \quad \lambda = \sqrt[4]{\bar{m}\omega^2/(EI)} \qquad (5\text{-}2\text{-}42)$$

式中：　　ω——梁横向自振圆频率；

C_1、C_2——由初始条件确定的任意常数；

A、B、C、D——由梁支座边界条件确定的任意常数。

描述梁的横向自振微分方程式(5-2-39)的通解包括任意常数A、B、C、D。该常数的选择应使函数$y(x)$满足梁端条件，即满足边界条件或边缘条件（由位移或转角确定的"机动条件"或由力所决定的"力条件"）。对于单跨梁，边界条件的数目等于任意常量的数目，在梁的每一端各有两个。跨度为L的单跨梁的边界条件如下：

（1）对于两端简支梁，如图5-2-3（a）所示，两端支座位移为零，即$y(0) = y(L) = 0$；两端支座弯矩为零，即$y''(0) = y''(L) = 0$。

（2）对于两端固定梁，如图5-2-3（b）所示，两端支座位移为零，即$y(0) = y(L) = 0$；两端支座转角为零，即$y'(0) = y'(L) = 0$。

（3）对于一端固定一端简支的梁，如图5-2-3（c）所示，两端支座位移为零，即$y(0) = y(L) = 0$；固定端转角为零，即$y'(0) = 0$；铰接端弯矩为零，即$y''(L) = 0$。

（4）对于悬臂梁，如图5-2-3（d）所示，固定端位移和转角为零，即$y(0) = y'(L) = 0$；悬臂端弯矩和剪力为零，即$y''(0) = y'''(L) = 0$。

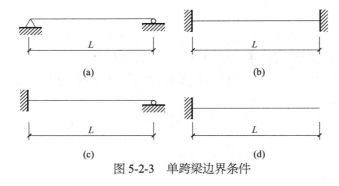

图5-2-3　单跨梁边界条件

把梁的边界条件代入式(5-2-41)，得到单跨梁的自振频率如下：

两端简支梁：

$$\omega_i = \frac{i^2 \pi^2}{L^2} \sqrt{\frac{EI}{\bar{m}}} \quad (i = 1,2,3,\cdots) \qquad (5\text{-}2\text{-}43)$$

两端固定梁：

$$\omega_i = \frac{\left(i+\frac{1}{2}\right)^2 \pi^2}{L^2}\sqrt{\frac{EI}{\overline{m}}} \quad (i=1,2,3,\cdots)$$ (5-2-44)

一端固定、一端简支梁：

$$\omega_i = \frac{\left(i+\frac{1}{4}\right)^2 \pi^2}{L^2}\sqrt{\frac{EI}{\overline{m}}} \quad (i=1,2,3,\cdots)$$ (5-2-45)

悬臂梁：

$$\omega_i = \frac{\left(i-\frac{1}{2}\right)^2 \pi^2}{L^2}\sqrt{\frac{EI}{\overline{m}}} \quad (i=1,2,3,\cdots)$$ (5-2-46)

3. 弹性支座均质梁自振圆频率计算

1）两端简支弹性支座刚度不同的梁

（1）第一振型曲线的确定

图 5-2-4 为两端简支弹性支座但刚度不同的梁，两端弹性支座的刚度分别为 r_A 和 r_B，梁上作用均布静荷载 $\overline{m}g$，g 为重力加速度，$\overline{m}$ 为均布质量。将梁在均布静荷载 $\overline{m}g$ 作用下的变形曲线作为均布质量梁的第一振型曲线。该振型曲线 $y(x)$ 由 $y(x)_1$ 和 $y(x)_2$ 组成。

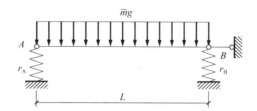

图 5-2-4　两端简支弹性支座刚度不同的梁

$y(x)_1$ 为刚性支座简支梁在均布静荷载 $\overline{m}g$ 作用下的变形曲线，即：

$$y(x)_1 = \frac{\overline{m}gL^3}{24EI}\left(x - \frac{2x^3}{L^2} + \frac{x^4}{L^3}\right)$$ (5-2-47)

如图 5-2-5 所示，$y(x)_2$ 为受弯刚度 EI 无穷大的梁在均布静荷载 $\overline{m}g$ 作用下的变形曲线（假设 $r_A < r_B$），即：

$$y(x)_2 = \frac{\overline{m}gL}{2r_B} + \left(\frac{\overline{m}gL}{2r_A} - \frac{\overline{m}gL}{2r_B}\right)\frac{L-x}{L} = \frac{\overline{m}gL}{2r_A} - \frac{\overline{m}g(r_B - r_A)}{2r_A r_B}x$$ (5-2-48)

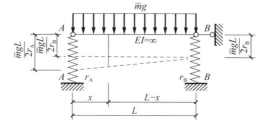

图 5-2-5　梁受弯刚度无穷大时的弹性变形曲线图

则有：

$$y(x) = \frac{\bar{m}gL^3}{24EI}\left(x - \frac{2x^3}{L^2} + \frac{x^4}{L^3}\right) + \frac{\bar{m}gL}{2r_A} - \frac{\bar{m}g(r_B - r_A)}{2r_A r_B}x \tag{5-2-49}$$

（2）一阶自振频率计算公式

根据能量法公式的另一种形式$\omega_i^2 = W_{i\max}/\bar{V}_{i\max}$来计算梁的自振频率。

第i阶振型的最大位能$W_{i\max}$为：

$$W_{i\max} = \frac{1}{2}\int_0^L \bar{m}gy(x)\,\mathrm{d}x \tag{5-2-50}$$

第i阶振型的单位最大动能$\bar{V}_{i\max}$，即$\omega_i = 1$时的最大动能为：

$$\bar{V}_{i\max} = \frac{1}{2g}\int_0^L \bar{m}gy^2(x)\,\mathrm{d}x \tag{5-2-51}$$

则第i阶振型的自振频率为：

$$\omega_i^2 = \frac{W_{i\max}}{\bar{V}_{i\max}} = \frac{g\int_0^L y(x)\,\mathrm{d}x}{\int_0^L y^2(x)\,\mathrm{d}x} \tag{5-2-52}$$

其中，$\int_0^L y(x)\,\mathrm{d}x$和$\int_0^L y^2(x)\,\mathrm{d}x$计算如下：

$$\begin{aligned}
\int_0^L y(x)\,\mathrm{d}x &= \int_0^L \bar{m}g\left[\frac{L^3}{24EI}\left(x - \frac{2x^3}{L^2} + \frac{x^4}{L^3}\right) + \frac{L}{2r_A} - \frac{r_B - r_A}{2r_A r_B}x\right]\mathrm{d}x \\
&= \bar{m}g\left[\frac{L^3}{24EI}\left(\frac{x^2}{2} - \frac{x^4}{2L^2} + \frac{x^5}{5L^3}\right) + \frac{L}{2r_A}x - \frac{r_B - r_A}{4r_A r_B}x^2\right]\Bigg|_0^L \\
&= \bar{m}g\left[\frac{L^5}{120EI} + \frac{L^2}{4}\left(\frac{1}{r_A} + \frac{1}{r_B}\right)\right]
\end{aligned} \tag{5-2-53}$$

$$\begin{aligned}
\int_0^L y^2(x)\,\mathrm{d}x &= \bar{m}^2 g^2 \int_0^L \left[\frac{L^3}{24EI}\left(x - \frac{2x^3}{L^2} + \frac{x^4}{L^3}\right) + \frac{L}{2r_A} - \frac{r_B - r_A}{2r_A r_B}x\right]^2 \mathrm{d}x \\
&= \bar{m}^2 g^2 \left[\frac{L^6}{(24EI)^2}\left(\frac{x^3}{3} + \frac{4x^7}{7L^4} + \frac{x^9}{9L^6} - \frac{4x^5}{5L^2} - \frac{x^8}{2L^5} + \frac{x^6}{3L^3}\right)\right. \\
&\quad + \frac{L^2}{4r_A^2}x + \frac{(r_B - r_A)^2}{12r_A^2 r_B^2}x^3 + \frac{L^4}{24EIr_A}\left(\frac{x^2}{2} - \frac{x^4}{2L^2} + \frac{x^5}{5L^3}\right) \\
&\quad \left.- \frac{L(r_B - r_A)}{4r_A^2 r_B}x^2 - \frac{L^3}{24EI}\left(\frac{x^3}{3} - \frac{2x^5}{5L^2} + \frac{x^6}{6L^3}\right)\frac{r_B - r_A}{r_A r_B}\right]\Bigg|_0^L \\
&= \bar{m}^2 g^2\left[\frac{31L^9}{362880(EI)^2} + \frac{L^3}{12}\left(\frac{1}{r_A r_B} + \frac{1}{r_A^2} + \frac{1}{r_B^2}\right) + \frac{L^6}{240EI}\left(\frac{1}{r_A} + \frac{1}{r_B}\right)\right]
\end{aligned} \tag{5-2-54}$$

将式(5-2-53)和式(5-2-54)代入式(5-2-52)，得一阶自振频率：

$$\omega_1^2 = \frac{\dfrac{L^5}{120EI} + \dfrac{L^2}{4}\left(\dfrac{1}{r_A} + \dfrac{1}{r_B}\right)}{\bar{m}\left[\dfrac{31L^9}{362880(EI)^2} + \dfrac{L^3}{12}\left(\dfrac{1}{r_A r_B} + \dfrac{1}{r_A^2} + \dfrac{1}{r_B^2}\right) + \dfrac{L^6}{240EI}\left(\dfrac{1}{r_A} + \dfrac{1}{r_B}\right)\right]} \tag{5-2-55}$$

当$r_A = r_B$时，式(5-2-55)即为两端简支弹性支座刚度相同的梁的一阶自振频率ω_1^2。

当 $r_A = r_B = \infty$，即为两端简支刚性支座梁时，由式(5-2-55)计算得 $\omega_1 = \dfrac{9.8767}{L^2}\sqrt{\dfrac{EI}{\overline{m}}}$，而精确解为 $\omega_1 = \dfrac{\pi^2}{L^2}\sqrt{\dfrac{EI}{\overline{m}}}$，两者相差较少。

2）一端刚接刚性支座另一端简支弹性支座的梁

（1）第一振型曲线的确定

如图 5-2-6 所示，将梁在均布静荷载 $\overline{m}g$ 作用下的变形曲线作为均布质量梁的第一振型曲线。该振型曲线 $y(x)$ 由 $y(x)_1$ 和 $y(x)_2$ 组成。

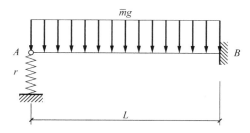

图 5-2-6　一端刚接刚性支座另一端简支弹性支座的梁

$y(x)_1$ 为一端刚接、另一端简支的刚性支座梁在均布静荷载 $\overline{m}g$ 作用下的变形曲线（图 5-2-7），即：

$$y(x)_1 = \frac{\overline{m}gL^3}{48EI}\left(x - \frac{3x^3}{L^2} + \frac{2x^4}{L^3}\right) \tag{5-2-56}$$

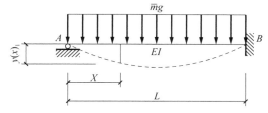

图 5-2-7　一端刚接另一端简支的刚性支座梁图

如图 5-2-8 所示，$y(x)_2$ 为 A 端弹性支座位移为 f 时梁的变形曲线，此时平衡点 C 受到三种力作用，即梁在均布静荷载 $\overline{m}g$ 作用下的 A 端支座反力 $3\overline{m}gL/8$，梁 A 端弹性支座位移为 f 时的梁弹性反力 $3EIf/L^3$，弹性支座反力 fr。三者的平衡关系如下：

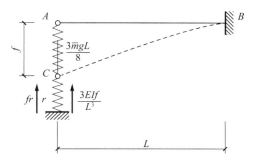

图 5-2-8　弹性支座位移引起的梁变形图

$$\frac{3\bar{m}gL}{8} - \frac{3EIf}{L^3} - fr = 0 \tag{5-2-57}$$

$$f = \frac{3\bar{m}gL^4}{24EI + 8rL^3} \tag{5-2-58}$$

则：

$$y(x)_2 = \frac{3\bar{m}gL^4}{48EI + 16rL^3}\left(2 - \frac{3x}{L} + \frac{x^3}{L^3}\right) \tag{5-2-59}$$

故有：

$$y(x) = \frac{\bar{m}gL^3}{48EI}\left(x - \frac{3x^3}{L^2} + \frac{2x^4}{L^3}\right) + \frac{3\bar{m}gL^4}{48EI + 16rL^3}\left(2 - \frac{3x}{L} + \frac{x^3}{L^3}\right) \tag{5-2-60}$$

（2）一阶自振频率计算公式

分别计算$\int_0^L y(x)\,\mathrm{d}x$和$\int_0^L y^2(x)\,\mathrm{d}x$：

$$
\begin{aligned}
\int_0^L y(x)\,\mathrm{d}x &= \bar{m}g \int_0^L \left[\frac{L^3}{48EI}\left(x - \frac{3x^3}{L^2} + \frac{2x^4}{L^3}\right)\right. \\
&\quad \left. + \frac{3L^4}{48EI + 16rL^3}\left(2 - \frac{3x}{L} + \frac{x^3}{L^3}\right)\right]\mathrm{d}x \\
&= \bar{m}g\left(\frac{L^5}{320EI} + \frac{2.25L^5}{48EI + 16rL^3}\right)
\end{aligned} \tag{5-2-61}
$$

$$
\begin{aligned}
\int_0^L y^2(x)\,\mathrm{d}x &= \bar{m}^2 g^2 \int_0^L \left[\frac{L^3}{48EI}\left(x - \frac{3x^3}{L^2} + \frac{2x^4}{L^3}\right)\right. \\
&\quad \left. + \frac{3L^4}{48EI + 16rL^3}\left(2 - \frac{3x}{L} + \frac{x^3}{L^3}\right)\right]^2 \mathrm{d}x \\
&= \bar{m}^2 g^2\left[\frac{57L^9}{4354560(EI)^2} + \frac{297L^9}{35(48EI + 16rL^3)^2}\right. \\
&\quad \left. + \frac{51L^9}{3360EI(48EI + 16rL^3)}\right]
\end{aligned} \tag{5-2-62}
$$

将式(5-2-61)和式(5-2-62)代入式(5-2-52)，得一阶自振频率：

$$\omega_1^2 = \frac{\dfrac{L^5}{320EI} + \dfrac{2.25L^5}{48EI + 16rL^3}}{\bar{m}L^9\left[\dfrac{57}{4354560(EI)^2} + \dfrac{297}{35(48EI + 16rL^3)^2} + \dfrac{51}{3360EI(48EI + 16rL^3)}\right]} \tag{5-2-63}$$

当$r = \infty$时，即为一端刚接一端简支刚性支座梁时，式(5-2-63)为：

$$\omega_1 = \sqrt{\frac{\dfrac{L^5}{320EI}}{\bar{m}L^9\left[\dfrac{57}{4354560(EI)^2}\right]}} = \frac{15.451}{L^2}\sqrt{\frac{EI}{\bar{m}}} \tag{5-2-64}$$

一端刚接一端简支刚性支座梁一阶自振频率的精确解为$\omega_1 = \frac{15.421}{L^2}\sqrt{\frac{EI}{\bar{m}}}$，两者相差较少。

3）一端简支刚性支座另一端简支弹性支座的梁

（1）第一振型曲线的确定

如图 5-2-9 所示，将梁在均布静荷载$\bar{m}g$作用下的变形曲线作为均布质量梁的第一振型曲线。该振型曲线$y(x)$由$y(x)_1$和$y(x)_2$组成。

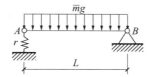

图 5-2-9　一端简支刚性支座另一端简支弹性支座的梁

$y(x)_1$为两端简支刚性支座梁在均布静荷载$\bar{m}g$作用下的变形曲线，即：

$$y(x)_1 = \frac{\bar{m}gL^3}{24EI}\left(x - \frac{2x^3}{L^2} + \frac{x^4}{L^3}\right) \tag{5-2-65}$$

如图 5-2-10 所示，$y(x)_2$为受弯刚度EI无穷大的梁在均布静荷载$\bar{m}g$作用下的变形曲线，即：

$$y(x)_2 = \frac{\bar{m}gL}{2r} \times \frac{L-x}{L} = \frac{\bar{m}g}{2r}(L-x) \tag{5-2-66}$$

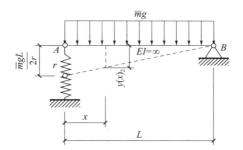

图 5-2-10　梁受弯刚度无穷大时的弹性变形曲线图

故有：

$$y(x) = \frac{\bar{m}gL^3}{24EI}\left(x - \frac{2x^3}{L^2} + \frac{x^4}{L^3}\right) + \frac{\bar{m}g}{2r}(L-x) \tag{5-2-67}$$

（2）一阶自振频率计算公式

分别计算$\int_0^L y(x)\,\mathrm{d}x$和$\int_0^L y^2(x)\,\mathrm{d}x$：

$$\begin{aligned}
\int_0^L y(x)\,\mathrm{d}x &= \bar{m}g\int_0^L\left[\frac{L^3}{24EI}\left(x - \frac{2x^3}{L^2} + \frac{x^4}{L^3}\right) + \frac{L-x}{2r}\right]\mathrm{d}x \\
&= \bar{m}g\left(\frac{L^5}{120EI} + \frac{L^2}{4r}\right)
\end{aligned} \tag{5-2-68}$$

$$\begin{aligned}
\int_0^L y^2(x)\,\mathrm{d}x &= \bar{m}^2g^2\int_0^L\left[\frac{L^3}{24EI}\left(x - \frac{2x^3}{L^2} + \frac{x^4}{L^3}\right) + \frac{L-x}{2r}\right]^2\mathrm{d}x \\
&= \bar{m}^2g^2\left[\frac{31L^9}{362880(EI)^2} + \frac{L^3}{12r^2} + \frac{L^6}{240EIr}\right]
\end{aligned} \tag{5-2-69}$$

将式(5-2-68)和式(5-2-69)代入式(5-2-52)，得一阶自振频率：

$$\omega_1^2 = \frac{\dfrac{L^5}{120EI} + \dfrac{L^2}{4r}}{\bar{m}\left[\dfrac{31L^9}{362880(EI)^2} + \dfrac{L^3}{12r^2} + \dfrac{L^6}{240EIr}\right]} \tag{5-2-70}$$

当$r = \infty$时，即为两端简支刚性支座梁时，式(5-2-70)为：

$$\omega_1 = \sqrt{\frac{\dfrac{L^5}{120EI}}{\bar{m}\left[\dfrac{31L^9}{362880(EI)^2}\right]}} = \frac{9.8767}{L^2}\sqrt{\frac{EI}{\bar{m}}} \tag{5-2-71}$$

两端简支刚性支座梁一阶自振频率的精确解为$\omega_1 = \dfrac{\pi^2}{L^2}\sqrt{\dfrac{EI}{\bar{m}}}$，两者相差较少。

4）两端刚接弹性支座刚度不同的梁

（1）第一振型曲线的确定

如图 5-2-11 所示，将梁在均布静荷载$\bar{m}g$作用下的变形曲线作为均布质量梁的第一振型曲线（假定$r_A < r_B$）。该振型曲线$y(x)$由$y(x)_1$、$y(x)_2$和$y(x)_3$组成。

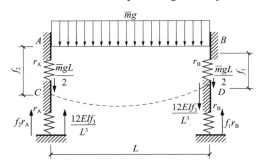

图 5-2-11　两端刚接弹性支座刚度不同的梁的变形曲线图

$y(x)_1$为两端刚接刚性支座梁在均布静荷载$\bar{m}g$作用下的变形曲线（图 5-2-12），即：

$$y(x)_1 = \frac{\bar{m}gL^2}{24EI}\left(x^2 - \frac{2x^3}{L} + \frac{x^4}{L^2}\right) \tag{5-2-72}$$

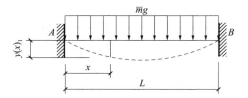

图 5-2-12　两端刚接刚性支座的梁

$y(x)_2$为两端位移为f_1时的变形曲线，$y(x)_3$为两端位移差（$f_3 = f_2 - f_1$）产生的变形曲线。由图 5-2-11 中C点和D点的力平衡关系，可得：

$$\begin{cases} \dfrac{\bar{m}gL}{2} - f_2 r_A - \dfrac{12EI}{L^3}(f_2 - f_1) = 0 \\ \dfrac{\bar{m}gL}{2} - f_1 r_B + \dfrac{12EI}{L^3}(f_2 - f_1) = 0 \end{cases} \tag{5-2-73}$$

解式(5-2-73)得：

$$f_1 = \frac{\bar{m}g(r_A L^4 + 24EIL)}{24EI(r_A + r_B) + 2r_A r_B L^3} \tag{5-2-74}$$

$$f_2 = \frac{\bar{m}g(r_B L^4 + 24EIL)}{24EI(r_A + r_B) + 2r_A r_B L^3} \tag{5-2-75}$$

$$f_3 = f_2 - f_1 = \frac{\bar{m}g(r_B - r_A)L^4}{24EI(r_A + r_B) + 2r_A r_B L^3} \tag{5-2-76}$$

则：

$$y(x)_2 = \frac{\bar{m}g(r_A L^4 + 24EIL)}{24EI(r_A + r_B) + 2r_A r_B L^3} \tag{5-2-77}$$

$$y(x)_3 = \frac{\bar{m}g(r_B - r_A)L^4}{24EI(r_A + r_B) + 2r_A r_B L^3}\left(1 - \frac{3x^2}{L^2} + \frac{2x^3}{L^3}\right) \tag{5-2-78}$$

故有：

$$y(x) = \frac{\bar{m}gL^2}{24EI}\left(x^2 - \frac{2x^3}{L} + \frac{x^4}{L^2}\right) + \frac{\bar{m}g(r_A L^4 + 24EIL)}{24EI(r_A + r_B) + 2r_A r_B L^3}$$
$$+ \frac{\bar{m}g(r_B - r_A)L^4}{24EI(r_A + r_B) + 2r_A r_B L^3}\left(1 - \frac{3x^2}{L^2} + \frac{2x^3}{L^3}\right) \tag{5-2-79}$$

（2）一阶自振频率计算公式

分别计算 $\int_0^L y(x)\,\mathrm{d}x$ 和 $\int_0^L y^2(x)\,\mathrm{d}x$：

$$\int_0^L y(x)\,\mathrm{d}x = \bar{m}g\int_0^L \left[\frac{L^2}{24EI}\left(x^2 - \frac{2x^3}{L} + \frac{x^4}{L^2}\right) + \frac{r_A L^4 + 24EIL}{24EI(r_A + r_B) + 2r_A r_B L^3}\right.$$
$$\left. + \frac{(r_B - r_A)L^4}{24EI(r_A + r_B) + 2r_A r_B L^3}\left(1 - \frac{3x^2}{L^2} + \frac{2x^3}{L^3}\right)\right]\mathrm{d}x$$
$$= \bar{m}g\left[\frac{L^5}{720EI} + \frac{r_A L^5 + 24EIL^2}{24EI(r_A + r_B) + 2r_A r_B L^3}\right.$$
$$\left. + \frac{(r_B - r_A)L^5}{48EI(r_A + r_B) + 4r_A r_B L^3}\right] \tag{5-2-80}$$

$$\int_0^L y^2(x)\,\mathrm{d}x = \bar{m}^2 g^2 \int_0^L \left[\frac{L^2}{24EI}\left(x^2 - \frac{2x^3}{L} + \frac{x^4}{L^2}\right) + \frac{r_A L^4 + 24EIL}{24EI(r_A + r_B) + 2r_A r_B L^3}\right.$$
$$\left. + \frac{(r_B - r_A)L^4}{24EI(r_A + r_B) + 2r_A r_B L^3}\left(1 - \frac{3x^2}{L^2} + \frac{2x^3}{L^3}\right)\right]^2 \mathrm{d}x$$
$$= \bar{m}^2 g^2\left\{\frac{L^9}{362880(EI)^2} + \left[\frac{r_A L^4 + 24EIL}{24EI(r_A + r_B) + 2r_A r_B L^3}\right]^2 L\right.$$
$$+ \frac{0.37143(r_B - r_A)^2 L^9}{[24EI(r_A + r_B) + 2r_A r_B L^3]^2}$$
$$+ \frac{(r_A L^3 + 24EI)L^6}{360EI[24EI(r_A + r_B) + 2r_A r_B L^3]}$$
$$+ \frac{(r_A L^3 + 24EI)(r_B - r_A)L^6}{[24EI(r_A + r_B) + 2r_A r_B L^3]^2}$$
$$\left. + \frac{(r_B - r_A)L^9}{720EI[24EI(r_A + r_B) + 2r_A r_B L^3]}\right\} \tag{5-2-81}$$

将式(5-2-80)和式(5-2-81)代入式(5-2-52)，得一阶自振频率：

$$\omega_1^2 = \frac{g \int_0^L y(x)\,\mathrm{d}x}{\int_0^L y^2(x)\,\mathrm{d}x} \tag{5-2-82}$$

当 $r_A = r_B = r$，即为两端刚接弹性支座刚度相同的梁时，式(5-2-82)为：

$$\omega_1^2 = \frac{\dfrac{L^5}{720EI} + \dfrac{L^2}{2r}}{\bar{m}\left[\dfrac{L^9}{362880(EI)^2} + \dfrac{L^3}{4r^2} + \dfrac{L^6}{720EIr}\right]} \tag{5-2-83}$$

当 $r_B = \infty$，即为两端刚接、一端为刚性支座、另一端为弹性支座的梁时，式(5-2-82)为：

$$\omega_1^2 = \frac{\dfrac{L^5}{720EI} + \dfrac{L^5}{4(r_A L^3 + 12EI)}}{\bar{m}\left[\dfrac{L^9}{362880(EI)^2} + \dfrac{L^9}{1440EI(r_A L^3 + 12EI)} + \dfrac{0.37143L^9}{(2r_A L^3 + 24EI)^2}\right]} \tag{5-2-84}$$

当 $r_A = r_B = \infty$，即为两端刚接刚性支座梁时，由式(5-2-82)计算得 $\omega_1 = \dfrac{22.4499}{L^2}\sqrt{\dfrac{EI}{\bar{m}}}$，而精确解为 $\omega_1 = \dfrac{22.2067}{L^2}\sqrt{\dfrac{EI}{\bar{m}}}$，两者相差较少。

4. 集中质量简化为均布质量的方法

根据能量守恒定理，当不考虑结构阻尼时，体系振动过程中的位能和动能之和保持不变。若体系在平衡位置的位能为零，动能为最大值 $U_{\max}$，体系在最大位移处的动能为零，位能为最大值 $W_{\max}$，则有 $U_{\max} = W_{\max}$。

单跨梁自由振动时的截面竖向位移可表达为：

$$y(x, t) = y(x)\sin(\omega t + \varphi) \tag{5-2-85}$$

截面振动速度为：

$$\frac{\partial y(x, t)}{\partial t} = \omega y(x)\cos(\omega t + \varphi) \tag{5-2-86}$$

体系自由振动时的动能为：

$$\begin{aligned}
U &= \frac{1}{2}\int_0^L m_u\left[\frac{\partial y(x, t)}{\partial t}\right]^2 \mathrm{d}x + \frac{1}{2}\sum_{j=1}^n m_j\left[\frac{\partial y(x_j, t)}{\partial t}\right]^2 \\
&= \frac{1}{2}\omega^2\cos^2(\omega t + \varphi)\int_0^L m_u y^2(x)\,\mathrm{d}x \\
&\quad + \frac{1}{2}\sum_{j=1}^n m_j\omega^2\cos^2(\omega t + \varphi)y_j^2
\end{aligned} \tag{5-2-87}$$

$$U_{\max} = \frac{1}{2}\omega^2\left[\int_0^L m_u y^2(x)\,\mathrm{d}x + \sum_{j=1}^n m_j y_j^2\right] \tag{5-2-88}$$

式中：m_u——简化前梁单位长度质量；

$\quad\quad x_j$——沿梁轴从坐标原点到梁上 j 点的距离，通常取梁的最左端为原点；

m_j——梁上j点的集中质量；

$\quad y_j$——梁上j点的振型曲线值；

$\quad L$——梁的跨度。

体系自由振动时的位能为：

$$W = \frac{1}{2}\int_0^L EI\left[\frac{\partial^2 y(x,t)}{\partial x^2}\right]^2 \mathrm{d}x = \frac{1}{2}\sin^2(\omega t + \varphi)\int_0^L EI\left[\frac{\mathrm{d}^2 y(x)}{\mathrm{d}x^2}\right]^2 \mathrm{d}x \qquad (5\text{-}2\text{-}89)$$

$$W_{\max} = \frac{1}{2}\int_0^L EI\left[\frac{\mathrm{d}^2 y(x)}{\mathrm{d}x^2}\right]^2 \mathrm{d}x \qquad (5\text{-}2\text{-}90)$$

根据$U_{\max} = W_{\max}$，简化前梁的自振频率为：

$$\omega^2 = \frac{\displaystyle\int_0^L EI\left[\frac{\mathrm{d}^2 y(x)}{\mathrm{d}x^2}\right]^2 \mathrm{d}x}{\displaystyle\int_0^L m_{\mathrm{u}}y^2(x)\,\mathrm{d}x + \sum_{j=1}^n m_j y_j^2} \qquad (5\text{-}2\text{-}91)$$

简化后，具有均布质量$\bar{m}$的梁自由振动时的最大动能为：

$$U_{\max} = \frac{1}{2}\omega^2\int_0^L \bar{m}y^2(x)\,\mathrm{d}x \qquad (5\text{-}2\text{-}92)$$

最大位能为：

$$W_{\max} = \frac{1}{2}\int_0^L EI\left[\frac{\mathrm{d}^2 y(x)}{\mathrm{d}x^2}\right]^2 \mathrm{d}x \qquad (5\text{-}2\text{-}93)$$

根据$U_{\max} = W_{\max}$，简化后均质梁的自振频率如下：

$$\omega^2 = \frac{\displaystyle\int_0^L EI\left[\frac{\mathrm{d}^2 y(x)}{\mathrm{d}x^2}\right]^2 \mathrm{d}x}{\displaystyle\int_0^L \bar{m}y^2(x)\,\mathrm{d}x} \qquad (5\text{-}2\text{-}94)$$

令式(5-2-91)和式(5-2-94)的自振频率、振型相等，即：

$$\frac{\displaystyle\int_0^L EI\left[\frac{\mathrm{d}^2 y(x)}{\mathrm{d}x^2}\right]^2 \mathrm{d}x}{\displaystyle\int_0^L \bar{m}y^2(x)\,\mathrm{d}x} = \frac{\displaystyle\int_0^L EI\left[\frac{\mathrm{d}^2 y(x)}{\mathrm{d}x^2}\right]^2 \mathrm{d}x}{\displaystyle\int_0^L m_{\mathrm{u}}y^2(x)\,\mathrm{d}x + \sum_{j=1}^n m_j y_j^2} \qquad (5\text{-}2\text{-}95)$$

解式(5-2-95)得：

$$\bar{m} = m_{\mathrm{u}} + \sum_{j=1}^n m_j \frac{y_j^2}{\displaystyle\int_0^L y^2(x)\,\mathrm{d}x} \qquad (5\text{-}2\text{-}96)$$

令：

$$K_j = \frac{Ly_j^2}{\displaystyle\int_0^L y^2(x)\,\mathrm{d}x} \qquad (5\text{-}2\text{-}97)$$

则：

$$\bar{m} = m_u + \frac{1}{L}\sum_{j=1}^{n} m_j K_j \qquad (5\text{-}2\text{-}98)$$

式(5-2-91)～式(5-2-98)也适用于弹性支座梁。

对比标准振型，有：

$$\int_0^L y^2(x)\,\mathrm{d}x = \frac{L}{2} \qquad (5\text{-}2\text{-}99)$$

则式(5-2-97)可表示为：

$$K_j = \frac{L y_j^2}{L/2} = 2y_j^2 \qquad (5\text{-}2\text{-}100)$$

式中：K_j——集中质量换算系数。

不同支座条件下，单跨梁前三阶频率的集中质量换算系数K_j如表 5-2-1 所示。

集中质量换算系数K_j 表 5-2-1

梁计算简图	圆频率	$\alpha_j = x_j/L$										
		0	0.10	0.20	0.30	0.40	0.50	0.60	0.70	0.80	0.90	1.00
	ω_1	0	0.191	0.691	1.310	1.810	2.000	1.810	1.310	0.691	0.191	
	ω_2	0	0.691	1.809	1.809	0.691	0	0.691	1.809	1.809	0691	
	ω_3	0	1.309	1.809	0.191	0.691	2.000	0.691	0.191	1.809	1.309	
	ω_1	0	0.036	0.384	1.201	2.122	2.527	2.122	1.201	0.384	0.036	
	ω_2	0	0.207	1.452	2.268	1.066	0	1.066	2.268	1.452	0.207	
	ω_3	0	0.592	2.268	0.749	0.396	1.980	0.396	0.749	2.268	0.592	
	ω_1	0	0.304	1.066	1.843	2.247	2.081	1.445	0.720	0.205	0.018	
	ω_2	0	0.842	1.940	1.438	0.179	0.320	1.737	2.234	1.143	0.141	
	ω_3	0	1.455	1.588	0.013	1.296	1.689	0.040	1.264	2.172	0.476	
	ω_1	0	0.001	0.016	0.074	0.210	0.459	0.848	1.394	2.101	2.977	3.976
	ω_2	0	0.034	0.361	1.110	1.862	2.040	1.391	0.400	0.020	1.098	3.976
	ω_3	0	0.207	1.483	2.290	1.110	0.002	0.900	1.730	0.623	0.210	3.976

5. 单跨梁竖向振动幅值计算

如图 5-2-13 所示，基于黏滞阻尼理论，单自由度体系强迫振动方程为：

$$m\ddot{y}(t) + c\dot{y}(t) + ky(t) = P(t) \qquad (5\text{-}2\text{-}101)$$

或：

$$\ddot{y}(t) + 2\xi\omega\dot{y}(t) + \omega^2 y(t) = \frac{P(t)}{m} \qquad (5\text{-}2\text{-}102)$$

式中：c——阻尼系数；

ξ——结构阻尼比，$\xi = c/(2m\omega)$；

ω——结构自振圆频率，$\omega = \sqrt{k/m}$；

$P(t)$——振动荷载，$P(t) = P\sin\theta t$，其中，P为振动荷载幅值，θ为振动荷载圆频率，t为时间。

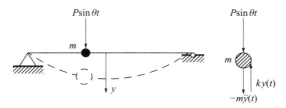

图 5-2-13　梁单自由度强迫振动动力平衡图

该强迫振动方程的稳态解为：

$$y(t) = \frac{P}{k}\frac{1}{\sqrt{\left(1 - \dfrac{\theta^2}{\omega^2}\right)^2 + \left(2\xi\dfrac{\theta}{\omega}\right)^2}}\cos(\theta t - \tau) \tag{5-2-103}$$

$$\tau = \arctan\frac{2\xi\theta}{\omega^2 - \theta^2} \tag{5-2-104}$$

令：

$$u_0 = \frac{P}{k} \tag{5-2-105}$$

$$\beta = \frac{1}{\sqrt{\left(1 - \dfrac{\theta^2}{\omega^2}\right)^2 + \left(2\xi\dfrac{\theta}{\omega}\right)^2}} \tag{5-2-106}$$

则单自由度体系梁强迫振动的竖向位移幅值u可表示为：

$$u = u_0\beta \tag{5-2-107}$$

式中：β——动力系数；

u_0——把振动荷载幅值作为静荷载作用于单跨梁上产生的静竖向位移。

三、结构振动有限元分析

1. 楼盖面层刚度贡献

对于现浇钢筋混凝土楼盖，实际使用中一般会有 2~10cm 建筑找平层，计算中应考虑本部分建筑面层的质量贡献，另外，对于厚度在 5cm 以下的建筑面层，可不考虑刚度贡献，但对于厚度超过 5cm 的建筑面层，应适当考虑其刚度贡献。具体计算时，可忽略面层与楼盖结构层的粘结作用，按叠合层计入面层的刚度贡献。

2. 楼盖阻尼

多层工业建筑一般没有建筑吊顶，故阻尼的影响因素主要有：楼盖结构体系、楼盖面层及其与结构层粘结、振动频率及振幅等因素。

已有研究成果表明：对于低频振动，多层工业建筑组合楼盖阻尼比一般不超过 2%，较多实测值为 1%~2%，多层工业建筑钢筋混凝土楼盖阻尼比一般不超过 5%。以上取值对于设备高频振动是否适用，还应通过实际测试进一步验证。

3. 有限单元划分

对于梁柱重叠区域，可采用常规有限元方法中"刚域"的处理办法；对于钢筋混凝土楼盖梁板重叠区域，根据大量计算结果，其误差影响一般在 2%以内，计算时可忽略模型中增加的楼板单元质量及刚度导致的影响。对于组合楼盖，无论是完全组合楼盖还是非完全组合楼盖，均可进行简化：混凝土楼板和闭口钢承板组合板，均可按全截面计算结构刚度，对于开口钢承板组合板，可忽略钢承板肋高范围内的刚度贡献。

楼盖有限元网格划分，应综合考虑计算效率和精度，单元尺寸不宜大于跨度的 1/16；对于加载点，一般应根据受荷类型，确保有限元节点可有效模拟加载，对于受振点，应根据容许振动特征，保证选择控制点为单元节点。如果设备基础刚度较大，也可用面荷载模拟加载，此时，楼盖有限元网格划分应充分考虑基础几何尺寸的影响。

第三节　结构振动控制措施

一、结构水平振动控制措施

1. 承受水平动荷载的多层工业建筑应优先采用现浇或装配整体式钢筋混凝土框架-抗震墙结构。

2. 在满足建筑功能、生产工艺要求的前提下，建筑结构应力求形状简单、整齐、柱网对称，刚度适宜，构件受力明确，构造简单。

3. 框架-抗震墙结构的柱网尺寸一般情况下宜在10m×10m以内，当有充分依据时，也可采用更大的柱网尺寸。

4. 振动设备水平动荷载较大的方向宜与框架刚度较大的方向平行。

5. 水平振动作用较大的设备宜布置在较低楼层，设备振动荷载作用点宜与结构抗侧刚度中心重合，当存在多个振动荷载时，宜将各方向合力作用点与结构抗侧刚度中心重合，避免结构产生扭转效应；当水平振动设备布置在较高楼层时，结构抗侧刚度宜沿结构高度均匀布置。

6. 为减小结构水平振动响应，应对动力设备采取下列措施：

（1）动力设备振动荷载频率与结构自振频率接近时，宜对动力设备采取隔振、减振、降低振动荷载等措施。

（2）宜将动力设备水平振动荷载方向布置在结构水平自振频率与振动荷载频率相差较大的方向。

7. 为减小结构水平振动响应，结构可采取下列措施：

（1）增加剪力墙、支撑等抗侧力构件；

（2）合理利用填充墙刚度，将刚性填充墙设置在可减小楼盖水平旋转振动最有效位置上，并加强填充墙与主体结构的连接；

（3）当工艺不允许增加抗侧力构件时，可调整结构跨度或增大构件截面；

（4）当工业建筑与附属构筑物相连时，将附属构筑物配置在建筑的对称轴线上；

（5）合理设置减振耗能部件或装置。

8. 凸出屋面的局部房屋不宜采用混合结构。

9. 混凝土抗震墙的设置应符合下列要求：

1）框架内（一般为边框架和允许设置隔墙的中间框架）纵横两个主轴方向均应设置现浇混凝土抗震墙，抗震墙中心宜与框架柱中心重合。

2）混凝土抗震墙在结构单元内应力应均匀、对称，应使结构的单元刚度中心与质量中心重合。

3）混凝土抗震墙的设置：水平荷载较大方向的面积比（抗震墙横断面积与结构单元平面面积之比）不应小于 0.15%，水平荷载较小方向的面积比不应小于 0.12%。

4）混凝土抗震墙宜沿工业建筑全高贯通设置，厚度应逐渐减薄，避免刚度突变。

5）混凝土抗震墙的厚度不应小于 160mm，且不应小于墙净高的 1/22。

6）混凝土抗震墙的水平和竖向分布筋的配筋率均不应小于 0.25%，钢筋直径不应小于 $\phi 8$，间距不应大于 300mm，且宜双排配置。

7）现浇混凝土抗震墙与预制框架应有可靠连接，要求如下：

（1）抗震墙的横向钢筋与柱的水平插筋，竖向钢筋与梁的插筋应采用焊接连接。

（2）预制梁、柱与抗震墙的连接面应打毛或预留齿槽。

8）框架梁柱现浇时，抗震墙的竖向、水平向分布筋必须设置直钩，分别埋入梁柱内。

9）抗震墙应尽量不开洞，如工艺要求必须开洞时，其洞口面积不宜大于墙面面积的 1/8，洞口至框架柱的距离不应小于 600mm，并应在洞口周围采取加强措施。

10）抗震墙边框（梁、柱）纵向配筋率不应小于 0.8%（梁按矩形截面计算），其箍筋沿全跨及全高加密，箍筋间距不应大于 150mm。

10. 框架的砌砖填充墙应符合下列要求：

（1）考虑砖填充墙的抗侧力作用时，砖填充墙应砌在框架平面内，并与框架梁、柱紧密结合，墙厚不应小于 240mm，砂浆强度等级不应低于 M5。

（2）砌体应沿柱全高、每隔 500mm 配置 $2\phi 6$ 拉筋，拉筋伸入墙内长度不小于 700mm。

（3）填充墙顶部与梁底宜有拉结措施。

（4）填充墙较高时，应增设与框架柱拉结的混凝土圈梁（现浇），圈梁间距不应大于 4m。

（5）填充墙内有门窗洞口时，洞口上下口处宜设置混凝土圈梁，圈梁与框架柱应有可靠连接。

11. 屋顶女儿墙与框架须有可靠连接。

二、结构竖向振动控制措施

承受机器竖向动荷载的楼盖设计，应符合下列要求：

1. 结构构件截面尺寸和强度等级应符合以下要求：

（1）框架主梁截面高度 h 一般情况下为梁跨度 L 的 $1/9 \sim 1/6$。

（2）次梁截面高度 h 一般情况下为梁跨度 L 的 $1/12 \sim 1/8$。

（3）楼板厚度 b 一般情况下为板跨度 L 的 $1/18 \sim 1/12$。

（4）梁、板、柱（包括现浇层）混凝土强度等级不应低于 C20。

2. 预制装配整体式楼盖的构件连接应满足以下要求：

1）预制板

（1）预制板之间的预留缝宽取 40～60mm，板支承处应设高强度等级坐浆。

（2）板缝内应放置竖向钢筋网片。

（3）预制板上应打毛或做成 4～6mm 的凹凸人工粗糙面，其上浇捣混凝土整浇层，整浇层厚度不小于 80mm。

（4）整浇层内应配置双向钢筋网，预制板端处整浇层应按计算配置负筋（连续板），预制板端伸出钢筋互相搭接。

（5）板与板顶端的空档距离不宜小于梁腹板宽度，以保证与整浇层形成 T 形截面。

2）梁柱连接节点

（1）梁柱连接节点应做成刚性节点。

（2）主梁宜做成叠合梁，并与整浇层形成 T 形截面。

（3）梁端与柱间（预制长柱时）缝隙宽大于 100mm，并应用比梁、柱混凝土强度等级高一级的细石混凝土浇筑，缝内配置构造钢筋。

（4）梁端负筋与柱内预留短筋应采用焊接连接，或连续通过柱内（当预制短柱和现浇柱时）。

3）梁、梁连接节点

（1）次梁宜放置在主梁的挑耳（或钢挑耳）上，用钢板连接，次梁与主梁连接处留有 30mm 以上缝隙，灌以细石混凝土。

（2）次梁应浇筑成连续梁，次梁端负筋应在主梁上部连续通过或进行焊接。

3. 动力设备在楼盖上的布置应符合下列规定：

（1）动力设备宜布置在楼盖梁上，不应布置在独立的板块上，以免引起板的高阶振动；

（2）上下往复运动设备应布置在结构的竖向构件附近；

（3）水平往复运动设备宜布置在跨中，并应使振动荷载沿梁轴向作用，以将设备振动荷载与结构刚度协调，降低结构振动响应。

4. 当设备布置在单根梁上时，应采取措施避免梁产生扭转振动。

5. 楼盖上的动力设备不应与主体结构竖向构件直接连接，以降低振动作用的直接传递。

6. 结构楼盖自振频率与振动荷载频率接近时，应采取措施调整楼盖结构的自振频率，也可对动力设备采用隔振、减振措施。调整结构楼盖自振频率，可采取调整主梁跨度、调整主次梁布置、调整主次梁及楼板截面或调整主次梁边界约束条件等措施，也可采取增加刚性支撑、加强楼盖刚度等方法。

三、隔振与减振措施

工业建筑结构经合理设计后，若振动仍不能满足设备的容许振动标准或结构承载力要求时，动力设备应采取隔振、减振措施或对建筑结构本身采取减振措施。

1. 动力设备隔振可采用钢弹簧隔振器、橡胶隔振器、橡胶空气弹簧隔振器、钢丝绳隔振器以及金属橡胶隔振器等。由隔振器与振源设备或防振设备连接构成的物理系统即为隔振系统。隔振系统可分为单级隔振系统、双级隔振系统和浮筏隔振系统。其中，双级隔振系统相比单级隔振系统具有更好的隔振效果，浮筏隔振系统是一种特殊的新型双级隔振系统，在对多个动力设备同时进行隔振时，效果更佳。

2. 动力设备减振可采用动力吸振技术、黏弹性阻尼技术以及颗粒阻尼技术等。动力吸振器，又称调谐质量阻尼器，可使施加到动力设备上的动力与激振力抵消，抑制动力设备振动，该技术具有结构简单、安装和维护方便等优点，但减振频带相对较窄。黏弹性阻尼技术通过对动力设备附加黏弹性材料来增加设备阻尼，从而控制设备振动，该技术具有结构简单、安装和维护方便、中高频减振效果好等优点，但黏弹性材料的阻尼特性对温度敏感，会受高温而老化。颗粒阻尼技术利用颗粒与动力设备间的碰撞和摩擦效应，以及颗粒之间的碰撞和摩擦效应，实现对设备的振动控制，该技术兼具冲击阻尼和摩擦阻尼的综合效应，具有减振频带宽、系统运动稳定性好、可在极端恶劣条件下（高温、极寒、高压、油污以及酸碱腐蚀等）工作等优点。

3. 对于大型回转设备或大型冲击设备，可采用金属弹簧隔振器加阻尼器的组合方式进行振动控制；金属弹簧隔振器采用钢制圆柱螺旋弹簧，阻尼器采用黏滞阻尼器。

4. 针对工业建筑结构本身的振动控制，可通过安装消能部件实现。消能部件由消能器及斜撑、墙体等支承构件组成。消能器可采用速度相关型、位移相关型或复合型。速度相关型消能器包括黏滞消能器和黏弹性消能器；位移相关型消能器包括屈曲约束支撑、剪切钢板消能器等。消能部件需要通过结构的变形才能发挥减振作用，因此，该技术适用于钢筋混凝土和钢结构等具有一定延性的结构。对脆性结构（如无筋砖柱工业建筑），通常不能直接采用该技术。消能部件主要用于提高工业建筑结构的抗振能力，不宜承受结构自重，仅提供抗侧力，宜在结构施工完成后安装。消能部件一般安装于工业建筑结构的柱间。部分消能器在增加结构阻尼的同时，也增加结构刚度，结构宜沿主轴方向合理布设，避免偏心扭转效应。对于动力设备引起的大厚度楼板高频振动问题，可采用动力吸振器进行振动控制。

5. 为使工业建筑结构的振动满足精密仪器的容许振动标准，宜对不同干扰频率，采用不同的隔振方式。当外界振源干扰频率大于15Hz时，可采用橡胶隔振器；当外界振源干扰频率小于8Hz时，可采用钢弹簧隔振器，当阻尼不足时，要另加阻尼器。当外界振源既有高频又有低频时，除采用钢弹簧隔振或钢弹簧隔振器和阻尼器组合使用外，也可采用空气弹簧隔振器。

6. 当振源设备较少、振动干扰较大、影响范围较广、精密设备较多或比较集中时，通常采取对振源设备隔振；反之，当振源设备较多、振动干扰范围较大，而精密设备较少时，通常对受振精密设备采取隔振措施。必要时，可对振动大的振源设备和容许振动要求高的受振设备同时进行隔振，使其满足振动控制要求。

第四节　工程实例

［实例1］某四层织造工业建筑

某四层织造工业建筑，结构形式为现浇钢筋混凝土框架-抗震墙结构，仅一、二层有动力设备，转速188r/min（扰频为188/60 = 3.13Hz），二层水平向动荷载幅值为62.1kN，层间水平刚度分别为$k_1 = 7436280$kN/m、$k_2 = k_3 = 8733600$kN/m、$k_4 = 10819800$kN/m，各层质量分别为$m_1 = 2610$kNs²/m、$m_2 = m_3 = 2420$kNs²/m、$m_4 = 1510$kNs²/m。

根据式(5-2-7)、式(5-2-8)，可得：

$$\begin{cases} c_1 = 1 + \dfrac{k_2}{k_1} - \dfrac{m_1}{k_1}\omega^2 \\ c_2 = 1 + \dfrac{k_3}{k_2} - \dfrac{m_2}{k_2}\omega^2 \\ c_3 = 1 + \dfrac{k_4}{k_3} - \dfrac{m_3}{k_3}\omega^2 \\ c_4 = 1 + \dfrac{k_5}{k_4} - \dfrac{m_4}{k_4}\omega^2 \\ a_0 = c_1 c_2 c_3 c_4 - \left(\dfrac{k_4}{k_3}c_2 c_1 + \dfrac{k_3}{k_2}c_4 c_1 + \dfrac{k_2}{k_1}c_4 c_3 \right) + \dfrac{k_4}{k_3} \cdot \dfrac{k_2}{k_1} \end{cases}$$

将 k_1、k_2、k_3、k_4、k_5、m_1、m_2、m_3、m_4、a_0 代入上式, 其中 $k_5 = 0$、$a_0 = 0$, 可得:

$$\begin{cases} c_1 = 2.17 - 3.51 \times 10^{-4}\omega^2 \\ c_2 = 2.00 - 2.77 \times 10^{-4}\omega^2 \\ c_3 = 2.24 - 2.77 \times 10^{-4}\omega^2 \\ c_4 = 1.00 - 1.40 \times 10^{-4}\omega^2 \\ c_1 c_2 c_3 c_4 - (1.24 c_2 c_1 + c_4 c_1 + 1.17 c_4 c_3) + 1.46 = 0 \end{cases}$$

解上式, 可得:

$$\begin{cases} \omega_1^2 = 481 \\ \omega_2^2 = 4000 \\ \omega_3^2 = 9500 \\ \omega_4^2 = 14600 \end{cases}$$

则 4 个自振频率分别为:

$$\begin{cases} f_1 = 3.49\text{Hz} \\ f_2 = 10.07\text{Hz} \\ f_3 = 15.52\text{Hz} \\ f_4 = 19.24\text{Hz} \end{cases}$$

将上述结果代入式(5-2-8), 得 4 个振型分别为:

$$\begin{cases} A_1 = (a_{11}, a_{21}, a_{31}, a_{41}) = (0.429, 0.729, 0.933, 1.0) \\ A_2 = (a_{12}, a_{22}, a_{32}, a_{42}) = (-1.090, -0.735, 0.440, 1.0) \\ A_3 = (a_{13}, a_{23}, a_{33}, a_{43}) = (1.024, -1.090, -0.330, 1.0) \\ A_4 = (a_{14}, a_{24}, a_{34}, a_{44}) = (-0.220, 0.605, -1.044, 1.0) \end{cases}$$

按式(5-2-28), 计算各振型的折算质量:

$$\bar{m}_1 = m_1 a_{11}^2 + m_2 a_{21}^2 + m_3 a_{31}^2 + m_4 a_{41}^2 = 5383\text{kN} \cdot \text{s}^2/\text{m}$$
$$\bar{m}_2 = m_1 a_{12}^2 + m_2 a_{22}^2 + m_3 a_{32}^2 + m_4 a_{42}^2 = 6387\text{kN} \cdot \text{s}^2/\text{m}$$
$$\bar{m}_3 = m_1 a_{13}^2 + m_2 a_{23}^2 + m_3 a_{33}^2 + m_4 a_{43}^2 = 7386\text{kN} \cdot \text{s}^2/\text{m}$$
$$\bar{m}_4 = m_1 a_{14}^2 + m_2 a_{24}^2 + m_3 a_{34}^2 + m_4 a_{44}^2 = 5160\text{kN} \cdot \text{s}^2/\text{m}$$

本例仅二层有水平向动荷载, 幅值为62.1kN, 因此, $F_{v1} = 62.1\text{kN}$、$F_{v2} = F_{v3} = F_{v4} = 0$。按式(5-2-29)计算, 可得:

$$\bar{F}_{v1} = F_{v1} a_{11} + F_{v2} a_{21} + F_{v3} a_{31} + F_{v4} a_{41} = 26.6\text{kN}$$
$$\bar{F}_{v2} = F_{v1} a_{12} + F_{v2} a_{22} + F_{v3} a_{32} + F_{v4} a_{42} = -67.7\text{kN}$$

$$\bar{F}_{v3} = F_{v1}a_{13} + F_{v2}a_{23} + F_{v3}a_{33} + F_{v4}a_{43} = 63.6\text{kN}$$

$$\bar{F}_{v4} = F_{v1}a_{14} + F_{v2}a_{24} + F_{v3}a_{34} + F_{v4}a_{44} = -13.7\text{kN}$$

按式(5-2-30)，振型i的折算荷载幅值$\bar{F}_{vi}$作为静力作用下，折算体系产生的静位移：

$$Y_1^s = \bar{F}_{v1}/(\bar{m}_1\omega_1^2) = 1.03 \times 10^{-5}\text{m} = 10.3\mu\text{m}$$

$$Y_2^s = \bar{F}_{v2}/(\bar{m}_2\omega_2^2) = -2.65 \times 10^{-6}\text{m} = -2.65\mu\text{m}$$

$$Y_3^s = \bar{F}_{v3}/(\bar{m}_3\omega_3^2) = 9.1 \times 10^{-7}\text{m} = 0.91\mu\text{m}$$

$$Y_4^s = \bar{F}_{v4}/(\bar{m}_4\omega_4^2) = -1.8 \times 10^{-7}\text{m} = -0.18\mu\text{m}$$

阻尼比$\xi = 0.05$，织机转速188r/min，$\theta = 2\pi \times 188/60 = 19.7$，按式(5-2-31)计算动力系数：

$$\beta_1 = 1/\sqrt{\left(1 - \theta^2/\omega_1^2\right)^2 + \left(2\xi\theta/\omega_1\right)^2} = 4.69$$

$$\beta_2 = 1/\sqrt{\left(1 - \theta^2/\omega_2^2\right)^2 + \left(2\xi\theta/\omega_2\right)^2} = 1.11$$

$$\beta_3 = 1/\sqrt{\left(1 - \theta^2/\omega_3^2\right)^2 + \left(2\xi\theta/\omega_3\right)^2} = 1.04$$

$$\beta_4 = 1/\sqrt{\left(1 - \theta^2/\omega_4^2\right)^2 + \left(2\xi\theta/\omega_4\right)^2} = 1.03$$

按式(5-2-32)计算滞后角：

$$\tan\varepsilon_1 = (2\xi\theta/\omega_1)/(1 - \theta^2/\omega_1^2) = 0.465, \quad \varepsilon_1 = 24.9°$$

$$\tan\varepsilon_2 = (2\xi\theta/\omega_2)/(1 - \theta^2/\omega_2^2) = 0.035, \quad \varepsilon_2 = 2.0°$$

$$\tan\varepsilon_3 = (2\xi\theta/\omega_3)/(1 - \theta^2/\omega_3^2) = 0.021, \quad \varepsilon_3 = 1.2°$$

$$\tan\varepsilon_4 = (2\xi\theta/\omega_4)/(1 - \theta^2/\omega_4^2) = 0.017, \quad \varepsilon_4 = 1.0°$$

按式(5-2-34)计算水平动位移（振幅）：

$$u_1 = \sqrt{\left(\sum_{i=1}^{4} B_{1i}^s \cos\varepsilon_i\right)^2 + \left(\sum_{i=1}^{4} B_{1i}^s \sin\varepsilon_i\right)^2}$$

$$= \sqrt{\left(\sum_{i=1}^{4} Y_i^s \beta_i a_{1i} \cos\varepsilon_i\right)^2 + \left(\sum_{i=1}^{4} Y_i^s \beta_i a_{1i} \sin\varepsilon_i\right)^2} = 24.6\mu\text{m}$$

$$u_2 = \sqrt{\left(\sum_{i=1}^{4} B_{2i}^s \cos\varepsilon_i\right)^2 + \left(\sum_{i=1}^{4} B_{2i}^s \sin\varepsilon_i\right)^2}$$

$$= \sqrt{\left(\sum_{i=1}^{4} Y_i^s \beta_i a_{2i} \cos\varepsilon_i\right)^2 + \left(\sum_{i=1}^{4} Y_i^s \beta_i a_{2i} \sin\varepsilon_i\right)^2} = 36.1\mu\text{m}$$

$$u_3 = \sqrt{\left(\sum_{i=1}^{4} B_{3i}^s \cos\varepsilon_i\right)^2 + \left(\sum_{i=1}^{4} B_{3i}^s \sin\varepsilon_i\right)^2}$$

$$= \sqrt{\left(\sum_{i=1}^{4} Y_i^s \beta_i a_{3i} \cos\varepsilon_i\right)^2 + \left(\sum_{i=1}^{4} Y_i^s \beta_i a_{3i} \sin\varepsilon_i\right)^2} = 43.7\mu\text{m}$$

$$u_4 = \sqrt{\left(\sum_{i=1}^{4} B_{4i}^{s} \cos \varepsilon_i\right)^2 + \left(\sum_{i=1}^{4} B_{4i}^{s} \sin \varepsilon_i\right)^2}$$

$$= \sqrt{\left(\sum_{i=1}^{4} Y_i^{s} \beta_i a_{4i} \cos \varepsilon_i\right)^2 + \left(\sum_{i=1}^{4} Y_i^{s} \beta_i a_{4i} \sin \varepsilon_i\right)^2} = 46.2\mu m$$

[实例2] 某二层织造工业建筑

某二层织造工业建筑，楼盖结构形式为现浇框架结构，柱网尺寸为7.5m×7.5m，主梁截面450mm×1250mm；次梁截面250mm×700mm，次梁跨度7.5m，次梁间距2.5m；楼板厚120mm；混凝土强度等级 C30，阻尼比 0.05。建筑面层厚25mm，楼面等效活荷载3kN/m²。织机转速180r/min，扰力F_{v1}～F_{v5}均为3kN，分布详见图5-4-1，求第三跨跨中动位移。

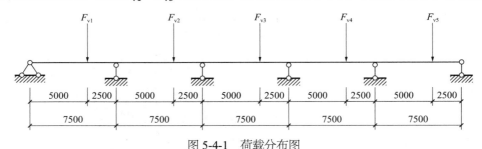

图 5-4-1 荷载分布图

主梁截面450mm×1250mm，$I = 0.073m^4$，次梁截面250mm×700mm，$I = 0.0071m^4$，主梁惯性矩是次梁惯性矩的 10 倍，主梁在振动荷载作用下的静挠度小于次梁在振动荷载作用下静挠度的1/10，因此，主梁可视为次梁的刚性支座；织机转速180r/min，扰频3Hz，而楼盖的第一阶频率一般大于3Hz，因此，主次梁节点可采用铰接模型。根据竖向振动简化计算模型和梁端支座假定，本例的楼盖竖向振动计算可采用两端简支刚性支座的单跨梁模型。计算简图如图5-4-2所示。

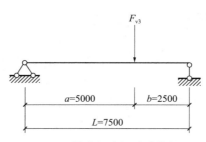

图 5-4-2 楼盖竖向振动计算简图

单跨梁取 T 形截面，翼缘宽 = 次梁宽 +12倍板厚 = 0.25 + 12 × 0.12 = 1.69m，惯性矩 $I = 0.015m^4$；混凝土强度等级为C30，弹性模量$E = 3.0 × 10^7 kN/m^2$。单跨梁跨度$L = 7.5m$，单位质量$\bar{m} = 2.03 kN \cdot s^2/m^2$。

按式(5-2-43)计算竖向自振频率：

$$\omega_1 = \frac{\pi^2}{L^2}\sqrt{\frac{EI}{\bar{m}}} = \frac{\pi^2}{7.5^2}\sqrt{\frac{3.0 × 10^7 × 0.015}{2.03}} = 82.61 rad/s$$

则其竖向基频为13.15Hz。

根据式(5-2-107)，将振动荷载F_{v3}的幅值作为静荷载作用于单跨简支梁上，跨中产生的静竖向位移为：

$$u_0 = \frac{F_{v3}b(3L^2 - 4b^2)}{48EI} = \frac{3 \times 2.5(3 \times 7.5^2 - 4 \times 2.5^2)}{48 \times 3.0 \times 10^7 \times 0.015} = 4.99 \times 10^{-5}\text{m} = 49.9\mu\text{m}$$

阻尼比$\xi = 0.05$，扰频$\theta = 18.85$，按式(5-2-106)计算动力系数：

$$\beta = \frac{1}{\sqrt{\left(1 - \frac{\theta^2}{\omega^2}\right)^2 + \left(2\xi\frac{\theta}{\omega}\right)^2}} = \frac{1}{\sqrt{\left(1 - \frac{18.85^2}{82.61^2}\right)^2 + \left(2 \times 0.05 \times \frac{18.85}{82.61}\right)^2}} = 1.055$$

竖向动位移（振幅）：$u = u_0\beta = 1.055 \times 49.9 = 52.6\mu\text{m}$。

[实例3] 某三层织造工业建筑

某三层织造工业建筑，结构体系为现浇钢筋混凝土框架-抗震墙结构，楼盖为主次梁结构形式。柱网7.5m×7.5m，纵向（X方向）5 跨，横向（Z方向）4 跨，竖向（Y方向）三层层高均为 6m，总高18m。混凝土强度等级 C30，结构平面布置见图 5-4-3。各楼层结构构件截面尺寸见表 5-4-1。

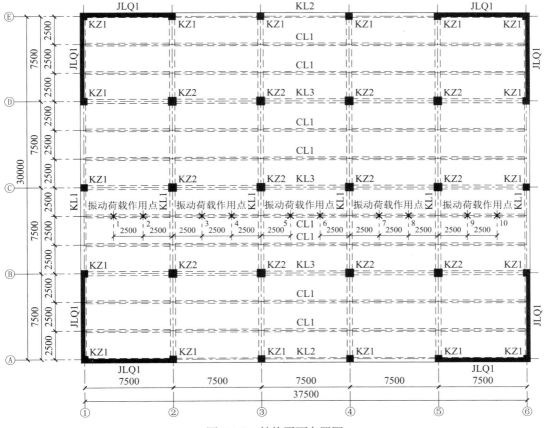

图 5-4-3　结构平面布置图

各楼层结构构件截面尺寸一览表 表 5-4-1

楼层		6.0m 层	12.0m 层	18.0m 层
框架柱（mm×mm）	KZ1	600×600	600×600	600×600
	KZ2	700×700	700×700	700×700
剪力墙厚（mm）	JLQ1	350	350	350
框架梁（mm×mm）	KL1	450×1200	450×1200	450×1000
	KL2	400×700	400×700	400×600
	KL3	350×700	350×700	350×600
次梁（mm×mm）	CL1	250×700	250×700	250×600
楼板厚（mm）		120	120	120

各楼层均布置有设备，对该实例进行振动分析时，假设仅 12.0m 层的 10 台设备（型号相同）处于运行状态，振动荷载作用点位于图 5-4-3 所示的 1～10 点处，振动荷载值见表 5-4-2。各楼层均布恒荷载仅考虑建筑面层的荷载；各楼层的设备重量统一折算为均布荷载，与操作荷载合并后，按均布活荷载考虑，振动分析时计入准永久值系数进行组合。各楼层荷载值见表 5-4-2。

各楼层荷载值一览表 表 5-4-2

楼层		6.0m 层	12.0m 层	18.0m 层
恒荷载（kN/m²）		0.5	0.5	2.5
活荷载	荷载值（kN/m²）	6	6	2
	准永久值系数	0.8	0.8	0.4
振动荷载（作用点 1～10 的值均相同）	X向：F_{vx}（kN）	—	1.5	—
	Y向：F_{vy}（kN）	—	3	—
	Z向：F_{vz}（kN）	—	3	—
	转速（r/min）	—	200	—

根据上述条件，对该工业建筑进行振动有限元分析，计算结构的自振频率和振动位移。采用通用结构分析软件 STAAD PRO 进行整体建模和动力分析。将梁、柱、板、剪力墙按实际情况建立整体模型，将楼板、剪力墙划分成板单元，将柱底节点、剪力墙板单元底节点设为固定支座。结构构件均采用 C30 混凝土，材料特性为：弹性模量 $3.0×10^7$ kN/m²，密度 25kN/m³，泊松比 0.2，剪切模量 $1.25×10^7$ kN/m²，阻尼比 0.05。时程函数按简谐函数（正弦）定义，质量按 X、Y、Z 三向同时输入，其中，均布活荷载应计入准永久值系数。振动荷载按方向、时程函数类型、大小进行输入。选择合适的振型数，确保三个方向的质量参与系数总和达到 90%。结构三维计算模型见图 5-4-4。

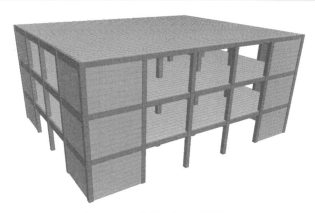

图 5-4-4　结构三维计算模型

工业建筑结构的前 100 阶主振型自振频率见表 5-4-3，各楼层最大振动位移见表 5-4-4，振动荷载作用点处最大振动位移见表 5-4-5。

前 100 阶主振型自振频率　　　　　　　　　表 5-4-3

振型	1	2	3	4	5	6	7	8	9	10
频率（Hz）	4.616	4.65	8.313	10.799	11.398	11.872	12.103	12.179	12.468	12.766
振型	11	12	13	14	15	16	17	18	19	20
频率（Hz）	13.147	13.195	13.361	13.533	13.82	13.953	14.179	14.348	14.436	14.468
振型	21	22	23	24	25	26	27	28	29	30
频率（Hz）	14.65	14.849	14.981	15.055	15.229	15.258	15.403	15.47	15.626	15.628
振型	31	32	33	34	35	36	37	38	39	40
频率（Hz）	15.638	15.729	15.812	15.853	15.865	15.992	16.006	16.044	16.057	16.172
振型	41	42	43	44	45	46	47	48	49	50
频率（Hz）	16.19	16.204	16.25	16.273	16.361	16.436	16.439	16.524	16.676	16.769
振型	51	52	53	54	55	56	57	58	59	60
频率（Hz）	16.891	16.91	17.154	17.239	17.307	17.462	17.53	17.705	17.706	18.036
振型	61	62	63	64	65	66	67	68	69	70
频率（Hz）	18.042	18.049	18.273	18.313	18.44	18.513	18.531	18.759	19.019	19.118
振型	71	72	73	74	75	76	77	78	79	80
频率（Hz）	19.342	19.414	19.425	19.742	19.756	19.915	19.932	20.074	20.186	20.286
振型	81	82	83	84	85	86	87	88	89	90
频率（Hz）	20.388	20.554	20.614	20.634	20.763	20.99	21.079	21.147	21.416	21.455
振型	91	92	93	94	95	96	97	98	99	100
频率（Hz）	21.57	21.639	21.659	21.707	21.865	21.895	22.021	22.157	22.281	22.299

| | 各楼层最大振动位移 | 表 5-4-4 | |
楼层	X（μm）	Y（μm）	Z（μm）
6.0m 层	3.55	4.2	7.04
12.0m 层	11.08	42.11	19.92
18.0m 层	13.19	6.22	22.88

| | 振动荷载作用点处最大振动位移 | 表 5-4-5 | |
作用点位置	X（μm）	Y（μm）	Z（μm）
1	9.02	42.11	15.2
2	10.87	40.65	16.3
3	9.0	36.48	18.1
4	10.55	36.32	18.72
5	8.9	37.23	19.32
6	10.55	37.05	19.28
7	8.97	36.47	18.59
8	10.58	36.29	17.93
9	8.82	40.78	16.23
10	10.72	42.03	15.2

[实例 4] 某钢筋混凝土三层工业建筑

某钢筋混凝土三层工业建筑，结构平面和竖向布置规则，结构质量及刚度分布均匀，楼盖为整体式现浇，结构质心与刚心基本重合，偏心距可忽略。结构二层楼盖自重 $G_1 =$ 5000kN，转动惯量 $J_1 = 53146$t·m；三层楼盖自重 $G_2 = 5000$kN，转动惯量 $J_1 = 53146$t·m；屋盖自重 $G_3 = 5000$kN，转动惯量 $J_1 = 53146$t·m。控制点与质心的 X 向距离为 $x_{max} = 20$m，Y 向距离为 $y_{max} = 12$m。建筑结构 X 向三阶平动自振频率分别为：1.5Hz，5.0Hz，8Hz；三阶扭转自振频率分别为：3.0Hz，6.0Hz，9.0Hz。三阶平动和扭转振型向量分别为：

$$X_1 = \begin{bmatrix} 1 \\ 0.85 \\ 0.4 \end{bmatrix}, \ X_2 = \begin{bmatrix} 1 \\ -0.2 \\ -0.8 \end{bmatrix}, \ X_3 = \begin{bmatrix} 1 \\ -1.2 \\ 0.8 \end{bmatrix}, \ T_1 = \begin{bmatrix} 1 \\ 0.8 \\ 0.35 \end{bmatrix}, \ T_2 = \begin{bmatrix} 1 \\ -0.1 \\ -0.7 \end{bmatrix}, \ T_3 = \begin{bmatrix} 1 \\ -1.1 \\ 0.9 \end{bmatrix}。$$

两台设备动荷载沿结构 X 方向作用，设备 1 作用力为 2kN，频率 2Hz，作用于二层，距离二层质心 Y 方向的距离为 10m；设备 2 作用力为 2.5kN，作用于三层，距离三层质心 Y 方向的距离为 8m，频率为 4.5Hz，见图 5-4-5。求动荷载在各层控制点的等效作用。

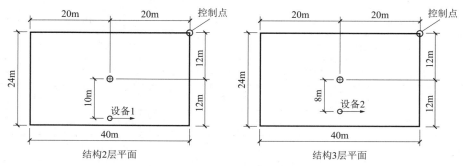

图 5-4-5 结构平面布置

由于设备布置偏心，需考虑结构的扭转振型，因此，需考虑两阶平动与两阶扭转，共4阶振型。两台设备的作用效应先分别计算，再进行组合。

设备 1 的扰力频率 $f_e = 2$Hz，扫频区范围为 $1.4 \sim 2.6$Hz，结构一阶平动振型（1.5Hz）在扫频区范围内，扰力频率分别取：1.5Hz、2.0Hz 与 2.5Hz。此外，结构一阶扭转频率为 3.0Hz，不在扫频区范围内，且大于扫频区频率最大值，扰力频率可取计算扫频区最大值 2.6Hz。扰力的计算频率 f_e 应分别取 1.5Hz、2.0Hz、2.5Hz、2.6Hz。

扰力计算频率取 1.5Hz 时，作用于结构 4 阶振型上的折算荷载分别为：

$$\bar{F}_1 = \sum_{i=1}^{n} X_{1k}F_k = 0.4 \times 2000 + 0.85 \times 0 + 1.00 = 800\text{N}$$

$$\bar{F}_2 = \sum_{i=1}^{n} T_{1k}F_k = 0.35 \times 2000 \times 0 + 0.85 \times 0 \times 10 + 1.00 \times 0 \times 0 = 7\text{kN} \cdot \text{m}$$

$$\bar{F}_3 = \sum_{i=1}^{n} X_{2k}F_k = -0.8 \times 2000 - 0.2 \times 0 + 1.0 \times 0 = -1600\text{N}$$

$$\bar{F}_4 = \sum_{i=1}^{n} T_{2k}F_k = -0.7 \times 2000 \times 0 - 0.1 \times 0 \times 10 + 1.0 \times 0 = -14\text{kN} \cdot \text{m}$$

各阶振型的折算质量分别为：

$$\bar{m}_1 = \sum_{i=1}^{n} X_{1k}^2 m_k$$
$$= 0.4^2 \times 5000 \div 9.8 + 0.85^2 \times 5000 \div 9.8 + 1.0^2 \times 5000 \div 9.8 = 960.46\text{t}$$

$$\bar{m}_2 = \sum_{i=1}^{n} T_{1k}^2 J_k$$
$$= 0.35^2 \times 53146 + 0.8^2 \times 53146 + 1.0^2 \times 53146 = 93669.83\text{t} \cdot \text{m}$$

$$\bar{m}_3 = \sum_{i=1}^{n} X_{2k}^2 m_k$$
$$= -0.8^2 \times 5000 \div 9.8 + (-0.2)^2 \times 5000 \div 9.8 + 1.0^2 \times 5000 \div 9.8 = 857.14\text{t}$$

$$\bar{m}_4 = \sum_{i=1}^{n} T_{2k}^2 J_k$$
$$= (-0.7)^2 \times 53146 + (-0.1)^2 \times 53146 + 1.0^2 \times 53146 = 79719\text{t} \cdot \text{m}$$

各阶振型静位移为：

$$Y_1^s = \frac{\bar{F}_1}{\bar{m}_1(2\pi f_1)^2} = \frac{800}{960.46 \times (2 \times 3.14 \times 1.5)^2} = 9.377\mu\text{m}$$

$$Y_2^s = \frac{\bar{F}_2}{\bar{m}_2(2\pi f_2)^2} = \frac{7}{93669.83 \times (2 \times 3.14 \times 3.0)^2} = 2.10 \times 10^{-7}\text{rad}$$

$$Y_3^s = \frac{\bar{F}_3}{\bar{m}_3(2\pi f_3)^2} = \frac{-1600}{857.14 \times (2 \times 3.14 \times 5.0)^2} = -1.89 \times 10^{-4}\text{mm}$$

$$Y_4^s = \frac{\bar{F}_4}{\bar{m}_4(2\pi f_4)^2} = \frac{14}{79719 \times (2 \times 3.14 \times 6.0)^2} = -1.24 \times 10^{-7}\text{rad}$$

各阶振型的传递系数为：

$$\beta_1 = \frac{1}{\sqrt{\left(1 - f_e^2/f_1^2\right)^2 + 4\xi^2 f_e^2/f_1^2}}$$

$$= \frac{1}{\sqrt{(1 - 1.5^2/1.5^2)^2 + 4 \times 0.05^2 \times 1.5^2/1.5^2}} = 10$$

$$\beta_2 = \frac{1}{\sqrt{\left(1 - f_e^2/f_2^2\right)^2 + 4\xi^2 f_e^2/f_2^2}}$$

$$= \frac{1}{\sqrt{(1 - 1.5^2/3.0^2)^2 + 4 \times 0.05^2 \times 1.5^2/3.0^2}} = 1.33$$

$$\beta_3 = \frac{1}{\sqrt{\left(1 - f_e^2/f_3^2\right)^2 + 4\xi^2 f_e^2/f_3^2}}$$

$$= \frac{1}{\sqrt{(1 - 1.5^2/5.0^2)^2 + 4 \times 0.05^2 \times 1.5^2/5.0^2}} = 1.10$$

$$\beta_4 = \frac{1}{\sqrt{\left(1 - f_e^2/f_4^2\right)^2 + 4\xi^2 f_e^2/f_4^2}}$$

$$= \frac{1}{\sqrt{(1 - 1.5^2/6.0^2)^2 + 4 \times 0.05^2 \times 1.5^2/6.0^2}} = 1.07$$

各阶振型在各层控制点上产生的等效振动位移为：

$B_{11}^s = Y_1^s \beta_1 X_{11} = 9.38 \times 10 \times 0.4 = 37.51\mu m$
$B_{12}^s = Y_1^s \beta_1 X_{12} = 9.38 \times 10 \times 0.85 = 79.71\mu m$
$B_{13}^s = Y_1^s \beta_1 X_{13} = 9.38 \times 10 \times 1.0 = 93.77\mu m$

$B_{21}^s = Y_1^s \beta_2 T_{11} y_{max} = 2.10 \times 10^{-7} \times 1.33 \times 0.35 \times 12 = 1.18\mu m$
$B_{22}^s = Y_1^s \beta_2 T_{12} y_{max} = 2.10 \times 10^{-7} \times 1.33 \times 0.35 \times 12 = 2.69\mu m$
$B_{33}^s = Y_1^s \beta_2 T_{13} y_{max} = 2.10 \times 10^{-7} \times 1.33 \times 0.35 \times 12 = 3.36\mu m$

$B_{31}^s = Y_3^s \beta_3 X_{21} = -1.89 \times 10^{-4} \times 1.10 \times (-0.8) = 1.66\mu m$
$B_{32}^s = Y_3^s \beta_3 X_{22} = -1.89 \times 10^{-4} \times 1.10 \times (-0.2) = 0.42\mu m$
$B_{33}^s = Y_3^s \beta_3 X_{23} = -1.89 \times 10^{-4} \times 1.10 \times 1.0 = -2.08\mu m$

$B_{41}^s = Y_4^s \beta_4 T_{21} y_{max} = 1.24 \times 10^{-7} \times 1.07 \times (-0.7) \times 12 = 1.11\mu m$
$B_{42}^s = Y_4^s \beta_4 T_{22} y_{max} = 1.24 \times 10^{-7} \times 1.07 \times (-0.1) \times 12 = 0.16\mu m$
$B_{43}^s = Y_4^s \beta_4 T_{23} y_{max} = 1.24 \times 10^{-7} \times 1.07 \times 1.0 \times 12 = -1.58\mu m$

各阶振型的滞后角为：

$$\theta_1 = \arctan\left(\frac{2\xi f_e/f_1}{1 - f_e^2/f_1^2}\right) = \arctan\left(\frac{2 \times 0.05 \times 1.5 \div 1.5}{1 - 1.5^2 \div 1.5^2}\right) = 90°$$

$$\theta_2 = \arctan\left(\frac{2\xi f_e/f_2}{1 - f_e^2/f_2^2}\right) = \arctan\left(\frac{2 \times 0.05 \times 1.5 \div 3.0}{1 - 1.5^2 \div 3.0^2}\right) = 3.81°$$

$$\theta_3 = \arctan\left(\frac{2\xi f_e/f_3}{1-f_e^2/f_3^2}\right) = \arctan\left(\frac{2\times0.05\times1.5\div5.0}{(1-1.5^2\div5.0^2)}\right) = 1.89°$$

$$\theta_4 = \arctan\left(\frac{2\xi f_e/f_4}{(1-f_e^2/f_4^2)}\right) = \arctan\left(\frac{2\times0.05\times1.5\div6.0}{(1-1.5^2\div6.0^2)}\right) = 1.53°$$

各层控制点由各阶振型产生的X向振动位移为：

$$u_{1x} = \sqrt{\left(\sum_j B_{j1}^s \cos\theta_j\right)^2 + \left(\sum_j B_{j1}^s \sin\theta_j\right)^2} = 37.87\mu m$$

$$u_{2x} = \sqrt{\left(\sum_j B_{j2}^s \cos\theta_j\right)^2 + \left(\sum_j B_{j2}^s \sin\theta_j\right)^2} = 79.97\mu m$$

$$u_{3x} = \sqrt{\left(\sum_j B_{j3}^s \cos\theta_j\right)^2 + \left(\sum_j B_{j3}^s \sin\theta_j\right)^2} = 93.89\mu m$$

计算中包括扭转振型，会在控制点产生Y向振动，因此，还需计算控制点Y向上的等效动力位移。X向振型对Y向不产生影响，故只需考虑两阶扭转振型。

扭转振型的折算振型静位移已在X向计算，现只需计算扭转振型在控制点产生的位移，并进行组合：

$B_{21}^s = Y_2^s \beta_2 T_{11} x_{max} = -4.73\times10^{-4}\times1.0478\times0.35\times20 = 1.96\mu m$
$B_{22}^s = Y_2^s \beta_2 T_{12} x_{max} = -4.73\times10^{-4}\times1.0478\times0.8\times20 = 4.48\mu m$
$B_{23}^s = Y_2^s \beta_2 T_{13} x_{max} = -4.73\times10^{-4}\times1.0478\times1.0\times20 = 5.60\mu m$
$B_{41}^s = Y_4^s \beta_4 T_{21} = 1.24\times10^{-7}\times1.07\times(-0.7)\times10 = 1.84\mu m$
$B_{42}^s = Y_4^s \beta_4 T_{22} = 1.24\times10^{-7}\times1.07\times(-0.1)\times10 = 0.26\mu m$
$B_{43}^s = Y_4^s \beta_4 T_{23} = 1.24\times10^{-7}\times1.07\times1.0\times10 = -2.64\mu m$

Y向3个楼层产生的位移幅值分别为：

$$u_{1y} = \sqrt{\left(\sum_j B_{j1}^s \cos\theta_j\right)^2 + \left(\sum_j B_{j1}^s \sin\theta_j\right)^2} = 3.80\mu m$$

$$u_{2y} = \sqrt{\left(\sum_j B_{j2}^s \cos\theta_j\right)^2 + \left(\sum_j B_{j2}^s \sin\theta_j\right)^2} = 4.74\mu m$$

$$u_{3y} = \sqrt{\left(\sum_j B_{j3}^s \cos\theta_j\right)^2 + \left(\sum_j B_{j3}^s \sin\theta_j\right)^2} = 2.97\mu m$$

扰力计算频率f_e取2.0Hz时，按照相同方法，控制点X向位移幅值为：
$u_{1x} = 9.23\mu m$，$u_{2x} = 14.21\mu m$，$u_{3x} = 12.39\mu m$
控制点Y向位移幅值为：
$u_{1y} = 4.57\mu m$，$u_{2y} = 6.29\mu m$，$u_{3y} = 4.75\mu m$
当$f_e = 2.5Hz$时，同理可得控制点X向位移幅值：

$u_{1x} = 7.41\mu m$，$u_{2x} = 10.27\mu m$，$u_{3x} = 7.70\mu m$

控制点Y向位移幅值：

$u_{1y} = 6.71\mu m$，$u_{2y} = 10.92\mu m$，$u_{3y} = 10.38\mu m$

当$f_e = 2.6Hz$时，同理可得控制点X向位移幅值：

$u_{1x} = 7.68\mu m$，$u_{2x} = 10.79\mu m$，$u_{3x} = 8.32\mu m$

控制点Y向位移幅值：

$u_{1y} = 7.65\mu m$，$u_{2y} = 13.06\mu m$，$u_{3y} = 13.07\mu m$

设备 1 造成的控制点X向位移取上述计算的最大值，即$f_e = 1.5Hz$的计算结果：

$u_{1x} = 37.82\mu m$，$u_{2x} = 79.92\mu m$，$u_{3x} = 93.86\mu m$

设备 1 造成的控制点Y向位移，取上述计算的最大值，即$f_e = 2.6Hz$的计算结果：

$u_{1y} = 7.65\mu m$，$u_{2y} = 13.06\mu m$，$u_{3y} = 13.07\mu m$

设备 2 的扰力频率$f_e = 4.5Hz$，扫频区范围 3.15～5.85Hz，结构二阶平动振型（5.0Hz）在扫频区范围内，扰力频率分别取：3.5Hz、4.0Hz、4.5Hz、5.0Hz、5.5Hz。此外，结构的扭转振型（3Hz、6Hz）均不在扰力的扫频区范围内，还需计算扫频区最大频率 5.58Hz 与最小频率 3.15Hz。所以，在对设备 2 进行振动计算时，扰力计算频率f_e应分别取 3.15Hz、3.5Hz、4.0Hz、4.5Hz、5.0Hz、5.5Hz、5.85Hz，进行结构振动计算。

按照与设备 1 相同的方式对各计算频率分别进行计算：

设备 2 造成的控制点X向位移（扰力频率$f_e = 3.15Hz$时）：

$u_{1x} = 16.76\mu m$，$u_{2x} = 36.44\mu m$，$u_{3x} = 44.10\mu m$

设备 2 造成的控制点Y向位移（扰力频率$f_e = 3.15Hz$时）：

$u_{1y} = 23.16\mu m$，$u_{2y} = 52.45\mu m$，$u_{3y} = 65.21\mu m$

当两个周期性荷载作用时，振动荷载作用效应组合值应取：

$$S_v = S_{v1} + S_{v2}$$

因此，控制点在两台设备作用下的X向位移为：

$u_{1x} = 54.58\mu m$，$u_{2x} = 116.36\mu m$，$u_{3x} = 137.96\mu m$

Y向位移为：

$u_{1y} = 30.81\mu m$，$u_{2y} = 65.51\mu m$，$u_{3y} = 78.28\mu m$

第六章 多层工业建筑楼盖微振动控制

第一节 一般规定

一、适用范围

本章适用于多层工业建筑在竖向振动荷载小于 600N 的中小型机床、制冷压缩机、电机、风机或水泵等设备作用下，楼盖结构竖向振动响应计算和振动控制设计。

通过对大量已建工程的调研统计分析，提出了不需要进行竖向振动计算的楼盖界限刚度的限值，即：当楼盖上设置加工表面粗糙度较粗的机床，且楼盖单位宽度的相对抗弯刚度不小于表 6-1-1 的规定时，可不做竖向振动计算。机床是"加工表面粗糙度较粗"的类型，不是精密机床，是指楼盖控制点合成振动速度峰值不大于 1.5mm/s 的情况。

楼盖单位宽度相对抗弯刚度 K_p（N/m³）　　　　　　　　表 6-1-1

楼盖横向跨数	板梁相对抗弯刚度比 α	机床分布密度（m²/台）		
		≤ 10	11～18	> 18
1	≤ 0.4	240	200	170
	0.8	280	220	180
	1.6	330	270	220
2	≤ 0.4	230	180	160
	0.8	270	200	180
	1.6	300	240	200
3	≤ 0.4	220	170	150
	0.8	260	200	170
	1.6	280	229	190

注：机床分布密度为机床布置区的总面积除以机床台数。

二、构件尺寸要求

基于微振动控制的特点，通过大量调研，现行国家标准《工业建筑振动控制设计标准》GB 50190 规定了楼盖梁、板的最小尺寸，供设计人员在确定设备布置、结构方案时使用。具体规定如下：

对于肋形楼盖，一般情况下次梁间距不大于 2m、板厚不小于 80mm，板的高跨比不大于 1/18，次梁的高跨比不大于 1/15，主梁的高跨比不大于 1/10；对于装配整体式楼盖，板厚不小于 50mm，现浇面层厚度不小于 60mm，板肋的高跨比不大于 1/20，主梁的高跨比不大于 1/10。根据工程经验，以上构件尺寸是满足多层工业建筑楼盖微振动控制的最小要求。

三、结构选型

合理的结构体系、结构布置和构造，合理选择地基和基础，均可有效减小振动的传递及其影响。

1. 地基基础

（1）多层精密工业建筑的地基宜选择在较坚硬的土层上，地基刚度大，可减小振源的振动，也可减小振动传递。尽量避免基础坐落在淤泥质黏土、地下水位高的地区，软弱地基刚度较小，会引起振源产生较大振动，在淤泥层地下水内，由于水的不可压缩性，振动衰减慢，传递很远，振动影响范围广。必要时，应对软弱地基采用复合地基处理或桩基，采用复合地基时，应按国家现行标准《建筑地基基础设计规范》GB 50007 和《建筑地基处理技术规范》JGJ 79 的有关规定进行荷载试验和地基变形验算。

（2）采用合理的基础形式，一般宜选择大块式基础，增加质量、扩大支承面积；以水平振动为主的振源设备，宜将扩大支承面积设在基础上部，起到止振板的作用；多台靠近设备振源，可组成联合式基础，提高基础的质量和地基刚度，对减小振动有利；对较差的地基，要采用筏板基础、桩基础，同样可起到减小振源振动及振动输出的作用。

（3）抗震设防烈度为 7 度、8 度地区，建筑物基础持力层范围内存在承载力特征值分别小于 80kPa、100kPa 的软弱黏土层时，应采用桩基或人工处理复合地基。

（4）防微振工业建筑同一结构单元的基础不宜埋置在不同类别的地基土上；不宜一部分采用天然地基，另一部分采用桩基础。

（5）精密设备及仪器的独立基础设计应符合下列要求：地面上设置的精密设备及仪器，基础底面应置于坚硬土层或基岩上。其他地质情况下，应采用桩基础或人工处理复合地基；精密设备及仪器受中低频振动影响敏感时，基础周围可不设隔振屏障；精密设备及仪器的基台宜采用防微振基台，基台采用框架式支承时，宜采用钢筋混凝土框架，台板宜采用型钢混凝土结构且厚度不宜小于 200mm，周边应设隔振缝。

2. 主体结构体系及布置

多层工业建筑一般有双跨、三跨，少数在三跨以上；层数多为两层至四层，少数高达六层；跨度一般为 6～12m；柱距一般为 4～9m（多为 6m）；层高应根据工艺要求确定。

（1）主体结构一般采用框架结构，也可采用框架及少量抗震墙结构。

（2）混凝土框架、抗震墙应在两个主轴方向均匀、对称设置，抗震墙中心宜与框架柱中心重合；混凝土抗震墙宜沿工业建筑全高贯通设置。

（3）合理设置结构缝和楼梯。当振源设备和精密设备相距较近时，可利用结构沉降缝、伸缩缝或防震缝隔开；也可将振源设备和精密设备布置在楼梯间两侧，利用楼梯间的局部刚度，减小振源振动的传递影响。

3. 地板及楼盖结构

（1）集成电路制造厂房前工序、液晶显示器制造厂房、纳米科技建筑及实验室应按防微振要求设置厚板式钢筋混凝土地面，当采用天然地基时，地面结构厚度不宜小于 500mm，地基土应夯压密实，压实系数不得小于 0.95；当采用桩基支承的结构地面时，地面结构厚度不宜小于 400mm，对于软弱土地区，不宜小于 500mm；对于欠固结土，宜采取防止桩间土与地面结构底部脱开的措施；当地面为超长混凝土结构时，不宜设置伸缩缝，可采用超长混凝土结构无缝设计措施。

（2）对于有抗微振要求的楼盖，目前常用现浇钢筋混凝土肋形楼盖或装配整体式钢筋混凝土结构。现浇钢筋混凝土肋形楼盖整体性能好，有利于抑制楼盖的振动；当柱距为 6m 时，楼盖竖向固有频率可达 18～22Hz，楼层振动衰减相对较慢。装配整体式钢筋混凝土结构整体性能也较好，其刚度一般比现浇楼盖小；当柱距为 6m 时，楼盖竖向固有频率在 15～20Hz 之间，比现浇混凝土楼盖低，装配式楼盖在支承处存在摩擦阻尼作用，楼层振动衰减比现浇楼盖快，对抗微振有利。

当楼盖采用次梁间距不大于 2m、板厚不小于 80mm 的肋形楼盖或采用预制槽板宽不大于 1.2m 的装配整体式楼盖时，梁和板截面最小尺寸应符合表 6-1-2 的规定。

梁和板的截面最小尺寸　　　　　　　　表 6-1-2

肋形楼盖		装配整体式楼盖			主梁高跨比
板高跨比	次梁高跨比	现浇面层厚度（mm）	肋板高跨比	板厚（mm）	
1/18	1/15	60	1/20	30	1/10

（3）适当提高楼层结构刚度，可有效提高楼层的第一固有频率密集区，另外，可在振源区或精密区，局部增设振动控制墙或支承结构，通过局部加强结构刚度，减小振源振动输出，或使受振设备减小振动输入。

4. 电子厂房结构特殊要求

（1）集成电路制造厂房前工序、液晶显示器件制造厂房、光伏太阳能制造厂房、纳米科技建筑及各类实验室等建筑宜采用小跨度柱网，工艺设备层平台宜采用钢筋混凝土结构。

（2）防微振工艺设备层平台的设计应符合下列要求：

①平台下的柱网尺寸应以 0.6m 为模数，跨度不宜大于 6m；

②平台宜采用现浇钢筋混凝土梁板式或井式楼盖结构，亦可采用钢框架组合楼板结构；

③混凝土平台的现浇梁、板、柱截面的最小尺寸宜符合表 6-1-3 的规定；

梁、板、柱截面的最小尺寸　　　　　　　　表 6-1-3

柱截面（mm）	主梁高跨比	梁板式楼盖		井式楼盖	
		板高跨比	次梁高跨比	板厚（mm）	次梁高跨比
600×600	1/8	1/20	1/12	150	1/15

④防微振工艺设备平台现浇华夫板次梁的间距为 1.2m 时，截面最小尺寸宜符合表 6-1-4 的规定；

华夫板截面的最小尺寸　　　　　　　　表 6-1-4

次梁高跨比	主梁高跨比	板厚（mm）	板开洞直径 d（mm）
1/10	1/8	180	≤300

⑤采用钢框架-组合楼板结构的防微振工艺设备层平台，次梁间距不宜大于 3.2m，钢梁、组合楼板截面的最小尺寸宜符合表 6-1-5 的规定；

钢梁、组合楼板截面的最小尺寸 表 6-1-5

次梁高跨比	主梁高跨比	板厚（mm）
1/18	1/12	250

⑥防微振工艺设备层平台华夫板的开孔率应满足洁净设计要求，不宜大于 30%。

（3）当建筑为超长混凝土结构时，不宜设置伸缩缝，而应采用超长混凝土结构无缝设计技术，并应采取降低温度伸缩应力的措施。

（4）根据防微振需要，可在平台下的部分柱间设置钢筋混凝土防微振墙，墙体宜纵横向对称布置，厚度不宜小于 250mm，墙体不宜开设孔洞。

（5）当屋盖多跨结构中柱与工艺设备层平台之间设缝时，非地震区的缝宽不应小于 50mm；地震区的缝宽不应小于 100mm，且应符合现行国家标准《建筑抗震设计规范》GB 50011 中防震缝的有关规定。

第二节　楼盖微振动计算

一、多层工业建筑楼盖振动特性

多层工业建筑动力特性参数是结构振动的基本问题，动力特性参数主要包括基频、频谱、阻尼、材料动弹性模量以及振动在工业建筑中的传递等。频谱中的基频密集区是结构振动影响的关键因素，其次是结构阻尼对抑制振动起到重要作用。材料动弹性模量随动应力的增大而增加，多层工业建筑中一般振动较小，动应力与材料应力值的比例不大，动弹性模量接近于静弹性模量。振动波在工业建筑内的传递速度，与结构材料的密集度和结构形式有关，是检验施工质量的一项指标。在这四个结构动力参数中，频率可通过计算或实测试验确定，而其他三个参数主要由实测试验确定。

1. 楼层竖向第一频率密集区

多层工业建筑的频谱密集，其中最重要的是第一固有频率密集区。多层框架结构楼盖的竖向第一固有频率可出现多个共振峰点，形成一个固有频率密集区，易与干扰频率产生共振，在计算振动影响时，要考虑不同峰值的共振影响。根据测试，第一频率密集区的频率峰值变化幅度大约在±15% 以内。

多层工业建筑水平固有频率较低，一般在 1～5Hz 之间；楼盖的竖向刚度相对较小，次梁间距不大时，梁板呈整体振动。柱距 6m 时，楼层竖向第一固有频率在 16～22Hz 之间；柱距 4m 时，由于楼盖次梁和板的断面变化不大，楼盖整体竖向刚度相对较大，竖向第一固有频率可达 25～30Hz，对小于 1500r/min 的干扰频率，易引起共振，对振动控制有利。

楼盖竖向第一固有频率引起的振动响应最大，而第二固有频率较高时，引起的振动幅值只有第一固有频率的 1/5～1/3，因此，一般可不考虑；只有当干扰频率与第二固有频率接近时，才适当考虑其影响，第三固有频率更高，振动幅值更小，甚至无法测到，可不考虑。

楼层竖向固有频率,局部刚度增大区域的柱边、墙边,梁上固有频率略增大 5%～10%,局部采取振动控制墙或加强支撑时,局部固有频率可增加 15%～20%。局部固有频率变化,可使振动在传递过程中,局部出现超前或滞后共振。

2. 阻尼的影响因素

结构阻尼是多层工业建筑的重要固有特性,多层工业建筑结构不可避免处于共振时,将起到关键共振抑制作用。钢筋混凝土结构具有良好的阻尼,阻尼比一般约为 0.05,随着结构形式、动荷载和动位移等参数变化,结构阻尼比大致在 0.04～0.1 之间。

(1)动荷载不同

动荷载主要有稳态和瞬态两种不同类型,瞬态振动荷载的时间很短,其振动能量尚未充分积累便很快消失,振动衰减很快,测得的阻尼比较大;而稳态荷载振动反复持久,其振动能量可充分积累,振动衰减较慢,测得的阻尼比较小。

(2)动位移不同

撞击或稳定的动荷载,以大小不同的扰力或撞击能量作用,产生不同的动位移,当动位移较大时,振动能量消耗较多,此时阻尼比会增大;反之,阻尼比减小。此外,振动传至远处或受振层,其阻尼比逐渐减小,最大下降 20%～30%。

(3)结构形式不同

钢结构工业建筑水平振动阻尼比为 0.01～0.03,钢筋混凝土结构工业建筑水平振动阻尼比约为 0.05。多层工业建筑结构一般有装配整体式和现浇整体式两种,装配整体式结构连续性较差,存在一定的摩擦作用,阻尼比可达 0.05～0.06;而现浇整体式结构楼层连续性好,阻尼比偏小,为 0.04～0.05。

3. 振动传递

根据以往实测经验,中小机床设备自重大多在 30～50kN,一般情况下扰力在 1.0kN 以下,引起楼盖的竖向振动大多数在 20μm 以下;楼盖振动引起水平振动较小,当楼层上竖向振动为 12～30μm 时,水平振动位移约为 3μm,是竖向振动的 1/4～1/10。因此,只要满足竖向振动,水平振动一般可满足要求。

多层工业建筑振动控制设计中,需要考虑楼层振源平面内的振动传递和楼层间的振动传递。

(1)楼层振源竖向振动在楼层平面内传递,通过梁、板支承构件的振动,在第一固有频率区与其静荷载变形相似,形成动态弯曲振动传递,其支承结构均处于弹性振动工作状态,使梁、板所有构件在振动过程中不会处于零振动状态,由于楼层竖向振动在楼层平面内传递主要发生在第一共振频率密集区,振动传递可按振动绝对值描绘成一个连续的波动衰减曲线,此时,梁的刚度大而板的刚度小,除振源作用的梁上振动比板中大以外,梁上的其他振动在传递方向均小于前一跨板中的振动,而板中的振动均大于两端支承梁的振动。

(2)楼层间的振动传递规律为梁中小而板中大,且振动量值随着距离的增加逐渐减小;振源振动向上传递衰减曲线要比振源向下传递振动衰减曲线慢。当地面振源振动通过基础向上传递时,由于土体阻尼衰减和振动吸收,受振层最大振动响应只有地面振源振动的5%～10%,而楼层振动通过柱子、基础向下传递时,地面最大振动只在楼层振源振动的 5%以内,通过基础时,由于地基刚度较大、上部存在压重以及楼层的弹性衰减和土体阻尼比较大,对振动传递起到很好的衰减和振动能量吸收作用。

（3）多层工业建筑的振动传递速度与结构类型和施工质量有关，一般现浇结构，振动传递速度可达 1200～1500m/s，装配整体结构为 800～1200m/s，施工质量较差，混凝土密度低，或楼层结构出现裂缝，振动传递速度小；反之，施工质量好，混凝土密度较高，其振动传递速度大。

4. 楼盖可不做竖向振动计算的条件

动力设备上楼后，楼盖振动计算非常复杂，大量调查统计表明：只要采用的梁板刚度不小于界限刚度，楼盖振动控制在容许范围内，不需对楼盖进行振动计算。

据统计，每台设备在生产区的占有面积可分为三类，即密集(小于 11m²/台)、一般（11～18m²/台）、稀疏（大于 18m²/台），所占比例为 18%、62% 和 20%。根据设备扰力和排列情况，按照最不利排列进行振动分析，当楼盖单位宽度的相对抗弯刚度不大于表 6-2-1 的规定值时，可不做竖向振动计算。

表 6-2-1

楼盖单位宽度的相对抗弯刚度（N/m²）

楼盖横向跨度	板梁相对抗弯刚度比α	机床分布密度（m²/台）		
		< 11	11～18	> 18
1	≤ 0.4	240	200	170
	0.8	280	220	180
	1.6	330	270	220
2	≤ 0.4	230	180	160
	0.8	270	200	180
	1.6	300	240	200
3	≤ 0.4	220	170	150
	0.8	260	200	170
	1.6	280	220	190

根据理论分析，如果上楼机床较少，机床应靠近主梁布置，板梁刚度比取 0.2 最经济；当上楼机床较多时，需均布在楼板上，此时，板梁刚度比以 1.6 最合理。据此，表 6-2-1 给出梁板相对抗弯刚度比较为经济的范围，中间值可线性插值得到。表中机床分布密度为机床布置区的总面积除以机床台数。楼盖的板梁相对抗弯刚度比，应按下式计算：

$$\alpha = \frac{E_p I_p}{cl^3} / \frac{EI}{l_y^4} \quad (6\text{-}2\text{-}1)$$

式中：α——板梁相对抗弯刚度比；

E——主梁的弹性模量（N·m²）；

E_p——次梁的弹性模量（N·m²）；

l——次梁的跨度（m）；

l_y——主梁的跨度（m）；

c——次梁间距（m）。

计算楼盖刚度时，截面惯性矩可按下列规定确定：

（1）现浇钢筋混凝土肋形楼盖中梁的截面惯性矩，宜按 T 形截面计算，其翼缘宽度应取梁的间距，但不应大于梁跨度的一半；

（2）装配整体式楼盖中预制槽形板的截面惯性矩，宜取包括现浇面层在内的预制槽形板的截面计算；

（3）装配整体式楼盖中主梁的截面惯性矩，宜按 T 形截面计算，其翼缘厚度宜取现浇面层厚度，翼缘宽度应取主梁间距，但不应大于主梁跨度的一半。

二、计算模型

将楼盖沿纵向视作彼此分开的多跨连续 T 形梁，当计算主梁上振动荷载作用点下的振动位移时，可将主梁视作 T 形梁来计算。因此，可将楼盖的振动计算简化为 T 形单跨或多跨连续梁。

楼盖竖向微振动简化计算模型应遵循以下原则：

（1）振动荷载作用在主梁或次梁上时，宜沿主梁或次梁方向将楼盖视为彼此分开的单跨或多跨连续 T 形梁；

（2）柱可作为主梁支座，主梁可作为次梁支座；

（3）当连续梁超过 5 跨时，可按 5 跨计算；

（4）楼盖的周边支承条件宜取简支。

三、楼盖第一频率密集区自振频率

楼盖第一频率密集区内的最低和最高自振频率宜按下列公式计算：

$$f_{1l} = \phi_l \sqrt{\frac{D}{\overline{m} l_0^4}} \qquad (6-2-2)$$

$$f_{1h} = \phi_h \sqrt{\frac{D}{\overline{m} l_0^4}} \qquad (6-2-3)$$

式中：f_{1l}——楼盖第一频率密集区内最低自振频率（Hz）；

f_{1h}——楼盖第一频率密集区内最高自振频率（Hz）；

$\overline{m}$——楼盖构件上单位长度的均匀质量（kg/m），当有集中质量时，换算为均布质量；

l_0——楼盖构件的跨度（m）；

ϕ_l、ϕ_h——自振频率系数，按表 6-2-2 确定。

自振频率系数

表 6-2-2

自振频率系数	梁的跨数				
	1	2	3	4	5
ϕ_l	1.57	1.57	1.57	1.57	1.57
ϕ_h	1.57	2.45	2.94	3.17	3.30

计算主梁时：

$$D = EI \qquad (6-2-4)$$

计算次梁或预制槽形板时：

$$D = E_p I_p \tag{6-2-5}$$

梁上同时具有均布质量 m_u 和集中质量 m_j 时，采用精确法计算该体系的自振频率和振型十分复杂，可近似采用"能量法"将集中质量换算成均布质量，求出该体系的自振频率和振型。对于同时具有均布质量 m_u 和集中质量 m_j 的梁，假定其振型曲线与具有均布质量 $\bar{m}$ 梁的振型曲线相同，将集中质量换算为均布质量。

集中质量可按下式换算成均布质量：

$$\bar{m} = m_u + \frac{1}{nl_0} \sum_{j=1}^{n} k_j m_j \tag{6-2-6}$$

式中：m_u——楼盖构件上单位长度的均布质量（kg/m）；

$\quad\quad m_j$——楼盖构件上的集中质量（kg）；

$\quad\quad n$——梁的跨数；

$\quad\quad k_j$——集中质量换算系数，按表 6-2-3 确定。

集中质量换算系数 k_j 表 6-2-3

跨度数	跨度序号	自振频率	α_j									
			0.0	0.10	0.20	0.30	0.40	0.50	0.60	0.70	0.80	0.90
1	1	f_{1l}	0.00	0.191	0.691	1.310	1.810	2.000	1.810	1.310	0.691	0.191
2	1	f_{1h}	0.00	0.311	1.070	1.863	2.267	2.088	1.456	0.720	0.208	0.018
	2	f_{1h}	0.00	0.018	0.208	0.720	1.456	2.088	2.267	1.863	1.070	0.311
3	1	f_{1h}	0.00	0.226	0.756	1.243	1.381	1.100	0.601	0.183	0.011	0.006
	2	f_{1h}	0.00	0.160	0.951	2.380	3.803	4.400	3.803	2.380	0.951	0.160
	3	f_{1h}	0.00	0.006	0.011	0.183	0.601	1.100	1.381	1.243	0.756	0.226
4	1	f_{1h}	0.00	0.164	0.540	0.863	0.913	0.670	0.312	0.062	0.000	0.018
	2	f_{1h}	0.00	0.192	1.044	2.440	3.646	3.903	3.046	1.639	0.504	0.046
	3	f_{1h}	0.00	0.457	0.504	1.639	3.046	3.903	3.646	2.440	1.044	0.192
	4	f_{1h}	0.00	0.018	0.000	0.062	0.312	0.670	0.913	0.863	0.540	0.164
5	1	f_{1h}	0.00	0.122	0.397	0.623	0.641	0.448	0.188	0.026	0.004	0.022
	2	f_{1h}	0.00	0.170	0.914	2.070	2.992	3.072	2.260	1.104	0.278	0.012
	3	f_{1h}	0.00	0.106	0.841	2.367	3.992	4.693	3.992	2.367	0.841	0.106
	4	f_{1h}	0.00	0.142	0.278	1.104	2.260	3.072	2.992	2.070	0.914	0.170
	5	f_{1h}	0.00	0.022	0.004	0.026	0.188	0.448	0.641	0.623	0.397	0.120

注：α_j 为第 j 个集中质量与本跨左边支座间的距离与 l_0 之比。

考虑到简化处理时，楼盖自振频率和位移计算将产生一定误差，因此计算连续梁第一密集区内最低和最高自振频率时需考虑 ±20% 的误差范围。因此，计算楼盖的竖向振动响应时，楼盖自振频率宜按下列公式计算：

$$f_1 = 0.8f_{1l} \qquad (6\text{-}2\text{-}7)$$
$$f_2 = 1.2f_{1h} \qquad (6\text{-}2\text{-}8)$$

式中：f_1——楼盖第一频率密集区内最低自振频率计算值（Hz）；

f_2——楼盖第一频率密集区内最高自振频率计算值（Hz）。

四、荷载作用楼层的楼盖竖向微振动位移

楼盖竖向微振动位移按下列公式计算：

1. 当$f_0 < f_1$时，可按下列公式计算：

$$u_0 = \phi\left(\frac{1-2\xi\eta_1}{1-2\xi}u_{\text{st}} + \frac{\eta_1-1}{1-2\xi}u_1\right) \qquad (6\text{-}2\text{-}9)$$

$$\eta_1 = \frac{1}{\sqrt{\left(1-\frac{f_0^2}{f_1^2}\right)^2 + \left(2\xi\frac{f_0}{f_1}\right)^2}} \qquad (6\text{-}2\text{-}10)$$

$$u_{\text{st}} = k_{\text{st}}\frac{Fl_0^3}{100D\varepsilon} \qquad (6\text{-}2\text{-}11)$$

$$u_1 = k_1\frac{Fl_0^3}{100D\varepsilon} \qquad (6\text{-}2\text{-}12)$$

$$\varepsilon = \frac{l_0}{3c} \qquad (6\text{-}2\text{-}13)$$

2. 当$f_1 \leqslant f_0 \leqslant f_{1l}$时，可按下式计算：

$$u_0 = \phi\frac{u_1}{2\xi} \qquad (6\text{-}2\text{-}14)$$

3. 当$f_{1l} < f_0 \leqslant f_2$时，可按下列公式计算：

$$u_0 = \phi\left[\eta_2 u_1 + \left(\frac{1}{2\xi}-\eta_2\right)u_2\right] \qquad (6\text{-}2\text{-}15)$$

$$\eta_2 = \frac{1}{2\xi}\cdot\frac{f_2-f_0}{f_2-f_1} \qquad (6\text{-}2\text{-}16)$$

$$u_2 = k_2\frac{Fl_0^3}{100D\varepsilon} \qquad (6\text{-}2\text{-}17)$$

式中：　u_0——振动荷载作用点处楼盖的竖向振动位移（m）；

u_{st}——振动荷载作用点处楼盖的静位移（m）；

f_0——振动荷载频率（Hz）；

F——振动荷载（N）；

u_1——振动荷载频率f_0与楼盖第一频率密集区最低自振频率计算值f_1相同，且不考虑动力系数η时的竖向振动位移（m）；

u_2——振动荷载频率f_0与楼盖第一频率密集区最高自振频率计算值f_2相同，且不考虑动力系数η时的竖向振动位移（m）；

k_{st}、k_1、k_2——位移计算系数；

ξ——楼盖阻尼比；

ε——空间影响系数，当计算主梁振动位移时，可取 1；

η_1、η_2——动力系数；

ϕ——振动荷载作用点位置修正系数，当振动荷载作用点位于主梁及三跨或两跨边跨的跨中板条上时，可取 1；当振动荷载作用点位于三跨中跨的跨中板条上时，可取 0.8；当振动荷载作用点位于单跨的跨中板条上时，可取 1.2。

位移计算系数 k_{st}、k_1、k_2 可按表 6-2-4 确定。

位移计算系数 k_{st}、k_1、k_2　　　　　　　　　表 6-2-4

计算简图	k_{st}			k_1			k_2		
	$\frac{x}{l}$			$\frac{x}{l}$			$\frac{x}{l}$		
	0.25	0.50	0.75	0.25	0.50	0.75	0.25	0.50	0.75
(单跨)	1.172	2.083	1.172	1.042	2.054	1.042	—	—	—
(两跨)	0.942	1.497	0.723	0.578	1.101	0.541	0.362	0.513	0.138
(三跨)	0.928	1.458	0.693	0.461	0.861	0.412	0.160	0.193	0.054
(三跨)	0.620	1.146	0.620	0.379	0.747	0.379	0.185	0.460	0.185
(四跨)	0.927	1.456	0.691	0.428	0.792	0.373	0.108	0.126	0.043
(四跨)	0.613	1.121	0.597	0.326	0.625	0.309	0.139	0.303	0.107
(五跨)	0.927	1.455	0.691	0.424	0.781	0.366	0.089	0.103	0.040

计算简图	k_{st}			k_1			k_2		
	$\dfrac{x}{l}$			$\dfrac{x}{l}$			$\dfrac{x}{l}$		
	0.25	0.50	0.75	0.25	0.50	0.75	0.25	0.50	0.75
(计算简图1)	0.612	1.119	0.595	0.312	0.590	0.286	0.110	0.228	0.082
(计算简图2)	0.590	1.096	0.590	0.269	0.523	0.269	0.107	0.268	0.107

当振动荷载不作用在跨中板条上时，作用点的竖向振动位移（图6-2-1）可按下列公式计算：

$$u'_{01} = 0.6u_{01} \tag{6-2-18}$$

$$u'_{02} = 0.65u_{02} \tag{6-2-19}$$

$$u'_{03} = 0.65u_{03} \tag{6-2-20}$$

$$u'_{04} = 0.70u_{04} \tag{6-2-21}$$

式中：u_{01}、u_{02}、u_{03}、u_{04}——跨中板条上各振动荷载作用点的竖向振动位移（m）；

u'_{01}、u'_{02}、u'_{03}、u'_{04}——跨中板条以外的各振动荷载作用点竖向振动位移（m）。

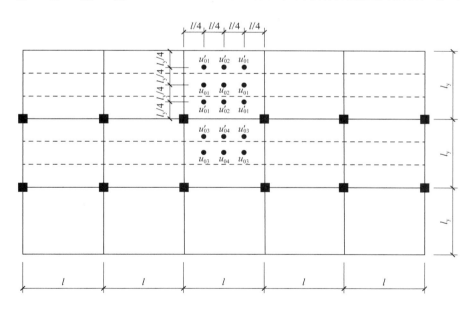

图6-2-1　振动荷载作用点平面位置图

计算楼盖竖向振动位移时，振动荷载频率可取楼盖第一频率密集区内的最低自振频率。

同一层楼盖上，振动荷载作用点以外各验算点的竖向振动位移可按下式计算：

$$u_r = \gamma u_0 \tag{6-2-22}$$

式中：u_r——同一楼层上振动荷载作用点以外各验算点的竖向振动位移（m）；

　　　γ——振动位移传递系数。

现行国家标准《工业建筑振动控制设计标准》GB 50190 给出了振动位移传递系数γ的简化计算方法。对于工业建筑跨数少于或等于 3 跨的现浇钢筋混凝土肋形楼盖或带现浇钢筋混凝土面层的预制槽形板楼盖，当板梁相对抗弯刚度比在 0.4～3.0 范围时，楼盖微振动位移传递系数简化计算方法如下：

1. 当$f_1 \leqslant f_0 \leqslant f_{1l}$时，应按下列规定计算：

1）当振动荷载作用点在梁中或板中、振动验算点也在梁中或板中时，振动位移传递系数可按下式计算：

$$\gamma = \gamma_1 \tag{6-2-23}$$

γ_1可按图 6-2-2 和表 6-2-5 确定。

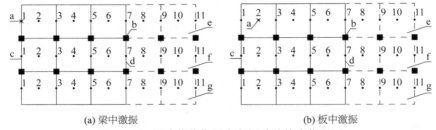

(a) 梁中激振　　　　　　　　　　　　　　(b) 板中激振

图 6-2-2　振动荷载作用点和振动验算点位置图

a—振动荷载作用点；b—柱；c—边端或中间主梁；d—主梁；e—本跨；f—邻跨；g—隔跨

振动位移传递系数γ_1　　　　　　　　　　　　　　表 6-2-5

振动荷载作用点位置	振动验算点所在跨	振动验算点位置						
		1	2	3	4	5	6	7
板中	本跨		1.00	$0.55 + 0.03\alpha$ $- 0.1\alpha^{-1}$	$0.50 + 0.02\alpha$ $- 0.12\alpha^{-1}$	$0.30 + 0.03\alpha$ $- 0.1\alpha^{-1}$	$0.18 + 0.04\alpha$	$0.05 + 0.03\alpha$
	邻跨		$0.30 + 0.08\alpha$	$0.20 + 0.08\alpha$	$0.15 + 0.08\alpha$	$0.08 + 0.05\alpha$	$0.06 + 0.05\alpha$	$0.04 + 0.02\alpha$
	隔跨		$0.12 + 0.06\alpha$	$0.10 + 0.05\alpha$	$0.08 + 0.05\alpha$	$0.06 + 0.04\alpha$	$0.04 + 0.04\alpha$	$0.03 + 0.01\alpha$
梁中	本跨	1.00	$0.90 + 0.2\alpha^{-1}$	$0.36 + 0.08\alpha$	$0.32 + 0.06\alpha$	$0.10 + 0.08\alpha$	$0.13 + 0.04\alpha$	$0.05 + 0.02\alpha$
	邻跨	0.75	$0.60 + 0.15\alpha^{-1}$	$0.29 + 0.06\alpha$	$0.27 + 0.05\alpha$	$0.10 + 0.06\alpha$	$0.10 + 0.04\alpha$	$0.03 + 0.02\alpha$
	隔跨	0.50	$0.40 + 0.1\alpha^{-1}$	$0.18 + 0.04\alpha$	$0.17 + 0.03\alpha$	$0.08 + 0.04\alpha$	$0.08 + 0.03\alpha$	$0.03 + 0.01\alpha$

注：8、9 点的振动位移传递系数按 6、7 点相应数值乘以 0.8，10、11 点的振动位移传递系数按 6、7 点相应数值乘以 0.6。

2）当振动荷载作用点不在梁中或板中、振动验算点在梁中或板中时，振动位移传递系数可按下式计算：

$$\gamma = \rho\gamma_1 \tag{6-2-24}$$

式中：ρ——振动荷载作用点位置换算系数。

（1）当振动荷载作用点在梁上，振动验算点位于 A 区时（图 6-2-3），振动荷载作用点位置换算系数ρ，可按表 6-2-6 确定。

振动荷载作用点在梁上的ρ值 　　　　表 6-2-6

振动验算点所在区	振动荷载作用点位置		
	1	2	3
A 区	1.40	1.00	1.40

（2）当振动荷载作用点在板上，根据振动荷载作用点和振动验算点的位置，对所计算的楼盖进行分区（图 6-2-3）；其中，C 区为振动荷载作用点所在区，A 区为距振动荷载作用点（4、5、6 点）较近一侧的区域，B 区为距振动荷载作用点（4、5、6 点）较远一侧的区域，D 区为与 C 区在同一跨的区域，单跨楼盖无 D 区。

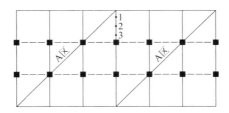

(a) 振动荷载作用点在梁上

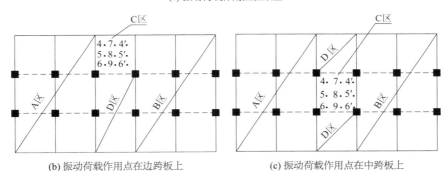

(b) 振动荷载作用点在边跨板上　　　　(c) 振动荷载作用点在中跨板上

图 6-2-3　楼盖分区图

①当振动荷载作用点在板上，振动验算点位于 A、B、C 区时，振动荷载作用点位置换算系数ρ，可按表 6-2-7 确定；

振动荷载作用点在板上的ρ值 　　　　表 6-2-7

振动验算点位置	振动荷载作用点位置					
	4	5	6	7	8	9
A 区	1.80	1.50	1.80	1.10	1.00	1.10
B 区	1.20	1.10	1.20	1.10	1.00	1.10
C 区	1.20	1.10	1.20	1.05	1.00	1.05

注：1. 当振动荷载作用点在 4、5、6 点时，靠近振动荷载点的主梁，其振动荷载作用点位置换算系数可采用 B 区的数值乘以 0.9。
　　2. 当振动荷载作用点在 4'、5'、6'点时，A 区与 B 区ρ值互换。

②当振动荷载作用点在板上，振动验算点在 D 区时，振动荷载作用点位置换算系数ρ

可按 A、B 区的数值，由线性插入法计算。

3）当振动验算点不在梁中或板中时，振动位移传递系数可按下列方法计算：

（1）当振动验算点与振动荷载作用点在不同区格时，可先求出振动验算点所在区格梁中的振动位移传递系数γ_a和γ_c、板中的振动位移传递系数γ_b，再按图 6-2-4 的规定计算振动验算点的振动位移传递系数。

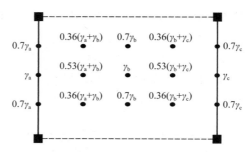

图 6-2-4　振动验算点与振动荷载作用点在不同区格时的位移传递系数

（2）当振动验算点与振动荷载作用点在同一区格时，振动验算点的振动位移传递系数可按表 6-2-8 计算。

振动验算点与振动荷载作用点在同一区格时振动位移传递系数　　表 6-2-8

振动荷载作用点位置	振动验算点位置							
	4	5	6	7	9	4'	5'	6'
4	1.00	0.69η	0.49η	1.15	0.91	0.56η	0.64η	0.44η
5	0.42η	1.00	0.42η	0.80	0.80	0.38η	0.58η	0.38η
6	0.5η	0.69η	1.00	0.90	1.15	0.44η	0.6η	0.56η
7	0.52η	0.53η	0.38η	1.00	0.80	0.52η	0.53η	0.38η
9	0.38η	0.53η	0.52η	0.80	1.00	0.38η	0.53η	0.52η

注：表中η取$1.55 + 0.03\alpha - 0.1\alpha^{-1}$。

2. 当$f_0 < f_1$时，振动位移传递系数可按以下方法计算：

当$0 < \lambda \leqslant 0.5$时：

$$\gamma = 0.133\phi_\lambda\gamma_s \tag{6-2-25}$$

当$0.5 < \lambda \leqslant 0.95$时：

$$\gamma = \frac{0.1\phi_\lambda}{\sqrt{(1 - \lambda^2)^2 + (0.1\lambda)^2}}\gamma_s \tag{6-2-26}$$

当$0.95 < \lambda \leqslant 1$时：

$$\gamma = [0.735\phi_\lambda + (1 - 0.735\phi_\lambda)(20\lambda - 19)]\gamma_s \tag{6-2-27}$$

式中：λ——机器振动荷载频率与楼盖第一频率密集区内最低自振频率计算值的比值；

　　　γ_s——机器振动荷载频率与楼盖第一频率密集区内最低自振频率计算值相同时的振动位移传递系数；

　　　ϕ_λ——调整系数，可按表 6-2-9 确定。

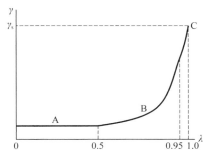

图 6-2-5　γ-λ 关系曲线

调整系数 ϕ_λ　　　　　　　　　　　　　　　　　　表 6-2-9

振动荷载作用点位置	振动验算点所在跨	振动验算点位置				
		1	2	3	4	5
板中	本跨		1.00	$10.80 - 10.00\lambda$	$3.80 - 2.85\lambda$	$3.20 - 2.25\lambda$
	邻跨		$2.70 - 1.80\lambda$	$2.90 - 2.05\lambda$	$1.35 - 0.40\lambda$	$0.09 - 0.15\lambda$
	隔跨		0.82	$1.60 - 0.75\lambda$	$0.55 + 0.20\lambda$	$1.60 - 0.75\lambda$
梁中	本跨	1.00	$12.30 - 11.5\lambda$	$4.65 - 3.60\lambda$	$3.30 - 2.55\lambda$	
	邻跨	$4.90 - 4.00\lambda$	$3.20 - 2.25\lambda$	$1.20 - 0.25\lambda$	$1.10 - 0.35\lambda$	
	隔跨	$1.25 - 0.40\lambda$	0.82	$0.50 + 0.30\lambda$	$0.10 + 0.60\lambda$	

注：1. 本表计算简图见图 6-2-2；
　　2. 当 λ 小于 0.5 时，λ 取 0.5。

五、受振层的楼盖竖向微振动位移

多层工业建筑楼盖上各种动力设备在生产使用过程中，产生的振动将传递至整个建筑，当楼层内设有精密加工设备、精密仪器和仪表时，其精度和寿命会受到影响。因此，要考虑激振层的平面微振动传递，然后通过激振层的柱传递到其他受振层。

层间振动传递较为复杂，我国在 20 世纪 60 年代初便开始了该问题的研究，并进行了实测试验。80 年代后期，对此又继续进行实测试验，并深入开展了理论研究。对层间振动传递较为系统地进行了多层工业建筑的实测试验，还有个别局部试验或实际生产的测定。在理论研究方面，将多层工业建筑分割为楼板子结构及柱子结构，采用固定界面模态综合法进行计算，其计算值与实测结果吻合较好，为层间传递比提供了较为可靠的基础。

1. 层间振动传递实测试验结果表明：层间传递比离散性较大，主要由于影响层间振动的因素较多，如各层楼盖及振源远近的不同测点均存在一定的共振频率差；在某一共振频率时，各层楼盖及各测点并非均出现振动最大响应；在实测试验中存在某些外界振动干扰或振动位移较小等因素，给实测试验结果带来误差。

6 个多层工业建筑的实测值，均考虑在第一共振频率密集区的最大响应，在多个共振频率下，可得到不同的试验值，摒弃过大、过小值，对多个数据取平均值作为实测值。

从 6 个多层工业建筑楼盖层振动传递的数据中取保证率为 90% 以上的数据进行回归分析，并以此确定对应振源 r 处的层间振动传递比。层间振动传递比的大小，一般远处大于近处,大约传到 4 个柱距,可考虑接近 1;振源附近各层相差较大,而远距离振源各层相差甚小;上层区域大于下层区域;隔跨区域大于本跨区域;振幅小时大于振幅大时。

2. 原西安东风仪表厂实际生产使用时的测试结果表明:当二层机床开动率为 60%～80% 时,梁中最大振动位移 1～6μm,板中最大位移 2～10μm,振动传到三层;其上、下对应点的层间振动传递比,梁中为 0.35～0.50,板中为 0.20～0.60,振幅小时传递比大,反之则小。

不同层楼盖上,第 i 受振层各验算点的竖向振动位移可按下式计算:

$$u_{ri} = \alpha_{ri} u_r \tag{6-2-28}$$

式中:u_{ri}——第 i 受振层上各验算点的竖向振动位移(m);

$\quad\quad \alpha_{ri}$——层间振动传递比,按表 6-2-10 确定。

层间振动传递比 α_{ri}　　　　　　表 6-2-10

扰力点作用于	验算点位于	受振层	验算点位置								
			1	2	3	4	5	6	7	8	9
二层梁中	本跨	三层	0.30	0.42	0.52	0.60	0.68	0.75	0.82	0.86	0.90
		四层	0.35	0.49	0.60	0.68	0.75	0.81	0.83	0.88	0.90
	邻跨或隔跨	三层	0.50	0.58	0.66	0.72	0.77	0.82	0.85	0.88	0.90
		四层	0.60	0.68	0.74	0.79	0.83	0.86	0.88	0.89	0.90
二层板中	本跨	三层		0.35	0.51	0.63	0.72	0.79	0.80	0.88	0.90
		四层		0.40	0.58	0.70	0.77	0.83	0.87	0.89	0.90
	邻跨或隔跨	三层		0.50	0.63	0.73	0.80	0.83	0.88	0.89	0.90
		四层		0.51	0.64	0.73	0.79	0.84	0.85	0.88	0.90
三层梁中	本跨	二层	0.30	0.45	0.57	0.66	0.74	0.79	0.84	0.87	0.90
		四层	0.40	0.52	0.62	0.70	0.76	0.82	0.85	0.89	0.90
	邻跨或隔跨	二层	0.60	0.68	0.75	0.80	0.82	0.86	0.88	0.89	0.90
		四层	0.65	0.72	0.76	0.81	0.84	0.87	0.88	0.89	0.90
三层板中	本跨	二层		0.35	0.51	0.62	0.70	0.77	0.82	0.87	0.90
		四层		0.45	0.58	0.68	0.75	0.82	0.85	0.89	0.90
	邻跨或隔跨	二层		0.5	0.6	0.68	0.75	0.84	0.84	0.87	0.90
		四层		0.55	0.64	0.71	0.76	0.81	0.85	0.88	0.90
四层梁中	本跨	二层	0.6	0.68	0.74	0.79	0.84	0.86	0.88	0.89	0.90
		三层	0.65	0.71	0.76	0.80	0.84	0.86	0.88	0.89	0.90
	邻跨或隔跨	二层	0.65	0.70	0.75	0.80	0.83	0.85	0.87	0.89	0.90
		三层	0.70	0.75	0.80	0.84	0.86	0.88	0.89	0.89	0.90
四层板中	本跨	二层		0.40	0.51	0.60	0.68	0.75	0.81	0.89	0.90
		三层		0.45	0.56	0.66	0.74	0.79	0.84	0.89	0.90
	邻跨或隔跨	二层		0.70	0.76	0.81	0.84	0.86	0.88	0.89	0.90
		三层		0.80	0.84	0.86	0.88	0.89	0.89	0.89	0.90

激振点和验算点位置如图 6-2-6 所示。

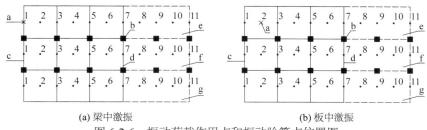

(a) 梁中激振　　　　　　　　　　　　(b) 板中激振

图 6-2-6　振动荷载作用点和振动验算点位置图

a—振动荷载作用点；b—柱；c—边端或中间主梁；d—主梁；e—本跨；f—邻跨；g—隔跨

第三节　多层工业建筑楼盖微振动有限元分析

随着科技的发展、大型通用有限元软件的商业化，楼盖微振动计算适用范围越来越广，计算精度越来越高。对于大型、结构布置复杂的多层工业建筑，可通过有限元分析方法进行楼盖微振动计算。

一、一般规定

结构整体水平振动和楼盖竖向振动宜分别计算。有防微振要求的工业建筑及实验室的如下部位宜进行防微振验算，主要包括：地面结构、工艺层楼盖、独立基础。微振动验算应针对环境振动、动力及工艺设备振动分别进行。

不等跨楼盖、特殊布置楼盖、动力荷载激励复杂的楼盖，其竖向振动计算宜采用有限元方法；空间作用强、扭转耦联效应大的结构水平振动应采用有限单元法。楼盖竖向振动计算可采用整体计算模型或者激振层分层模型；整体结构水平振动应按独立结构单元进行计算。

结构振动计算可根据荷载激励不同，选择等效静力法或动力时程分析法。对于相同频率、等幅周期性振动或者冲击振动，可采用等效静力分析，其他非规律性荷载应采用时程分析。

二、振动计算规定

1. 材料参数

混凝土、钢筋和钢材的材料强度、弹性模量、泊松比等可按现行国家标准《混凝土结构设计规范》GB 50010 和《钢结构设计标准》GB 50017 等规定采用。

2. 阻尼比

天然地基、桩基及人工复合地基的地基动力特性参数应由现场试验确定；当无条件时，可按现行国家标准《动力机器基础设计标准》GB 50040 的有关规定采用。

地基土的阻尼比宜取 0.15～0.35，钢筋混凝土结构的阻尼比宜取 0.05，钢结构的阻尼比宜取 0.02，钢与混凝土组合结构的阻尼比宜取 0.035。

3. 振动参与质量及振型数确定

楼盖固有频率、竖向振动值计算时，其质量应包括楼盖构件质量、建筑面层质量、设备质量、长期堆放的原材料和备件及成品等质量。活荷载参与质量应根据情况分别考虑较小值和较大值。

模态分析有效振型数量宜按结构总体振型质量参与系数不小于 95% 进行取值。采用振型叠加法计算时，楼盖竖向振型组合数量不宜少于 300，结构整体水平振型组合数量不宜少于 30。

4. 计算模型

微振动验算的结构应采用整体建模。若建筑物与附属建筑或构筑物相连，则应在计算中考虑附属结构影响；当工艺设备层与建筑物主体结构有连接时，结构计算模型应包含工艺设备层和主体结构。

有限元计算模型应真实反映结构的受力状态，包括构件布置、杆件类型、几何参数、物理特性、边界条件、外加荷载等，并满足以下要求：

（1）梁单元应考虑弯曲、剪切、扭转变形，必要时考虑轴向变形；

（2）板单元考虑平面外弯曲、剪切变形，必要时考虑平面内变形；

（3）柱单元考虑弯曲、剪切、轴向和扭转变形；

（4）楼板面层刚度可按叠合板等效刚度考虑；

（5）框架梁柱节点可按刚域处理；

（6）振动控制点应设置节点。

实体模型中，基础影响深度范围内的土层应作为计算深度；根据工程地质勘察报告，确定黏弹性边界约束条件；地面结构周边回填土对地基刚度的影响，可按现行国家标准《动力机器基础设计标准》GB 50040 的有关规定采用。

5. 振动荷载要求

环境振动影响的验算以实测最不利振动记录作为计算的输入荷载，样本时间长度不宜少于 60s；频域分析时，频率间隔不宜大于 0.5Hz。

三、振动计算结果修正

对于动力设备及工艺设备产生影响的微振动计算，当有条件时，应对有限元计算结果进行验证，两者不吻合时宜按实测结果进行修正。修正后计算特征点的振动响应可按下列公式计算：

$$u_{\text{V}} = \eta \alpha_{\text{V}} u_{\text{dV}} \tag{6-3-1}$$

$$u_{\text{H}} = \eta \alpha_{\text{H}} u_{\text{dH}} \tag{6-3-2}$$

$$\alpha_{\text{V}} = \frac{u_{\text{VS}}}{u_{\text{Vd}}} \tag{6-3-3}$$

$$\alpha_{\text{H}} = \frac{u_{\text{HS}}}{u_{\text{Hd}}} \tag{6-3-4}$$

式中：u_{V}——结构特征点的竖向振动响应；

u_{H}——结构特征点的水平向振动响应；

α_{V}——竖向已建同类工程的特征点动力响应系数；

u_{VS}——已建同类工程特征点振动记录进行频域分析得到特征点的竖向振动响应曲线；

u_{Vd}——建立已建同类工程有限元实体模型,在特征点竖向施加单位荷载($F_V = 1\text{kN}$),计算动力响应谱曲线;

α_H——水平向已建同类工程特征点动力响应系数;

u_{HS}——已建同类工程特征点振动记录进行频域分析得到特征点的水平向振动响应曲线;

u_{Hd}——建立已建同类工程有限元实体模型,在特征点水平向施加单位荷载$F_V = 1\text{kN}$,计算动力响应谱曲线;

η——已建同类工程和新建工程相似比系数,可按 0.9～1.2 取值;

u_{dV}——结构特征点竖向在单位荷载 1kN 作用下的振动响应;

u_{dH}——结构特征点水平向在单位荷载 1kN 作用下的振动响应。

四、微振动验算

1. 各阶段振动验算的实测及评估

(1)场地环境振动实测时,应通过测试获取拟建场地受周围环境振动影响的数据,作为输入荷载对微振动初步设计方案进行验算。

(2)建筑物主体结构竣工实测及评估时,应通过对建筑物主体结构振动测试,对其防微振体系进行评估,并应和计算结果进行对比分析,确认其有效性,为动力设备及工艺设备整体隔振方案提供设计依据。

(3)动力设备及工艺设备运行实测及评估时,应通过对动力设备及工艺设备运行时的结构进行振动测试,对最终建成的结构防微振体系进行评估,并应和计算结果进行对比分析,确认其有效性,为动力设备及工艺设备局部隔振方案提供设计依据。

2. 共振验算

在结构动力计算过程中,计算模型与原始数据(刚度、质量等)很难和实际结构完全相符,考虑到工业建筑的自振频率计算的可能偏差以及当结构使用时结构自振频率变化的可能性,自振频率与动力设备扰频相差 20% 以内时,存在与结构共振的可能性,因此,必须验算结构在共振情况下的振动是否满足容许振动标准。

3. 特殊要求

对于电子工业厂房,受环境振动影响的微振动还应符合下列公式要求:

$$u_{hV} \leqslant K_V[u_V] \tag{6-3-5}$$

$$u_{hH} \leqslant K_H[u_H] \tag{6-3-6}$$

式中:u_{hV}——结构中心点的竖向振动响应;

u_{hH}——结构中心点的水平向振动响应;

K_V——竖向动态影响系数,$K_V = 0.4～0.6$,该系数与动力设备数量和布置有关;当设备数量较多或距特征点位置较近时,K_V取小值,反之,取大值;

K_H——水平向动态影响系数,$K_H = 0.3～0.5$,该系数与动力设备数量和布置有关,当设备数量较多或距特征点位置较近时,K_H取小值,反之,取大值;

$[u_V]$——精密设备及仪器竖向容许振动值;

$[u_H]$——精密设备及仪器水平向容许振动值。

第四节　楼盖微振动控制措施

一、结构构造措施

1. 结构构件截面尺寸

框架柱截面一般不宜小于 400mm×400mm；框架主梁截面高度一般为梁跨度的 1/10～1/6；楼盖次梁截面高度一般为梁跨度的 1/12～1/8；楼板厚度一般为板跨度的 1/24～1/18；抗震墙厚度一般不应小于 160mm，且不小于墙净高的 1/22。

2. 结构材料

工业设备上楼的多层工业建筑，混凝土强度等级不应低于 C30；砖强度等级不应低于 MU10，砂浆强度等级不应低于 M5.0；普通纵向受力钢筋宜选用 HRB400、HRB500、HRBF400、HRBF500 级钢筋，箍筋宜选用 HRB400、HRBF400、HPB300 级钢筋。

3. 装配整体式楼盖要求

装配整体式楼盖主梁应按叠合式梁设计，框架柱与主梁应采用刚性接头；预制板的板缝中应配置通长钢筋，直径不应小于 10mm，板缝应采用同一强度等级或更高强度等级混凝土填实；预制板上必须加设细石混凝土后浇层，其强度等级不应小于预制构件设计强度等级，厚度不应小于 60mm；后浇层中应配置钢筋网，钢筋网中钢筋间距不应大于 200mm，直径宜为 6～8mm；板支座处，后浇层顶部应加设钢筋，间距不应大于 200mm，直径不应小于 10mm。

4. 混凝土抗震墙

工业设备上楼的框架-抗震墙工业建筑结构，混凝土抗震墙提供主要的侧向刚度，抗震墙的平面布置、设置数量以及与框架的连接情况决定了工业建筑的自振频率和水平振动量，一旦抗震墙构造处理不当产生裂缝，工业建筑侧向刚度（或自振频率）将急剧下降，水平振动也急剧增大，因此，抗震墙要求如下：混凝土抗震墙的水平和竖向分布筋的配筋率均不小于 0.25%，钢筋直径不小于 8mm，间距不大于 300mm，且宜双排配筋；抗震墙的竖向、水平向分布筋必须加直钩分别锚入梁柱或边框内；抗震墙边框（梁、柱）纵向配筋率不小于 0.8%，其箍筋沿全跨及全高加密，箍筋间距不大于 150mm；抗震墙不宜开洞。必须开洞时，洞口面积不宜大于墙面面积的 1/8，洞口至框架柱的距离不小于 600mm，并应在洞口周围采取加强措施。

5. 加固及连接

直接承受动力荷载或振动较大的结构构件，不宜采用植筋、粘钢板等加强或连接措施；必须采用时，其结合部位在动荷载作用下的耐疲劳性能应进行验算，并注明允许使用年限。采用焊接、铆接或螺栓连接时，焊缝、锚栓或螺栓的材料强度宜降低 30%，螺栓应加弹簧垫圈配双螺母锁紧；混凝土结构的钢筋锚固长度和预埋件的钢筋锚固长度均宜增加 25%，钢筋不宜采用搭接接头。

二、设备布置原则

动力机器宜布置在楼盖梁上，应避免布置在无梁楼板上。当动力机器布置在单根梁上时，梁应避免受扭。当设备由两根梁共同承担时，梁的轴线宜与动力机器和基础的总质心对称。

支撑在楼盖上的动力机器，不应与其他竖向结构构件连接。

多台振动控制要求相同或相似的动力机器毗邻时，或多台振动控制要求相同或相近的精密仪器设备毗邻时，可采用联合基础。

多层工业建筑中，可能有无振或振动很小的设备、发振设备、对振动敏感的设备等，在设备布置时，除满足生产工艺需求外，为保证设备的正常运行，应根据设备的振动类型，合理确定布置方案：

（1）当振动较大的设备和对振动敏感的设备与仪器同时布置时，应分类集中、分区布置，两者距离尽量拉大，有条件的情况下，将两种类型的设备设置在结构分隔缝两侧；

（2）振动强烈的设备一般布置在建筑底层，远离振动敏感设备；布置时应尽量放在刚度较大的部位，例如靠近承重墙、框架梁及柱等，以减小楼盖的振动响应及振动传递；

（3）振动敏感的设备和仪器，应尽可能远离振动较大的设备；

（4）当设备水平向振动较大时，应加强结构的竖向构件，增加结构的水平刚度，并尽量将设备的振动荷载方向设置为与结构水平刚度较大的方向相同。

三、设备隔振措施

设备隔振是针对振动较大的设备或者振动敏感设备。对于楼盖上牛头刨床、砂轮机、制冷压缩机和水泵等振动较大的设备，可以采取加设隔振垫、钢弹簧等减隔振措施；对于振动敏感设备，可采用在设备下方加设隔振垫、钢弹簧、空气弹簧、主动控制等措施。

四、管道连接

隔振垫和弹簧吊架系统的固有频率不宜大于 8Hz，不应大于 10Hz，且应远离楼盖共振频率区；弹簧吊架采用拉簧时，应避免弹簧颤振发生共振，且应设保护装置。管道隔振安装时，应采取措施保证隔振垫或弹簧吊架受力均匀。有振动的管道穿墙、楼板等结构构件时，应在管道周边预留不小于 50mm 的间隙且不应直接固定在结构构件上。管道安装完毕后应采用柔性材料嵌填缝隙。

五、隔振装置连接

对于某些上楼设备，仅靠增大结构刚度来减小结构振动是不经济的。对上楼振动设备采取隔振措施，可显著减小设备传给楼盖的振动；对精密仪器设备采取隔振措施，可显著减小楼盖振动对仪器设备的影响。可对设置在楼盖上的风机、水泵，采用弹簧隔振器或橡胶隔振器；对空调设备、砂轮机等采用橡胶隔振垫；对小型冲床、刨床、镜床、钻床、磨床等可采用橡胶类机床隔振器或橡胶隔振垫；动力设备与管道之间采用软管或弹性连接等。

隔振基础周边及底部均应预留隔振缝，缝宽宜为 30～50mm；缝宽超过 50mm 时，应设置不影响隔振基础自由振动的构造措施。隔振基础上与设备连接的刚性管道均应在隔振基础与楼、地面之间设柔性接头。低压风管的柔性接头可用帆布类材料制作，水管和高压风管宜采用加强柔性橡胶接头，承受高温高压的压缩机排气管、发动机和燃气轮机排烟管，应采用金属波纹管或高强金属丝编织加强的柔性管。当柔性管道接头的柔度偏小时，应根据接头位置计入不利影响。另外,隔振基础设计时应留有安装和维修隔振器、阻尼器的空间。

六、其他隔振措施

除对振动较大的设备和振动敏感设备进行减隔振外,还应考虑传递路径上的振动。例如,动力设备连接管道,可由刚性连接改为弹性连接,减少振动传递;连接振动较大设备的管道,不得直接支承在墙、柱等竖向构件上,而是采用减振吊架、支架,减少振动对楼盖的传递;管道穿墙等结构构件,应采取相应的减隔振措施,减少振动对结构的影响。

对于电子工业厂房,建筑物内应采用低速送风,空气密度变化率宜控制在10%以内。当布置有自循环高效过滤器(FFU)时,应采取隔振措施。另外,防微振区域内的门应采用柔性缓冲装置。

第五节　工程实例

[实例1]某钢筋混凝土三层工业建筑

某工业建筑位于海南省,地上3层,层高6m,屋面结构标高18m,长30m,宽36m。结构安全等级二级,抗震设防烈度7度,设计地震分组为第一组,场地类别Ⅱ类。结构二层和三层平面见图6-5-1。

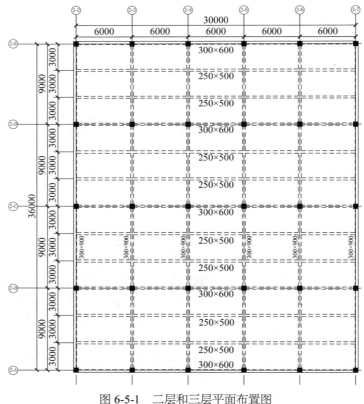

图6-5-1　二层和三层平面布置图

柱距为6m×9m，柱截面为500mm×500mm，主梁为300mm×900mm和300mm×600mm，次梁为250mm×500mm，楼板厚度为180mm。混凝土强度等级为C30。

楼盖单位宽度的抗弯刚度：

$$\alpha = \frac{\dfrac{E_p I_p}{cl^3}}{\dfrac{EI}{l_y^4}} = \frac{\dfrac{6.496 \times 10^9}{3 \times 6^3}}{\dfrac{4.605 \times 10^{10}}{9^4}} = 1.43$$

$$K_p = \frac{E_p I_p}{cl^3} = \frac{3 \times 10^4 \times 6.496 \times 10^9}{3000 \times 6000^3} \times 10^6 = 3.0 \times 10^5 \text{N/m}^2$$

楼盖第一频率密集区内的自振频率：

1. 主梁

$$\bar{m}_l = 2500 \times 0.3 \times 0.9 + \frac{1}{9}\sum(1.475 \times 2750 \times 6 + 1.475 \times 2750 \times 6) = 6083\text{kg/m}$$

$$\bar{m}_h = 2500 \times 0.3 \times 0.9 + \frac{1}{4 \times 9}\sum(2.84 \times 2750 \times 6 + 2.103 \times 2750 \times 6) = 2941\text{kg/m}$$

$$f_{1l} = \phi_l\sqrt{\frac{EI}{\bar{m}l_0^4}} = 1.57\sqrt{\frac{3 \times 10^4 \times 4.605 \times 10^{10}/10^6}{6083 \times 9^4}} = 9.2\text{Hz}$$

$$f_{1h} = \phi_h\sqrt{\frac{EI}{\bar{m}l_0^4}} = 3.17\sqrt{\frac{3 \times 10^4 \times 4.605 \times 10^{10}/10^6}{2941 \times 9^4}} = 26.8\text{Hz}$$

2. 次梁

$$\bar{m} = 400 \times 3 + 1550 = 2750\text{kg/m}$$

$$f_{1l} = \phi_l\sqrt{\frac{EI}{\bar{m}l_0^4}} = 1.57 \times \sqrt{\frac{3 \times 10^4 \times 6.496 \times 10^9/10^6}{2750 \times 6^4}} = 11.6\text{Hz}$$

$$f_{1h} = \phi_h\sqrt{\frac{EI}{\bar{m}l_0^4}} = 3.17 \times \sqrt{\frac{3 \times 10^4 \times 6.496 \times 10^9/10^6}{2750 \times 6^4}} = 23.4\text{Hz}$$

则楼盖的自振频率为：

$$f_1 = 0.8f_{1l} = 0.8 \times 9.2 = 7.4\text{Hz}$$
$$f_2 = 1.2f_{1h} = 1.2 \times 26.8 = 32.2$$

考虑如图 6-5-2 所示的振动荷载，$F = 150\text{N}$，$f_0 = 16\text{Hz}$，$f_{1l} \leqslant f_0 \leqslant f_2$，$u_0 = \phi\left[\eta_2 u_1 + \left(\dfrac{1}{2\xi} - \eta_2\right)u_2\right]$。

其中，

$$\eta_2 = \frac{1}{2\xi} \cdot \frac{f_2 - f_0}{f_2 - f_1} = \frac{1}{2 \times 0.05} \times \frac{32.2 - 16}{32.2 - 7.4} = 6.53$$

$$u_1 = k_1 \frac{Fl_0{}^3}{100D\varepsilon} = 0.625 \times \frac{150 \times 9000^3}{100 \times 3 \times 10^4 \times 4.605 \times 10^{10}}$$
$$= 5.0 \times 10^{-4} \text{mm}$$

$$u_2 = k_2 \frac{Fl_0{}^3}{100D\varepsilon} = 0.303 \times \frac{150 \times 9000^3}{100 \times 3 \times 10^4 \times 4.605 \times 10^{10}}$$
$$= 2.4 \times 10^{-4} \text{mm}$$

$$u_0 = \phi \left[\eta_2 u_1 + \left(\frac{1}{2\xi} - \eta_2 \right) u_2 \right]$$
$$= 1.5 \times 5.0 \times 10^{-4} + \left(\frac{1}{2 \times 0.05} - 1.5 \right) \times 2.4 \times 10^{-4}$$
$$= 2.79 \times 10^{-3} \text{mm}$$

三层同一位置处楼盖竖向微振动位移：

$$u_{r3} = \alpha_{r3} u_3 = 0.3 \times 2.79 \times 10^{-3} = 8.4 \times 10^{-4} \text{mm}$$

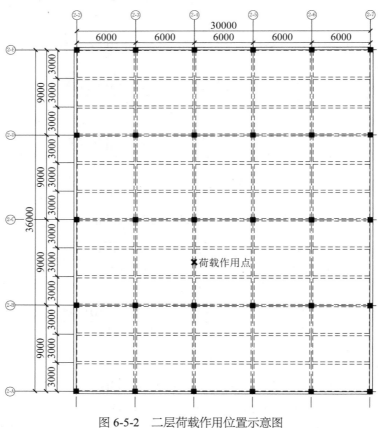

图 6-5-2　二层荷载作用位置示意图

[实例2] 某四层钢筋混凝土框架结构

卡尔蔡司光学（中国）有限公司位于广东省广州市，公司占地面积 55249.56m²，总建筑面积 34059.14m²。在厂区内新增工业 4.0 健康视光产业生态圈项目，厂区平面布置如图 6-5-3 所示。

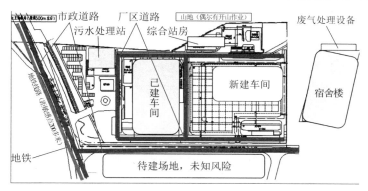

图 6-5-3　厂区平面布置图

该项目包括 2 条树脂镜片生产线（ MASS 和 RX ）和 1 条人工晶状体加工生产线（ MED ）。该项目建筑结构形式为四层钢筋混凝土框架结构，建筑总长 135.7m、宽 106.3m，柱距 10m，建筑面积 50058 m²，建筑高度 25.7m。根据工艺布置要求：MASS 生产线在 2 楼，RX 生产线在 3 楼，MED 生产线在 4 楼。MASS 和 RX 生产线有许多振动设备，而 MED 设备防微振要求较高，设备要求达到 VC-F，安装楼面要求达到 VC-C。

本项目中由于振源（含厂区内及建筑物楼内）较为复杂、振动控制要求较高，且控制对象位于第四层，振动控制难度较大。具体振源如下：

（1）一条地铁线路，距离振敏区约 250m，地铁站约 500m；

（2）两条市政道路，距离振敏区分别为 250m 和 50m；

（3）厂区内部道路，围绕振敏区设有厂区道路；

（4）污水处理设施，距离振敏区约 150m；

（5）综合泵房距振敏区约 20m；

（6）西侧已建工业建筑屋面设有多台振动设备，距振敏区约 20m；

（7）东侧已建工业建筑屋面设有多台振动设备，距振敏区约 30m；

（8）北侧有大片山地，偶尔会有开山等活动；

（9）南侧有大片空地，后期有未知振源风险。

通过现场振动测试，结论如下：（1）经统计分析可得，场地三个方向的振动速度均方根值（时域）在 5~12μm/s，对照 VDI 20038 振动等级标准，场地振动速度均方根值小于 12.5μm/s（时域），振动敏感区的场地振动环境满足 VC-C 的要求；（2）相邻车间、相邻车间屋面、相邻泵房的主要振动设备，振动较为明显，主频集中在 50Hz 以上，敏感区测试数据表明，敏感区振动主频集中在 10Hz 以下，周边建筑物中的设备未对场地产生显著影响，但若新建工业建筑屋面及楼面设置动力设备时，应采取振动控制措施；（3）敏感区域距离地铁及市政道路较远，不会产生显著影响；（4）RX 生产线设备中，莱宝机（电机）、贴膜机、自动粗磨机和自动上盘机振动较强，其他设备传送带、包装机、车边机、打标机等振动较弱；个别设备振动出现"拍振"现象，一般水平向响应振动大于竖向振动响应。

采用 SAP2000 建立该项目中四层框架式钢筋混凝土结构有限元模型，如图 6-5-4 所示。

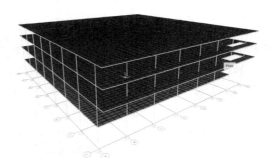

图 6-5-4　SAP2000 计算模型

在卡尔蔡司防微振控制项目中，振动分析主要包括振型分析、振动传递分析和人行走振动分析。本项目基于 SAP2000 软件，计算得到该四层钢筋混凝土框架结构的振型如图 6-5-5 所示。

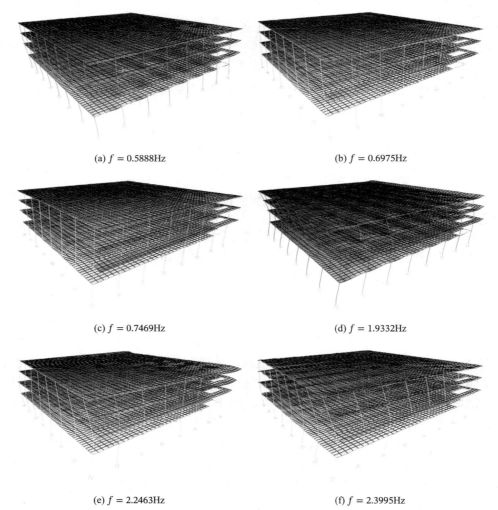

(a) $f = 0.5888$Hz　　　　　　　　　　　　(b) $f = 0.6975$Hz

(c) $f = 0.7469$Hz　　　　　　　　　　　　(d) $f = 1.9332$Hz

(e) $f = 2.2463$Hz　　　　　　　　　　　　(f) $f = 2.3995$Hz

图 6-5-5　模型前六阶振型

图 6-5-5 给出的前六阶振型，其对应频率、振动形式如表 6-5-1 所示。

模型前六阶振型 表 6-5-1

振型	频率（Hz）	振动形式
第一阶	0.5888	水平运动
第二阶	0.6975	扭转运动
第三阶	0.7469	水平运动
第四阶	1.9332	层间水平运动
第五阶	2.2463	层间扭转运动
第六阶	2.3995	层间水平运动

1. 振动传递分析

在某个柱网内作用一扰力，分析该多层框架工业建筑内的振动衰减情况。振动传递分析时，分析同层内沿两个水平方向的振动衰减情况和层间振动衰减情况。

（1）同层振动传递分析

采用 SAP2000 软件进行计算，在某个柱网内作用一扰力，采用归一化分析相邻柱网在两个方向的振动衰减情况，结果如表 6-5-2、图 6-5-6、图 6-5-7 所示。

同层振动传递情况 表 6-5-2

方向	分类	激励柱网	1	2	3	4	5
X向	速度（mm/s）	7.19	1.81	0.56	0.77	0.76	0.29
	传递率	1.00	0.25	0.08	0.10	0.10	0.04
Y向	速度（mm/s）	7.19	2.91	0.79	0.81	0.55	0.43
	传递率	1.00	0.40	0.11	0.11	0.07	0.06

注：1～5 分别表示该柱网与激励所在柱网之前相距的柱网数。

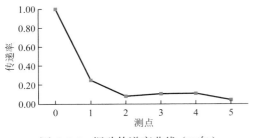

图 6-5-6　振动传递率曲线（X向）

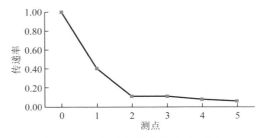

图 6-5-7　振动传递率曲线（Y向）

表 6-5-2、图 6-5-6、图 6-5-7 中的数字表示该柱网与激励所在柱网相距的柱网数目。基于表 6-5-2、图 6-5-6 和图 6-5-7，该多层工业建筑相邻柱网的振动传递率为 0.25～0.4，中间相隔一个柱网的振动衰减率约为 0.1。

（2）层间振动传递分析

表 6-5-3 给出了不同楼层的振动传递情况。

层间振动传递情况

表 6-5-3

类别	三层某个柱网	四层柱网			
		柱网 1	柱网 2	柱网 3	柱网 4
速度（mm/s）	6.63	0.67	0.85	0.52	1.21
传递率	1.00	0.10	0.13	0.08	0.18

由表 6-5-3，该多层工业建筑层间振动传递率均小于 0.18。

2. 人行振动分析

本项目中，第四层为 MED 生产线，该设备为高精密生产设备，对振动要求非常高。设备本身自带隔振系统，且有报警系统，避免周围人靠近设备，防止人行走引起的楼板振动对设备产生影响。

设计前期，多层工业建筑楼板为 150mm 厚，由于 MED 设备对振动要求较高，需对人行走引起楼板的振动进行分析，并对楼板进行优化设计。

基于 SAP2000，采用定点扰力分析法计算人行引起楼板的振动情况，计算人在厚度分别为 150mm、300mm 和 400mm 的楼板上行走时，引起楼板的振动响应。图 6-5-8～图 6-5-10 给出人在厚度分别为 150mm、300mm 和 400mm 的楼板上行走时，距离人行走激振点不同距离时的振动响应，其中，分析不同距离时的振动响应，应考虑两个相互正交方向，图中纵坐标均采用指数坐标形式。

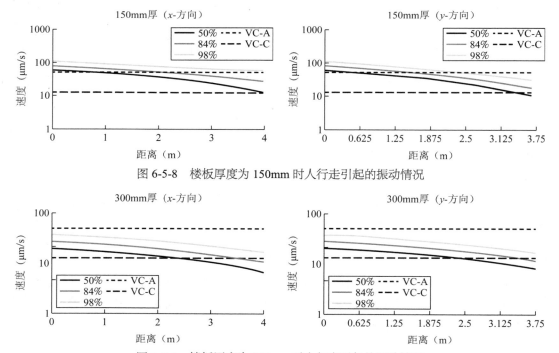

图 6-5-8　楼板厚度为 150mm 时人行走引起的振动情况

图 6-5-9　楼板厚度为 300mm 时人行走引起的振动情况

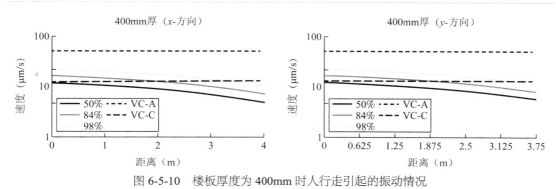

图 6-5-10　楼板厚度为 400mm 时人行走引起的振动情况

由图 6-5-8，当楼板厚度为 150mm，距离人行走激振点 4m 时，楼板振动速度满足 VC-C 要求；由图 6-5-9，当楼板厚度为 300mm，距离人行走激振点约 2.5m 时，楼板振动速度满足 VC-C 要求；由图 6-5-10，当人行走在厚度为 400mm 的楼板上时，楼板上几乎所有控制点的振动速度均满足 VC-C 等级。综上，提高楼板厚度可有效降低人行走对周围设备的振动影响。

第七章　工业建筑振动测试

第一节　一般规定

一、传感器的选择

传感器按输出信号可分为两类：（1）速度型传感器，广泛用于结构振动测试，是一种典型的工作频率大于自身固有频率的电磁式传感器；有些电磁式传感器的工作频率小于自身的固有频率，如强震仪；（2）压电式加速度传感器，其工作频率小于自身固有频率；压电加速度传感器在测试低频、小幅振动时的输出信号较弱，积分结果受积分器噪声影响显著。

选择传感器的类型（加速度型、速度型），应优先考虑其输出信号对应的振动物理量与所需的测试量相同，应避免积分和微分，特别是避免二次积分和二次微分。

传感器应保证频率范围、量程、灵敏度满足测试要求。传感器的频率范围应覆盖被测振动的预估最低和最高频率；量程（最大可测范围）应根据被测振动的强烈程度来选定，宜为最大振动幅值的 1.5 倍左右；灵敏度应根据评价限值的分辨率和/或被测振动的最小幅值来选定。传感器的横向灵敏度应小于 0.05。

传感器及其安装器件的质量应小于被测物体（构件）质量的 1%。传感器及其安装器件的质量达到被测物体（构件）质量的 10% 时，会导致被测物体（构件）的模态发生显著变化，为保证测试可靠，可取 10% 的 1/10。

传感器应具备机械强度高、安装调节方便、体积重量小、便于携带、防水、防电磁干扰等性能。各种振源下建筑结构的响应范围见表 7-1-1。

各种振源下建筑结构的响应范围　　　　　　　　　　　表 7-1-1

振源	频率范围 （Hz）	幅值范围 （μm）	质点速度范围 （mm/s）	质点加速度范围 （m/s²）	时间特征
交通运输：公路、铁路、城市轨道交通	1~100	1~200	0.2~50	0.02~1	连续/瞬态
爆破振动	1~300	100~2500	0.2~100	0.02~50	瞬态
空气超压	1~40	1~30	0.2~3	0.02~0.5	瞬态
打桩	1~100	10~50	0.2~100	0.02~2	瞬态
室外机械	1~100	10~1000	0.2~100	0.02~1	连续/瞬态
室内机械	1~300	1~100	0.2~30	0.02~1	连续/瞬态

振源	频率范围 （Hz）	幅值范围 （μm）	质点速度范围 （mm/s）	质点加速度范围 （m/s²）	时间特征
室内人的活动	0.1～30	5～500	0.2～20	0.02～0.2	瞬态
地震	0.1～30	10～10⁵	0.2～400	0.02～20	瞬态
风	0.1～10	10～10⁵	—	—	瞬态
室内原声乐器	5～500	—	—	—	连续/瞬态

二、传感器与信号电缆的安装固定

传感器的安装应符合说明书的要求，保证与被测物体可靠连接。

传感器的安装位置应尽可能靠近要求的测试位置，使其具有同样的运动。

传感器与被测物体的连接应尽可能结实、牢固，安装表面应尽可能清洁、平整。安装前应仔细检查安装表面是否有污染、是否平滑，如有需要，应加工使之平整。不能直接将传感器置于如地毯、草地、砂地或雪地等松软地面上。

传感器的灵敏轴和测试方向偏差应尽可能减小，否则将导致横向灵敏度误差。当横向运动远大于轴向运动时，此类误差将特别明显。

传感器质量会导致被测物体的运动发生变化，为使安装带来的运动失真最小，可采用对称安装。

传感器的灵敏轴方向应与测点主振动方向或评价方向一致。

传感器的工作频率接近安装谐振频率时，会导致输出信号发生畸变。传感器最高工作频率应远小于传感器的安装谐振频率，一般最高工作频率不大于安装谐振频率的20%，这时幅值响应的误差仅为百分之几。

安装器件应具有刚度大、质量轻、惯性矩小且关于灵敏轴结构对称的特点，支架、托架之类的器件应尽可能避免使用，如果必需，应采用刚度大的金属立方体，应将金属立方体牢固地安装在被测物体上，其表面应经机械加工，应用双头螺栓或快凝环氧树脂与传感器牢固连接。当必须采用支架、托架等复杂安装器件时，应考虑其振型和频率。

测试建筑物振动时，使用膨胀螺栓将传感器固定在建筑物框架上；使用快凝环氧树脂将传感器固定到建筑物基础或墙体上；使用石膏将建筑物固定在轻型构件上。直接将传感器固定在表面覆盖弹性层的楼板上，会导致测试失真，如果无法改变测试位置，也无法掀开表面覆盖弹性层，应将传感器安装在带有脚钉的重金属板上。特殊环境中，也可采用胶粘结或者磁性座吸附传感器，如使用双面胶带将传感器固定到硬质楼板上（加速度小于 $1m/s^2$）。

测试大地振动时，宜将传感器埋入地下一定深度，避免地表覆土松散，造成振动信号畸变，埋入深度至少为传感器长边尺寸的 3 倍，也可将传感器固定在质量比 $[m/(\rho r^3)$，ρ 为土体密度，m 为传感器和平板的质量，r 是平板的等效半径] 不大于 2 的刚性平板上；也可将传感器固定在一根穿透地表松散层长度不小于 300m 的刚性钢棒上（直径不小于 10mm），钢棒伸出地表不超过几毫米，确保钢棒与土紧密接触，在预计加速度大于 $2m/s^2$ 的情况下，需与地面稳固安装，以防滑移。各类安装方法的选择准则见表 7-1-2。

影响安装方法的各项准则（基于良好的实践经验）　　　表 7-1-2

安装方法	谐振频率	温度	传感器的质量和安装刚度	谐振增益因子	表面平整的重要性
螺栓	●	●	●	●	●
氰基丙烯酸酯粘结剂、甲基丙烯酸酯粘结剂、快凝环氧树脂	●	●	●	●	◎
石膏	◎	●	◎	◎	◎
蜂蜡	◎	○	◎	◎	●
双面胶带	◎	◎	○	◎	●
快装夹具	◎	●	◎	◎	◎
真空安装	◎	●	●	◎	◎
磁性座	◎	●	○	◎	●
手持式	○	○a	○	○	○

标志：●良好　◎中等　○不好

连接信号电缆时应注意：（1）信号电缆应区别输送不同性质电量（电压、电流等）的用途，合理选用屏蔽良好的信号电缆。长距离信号传输时应尽量减少接头数量，电缆接头应采取严密的防水防潮措施。长电缆对灵敏度的影响应作修正。（2）信号电缆应逐段固定，不得牵拉和踩踏信号电缆。（3）当采用轴向连接的传感器时，硬的电缆可能引起壳体应变，应将电缆仔细夹紧以避免出现上述现象（图 7-1-1）。压电式加速度传感器的电缆松动会引起摩擦静电效应。

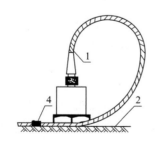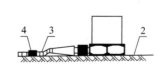

　　(a) 轴向引线式传感器　　　　(b) 侧向引线式传感器

图 7-1-1　轴向和侧向引线式传感器

1—不得受力；2—振动物体的连接表面；3—不得受力；4—将电缆固定在振动物体表面上

三、防干扰

振动放大器与数据采集分析仪器接地应正确可靠，并采用电子稳压电源，各类插件洁净完好，连接信号电缆布置合理，应远离强电磁场并避免通信工具（如对讲机、手机等）的电磁波干扰。多台仪器设备同时工作时应避免互相干扰。沙尘、风雨和雷电天气应加强仪器设备防护；测试仪器设备应布置在安全位置，且不得与运动物体产生位置冲突。测试时，要注意识别不同振源，防止未知振源产生干扰。

四、数据采集

数据采集系统的输入和频率范围，应与振动传感器及其放大器的输出相匹配。数据采集分析系统（仪器设备）工作前，应有足够的预热时间。如果需要，还应采用抗混叠滤波器，以避免频率混叠。

采样频率应符合采样定理要求。为保证采样信号能真实保留原始信号信息，采样频率至少为原始信号关注最高频率的 2 倍。这是采样的基本法则，称为采样定理，又称奈奎斯特-香农采样定理。

实际测试中，可根据如下三种情况分别设置采样频率：当仅作频域分析时，采样频率 f_s 可取：$f_s = (4 \sim 6) f_{max}$；当仅作时域分析时，采样频率 f_s 可取：$f_s = (6 \sim 10) f_{max}$；当既需时域分析又需频域分析时，采样频率 f_s 可取：$f_s = (6 \sim 8) f_{max}$，f_{max} 为关注频率的上限。

环境微振动法（大地脉动法）的采样频率宜为 $f_s = (4 \sim 6) f_{max}$，采样时间不宜少于30min，困难情况下不宜少于 15min，应避免或减小明显振动的干扰；当需要多次测试时，每次测试应至少保留一个共同参考点。自由振动衰减法的采样频率宜为 $f_s = (6 \sim 10) f_{max}$。

五、数据处理和分析

时域数据处理应注意：对记录的测试数据应进行奇异项、零点漂移、趋势项、记录波形和记录长度的检验；应消除系统误差，舍弃因过失误差产生的可疑数据；被测物体的自振频率，可在记录曲线上比较规则的波形段内取有限个周期的平均值；被测物体的阻尼比，可按自由衰减曲线计算；采用稳态正弦波激振时，可根据实测共振曲线，采用半功率点法计算；被测物体各测点的幅值，应用记录信号幅值除以测试系统的增益，并按此求得振型。

频域数据处理应注意：对频域中的数据应采用滤波、零均值化方法进行处理；被测物体的自振频率，可采用自谱分析或傅里叶谱分析方法求取；被测物体的阻尼比，宜采用自相关函数分析法、曲线拟合法或半功率点法确定；复杂结构的振型，宜采用自谱分析、互谱分析或传递函数分析方法确定。进行谱分析时，应合理选择时间窗函数，提高频域分辨率、减小泄露，保证谱估计质量。

测试数据处理后，应根据需要，提供被测物体的自振频率、阻尼比和振型，以及动力反应最大幅值、时程曲线、频谱曲线等分析结果。

第二节　针对振动敏感仪器设备的振动测试

一、测试工况和测试方法

对振动敏感设备产生影响的振动可分为三类：（1）简谐振动，如旋转机械等；（2）随机振动，如公路等；（3）瞬态间歇振动，如铁路、城市轨道交通、打桩、振冲、强夯、爆破等。不同类型的振动，需要测试的工况和时间长度不同，正弦振动可短时间测试；随机振动的测试时长不能太短，不宜短于 1000s，对于公路，需要测试各种典型车辆通过，特别是大型货车；瞬态间歇振动的测试时长应以振动次数确定，例如，铁路、城市轨道交通宜测试 20 次列车通过，打桩、振冲、强夯宜测试 10 次以上，爆破测试应根据实际爆破次数确定。还应同时对振动敏感设备运行和非运行状态进行测试，以区别不同的可能振源。

二、传感器布置

传感器应布置在振动敏感设备、支座与地面或墙壁的接触点。对于大型设备，需要布置多个测点。应对三个正交方向的振动进行测试，一般应选取一个铅垂方向和两个彼此正交的水平方向。

三、数据采集

采样频率应满足振动敏感设备说明书中关于频率范围的评价要求，即采样频率宜为频率范围上限频率的 4～10 倍。如果说明书中采用的是通用振动准则（VC 曲线），其上限频率是 100Hz，那么采样频率宜为 100Hz 的 4～10 倍。

四、数据分析与评价

数据分析应符合现行国家标准《机械振动与冲击 装有敏感设备建筑物内的振动与冲击 第 1 部分：测量与评价》GB/T 23717.1 的相关规定。按照振动敏感设备说明书中的环境振动要求，确定测试量（一般是速度或加速度）并进行评价。如果说明书中采用的是通用振动准则（VC 曲线），应按照《Considerations in Cleanroom Design》IEST-RP-CC 012.2、《机械振动与冲击 装有敏感设备建筑物内的振动与冲击 第 2 部分：分级》GB/T 23717.2 进行评价，亦可参考现行国家标准《建筑工程容许振动标准》GB 50868 的相关容许振动值。

第三节　针对建筑结构损伤的振动测试

一、测试工况和测试方法

对于铁路振动、城市轨道交通振动，读取每次列车通过时的最大值，连续测试 20 次列车，以 20 次的算术平均值作为评价量。

对于公路振动，等间隔读取瞬时值，采样间隔不大于 5s，连续测试时间不少于 1000s，以测试数据的累积百分 10 值*为评价量。

对于打桩、振冲、强夯等施工振动，以 10 次的算术平均值作为评价量。

---

* 百分 10 值指在规定的测量时间内，有 10% 时间的 z 振级超过某一值。

二、传感器布置

对于工业建筑、公共建筑、居住建筑、对振动敏感且具有保护价值的建筑（含未列入文物保护单位的不可移动文物中的建筑），传感器应布置在建筑物顶层楼面中心位置和建筑物基础处。

对于列入文物保护单位、世界文化遗产的古建筑，传感器应布置在承重结构最高处（砖结构、石结构、砖木混合结构以砖砌体为承重骨架的）、顶层柱顶（木结构、砖木混合结构以木材为承重骨架的）、石窟窟顶。

三、数据采集

对于工业建筑、公共建筑、居住建筑、对振动敏感且具有保护价值的建筑（含未列入文物保护单位的不可移动文物中的建筑）：（1）对于公路、铁路、城市轨道交通、打桩、振冲等引起的振动，采样频率应满足 1～100Hz 评价要求，即采样频率宜为 100Hz 的 4～10倍；（2）对于强夯振动，采样频率应满足 1～50Hz 的评价要求，即采样频率宜为 50Hz 的4～8 倍。

对于列入国家文物保护单位、世界文化遗产的古建筑，采样频率宜为 100～120Hz。

四、数据分析与评价

对于工业建筑、公共建筑、居住建筑、对振动敏感且具有保护价值的建筑（含未列入文物保护单位的不可移动文物中的建筑），测试量为水平向两个主轴方向的振动速度峰值及其对应的频率（建筑物顶层楼面中心位置处），竖向和水平向两个主轴方向的振动速度峰值及其对应的频率（建筑物基础处）。按照现行国家标准《建筑工程容许振动标准》GB 50868进行评价。

对于列入文物保护单位、世界文化遗产的古建筑，测试量为水平向两个主轴方向的振动速度峰值（砖结构、石结构、木结构、砖木混合结构），三个主轴方向的振动速度峰值（石窟），按照现行国家标准《古建筑防工业振动技术规范》GB/T 50452 进行评价。

第四节　针对建筑内办公环境的振动测试

一、测试工况和测试方法

对于稳态振动，测试一次，取 5s 内的平均值作为评价量。

对于冲击振动，取每次冲击过程中的最大值作为评价量。对于重复出现的冲击振动，以 10 次的算术平均值作为评价量。

对于公路等无规律振动，等间隔读取瞬时值，采样间隔不大于 5s，连续测试时间不少于 1000s，以测试数据的累积百分 10 值作为评价量。

对于铁路、城市轨道交通等有规律振动，取每次列车通过时的最大值，连续测试 20 次列车，以 20 次的算术平均值作为评价量。

二、传感器布置

传感器应布置在办公室内办公桌、办公椅、沙发附近楼板上。

三、数据采集

采样频率应满足 1～80Hz 评价要求,即采样频率宜为 80Hz 的 4～10 倍。

四、数据分析与评价

测试量为竖向、水平向或混合向的振动计权加速度级,采用最大瞬时振动值(MTVV),基准加速度为 $10^{-6}m/s^2$,全身振动计权因子采用现行国家标准《机械振动与冲击 人体暴露于全身振动的评价 第 1 部分:一般要求》GB/T 13441.1(ISO 2631/1),时间计权常数为 1s,并按照现行国家标准《建筑工程容许振动标准》GB 50868 进行评价。

第五节 工程实例

[实例 1] 某大型汽轮发电机组

神华国华寿光电厂配备大型汽轮发电机组,如图 7-5-1 所示,汽机机组由上海电气电站设备有限公司制造,制造厂沿用"基础设计——西门子发电机组 STIM_02.001"设计准则提供的技术参数,并据此对汽轮机组进行减隔振设计。该项目为国内首次百万机组火电厂汽机基座立柱与主厂房结构采用框架整体式弹簧基础,为检验汽机框架结构基础的振动状况是否满足国家标准,需对汽轮机组开展振动测试。

图 7-5-1 测试汽轮机

振动测试时,汽轮机负荷状态为 820MW(满负荷 1000MW),额定转速 3000r/min,主要测试内容包括:

（1）汽轮发电机基础运转层振动；

（2）汽轮发电机基础中间平台层振动，评价基础隔振后的振动水平以及隔振系统的振动控制效率；

（3）汽轮发电机基础隔振屏障外的振动。

测点布置方案：

（1）汽轮机基础顶面运转层位置：在隔振缝内侧、汽轮机基础与隔振缝外侧，结构楼板沿 1 号机组纵向均匀布置，共 5 组，每组包含隔振缝内外 2 个测点。

（2）汽轮机基础中间平台层位置：评价基础隔振后的振动水平以及隔振系统的振动控制效率，测点布置在中间平台层柱子上，共 6 个测点，分别为发电机下方 2 个测点、低压缸下方 1 个测点、中压缸下方 1 个测点、高压缸下方 2 个测点；其中，中压缸下方测点临近高压回流水管，振动测试受较大干扰。本次测试共 16 个测点，测点布置如图 7-5-2～图 7-5-5 所示。

图 7-5-2 工况一测点布置 1

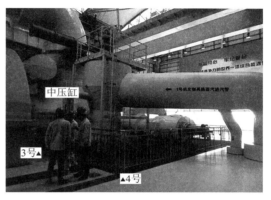

图 7-5-3 工况一测点布置 2

图 7-5-4 工况一测点布置 3

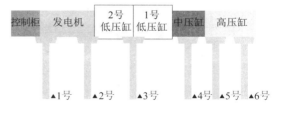

图 7-5-5 工况二测点布置

振动测试分析主要包括以下内容：

1. 隔振缝的隔振效率分析

对运转层（标高+16.450m）隔振缝内设备基础及隔振缝外结构楼板测点位移单峰值和速度均方根值，与相关标准限值进行对比，其中，运转层测点平面布置如图 7-5-6 所示，分析结果如图 7-5-7～图 7-5-12 及表 7-5-1 所示。

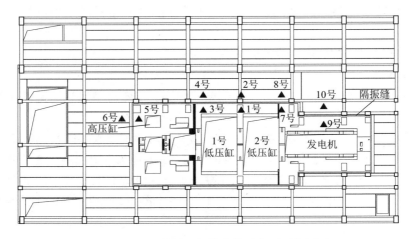

图 7-5-6 运转层隔振缝内外测点平面布置图

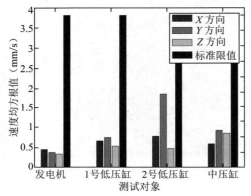

图 7-5-7 运转层隔振缝内侧基础速度均方
根值与标准值对比（钢弹簧隔振
系统正上方汽机基础）

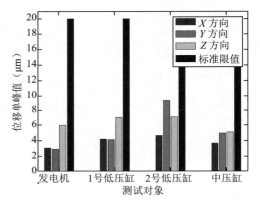

图 7-5-8 运转层隔振缝内侧基础位移单峰
值与标准值对比（钢弹簧隔振系
统正上方汽机基础）

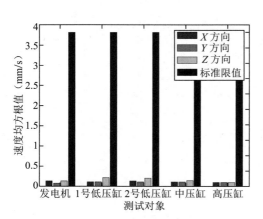

图 7-5-9 运转层隔振缝外侧楼板速度均方
根值与标准值对比

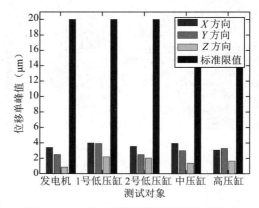

图 7-5-10 运转层隔振缝外侧楼板位移单
峰值与标准值对比

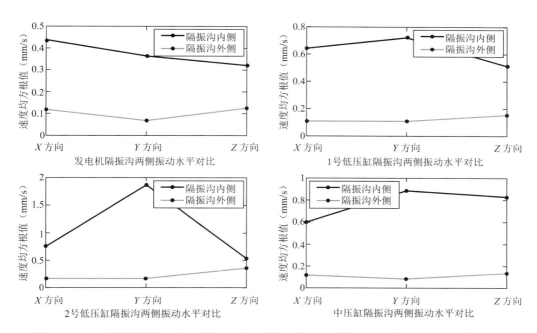

图 7-5-11　运转层隔振缝内外两侧速度均方根值对比（钢弹簧隔振系统正上方汽机基础）

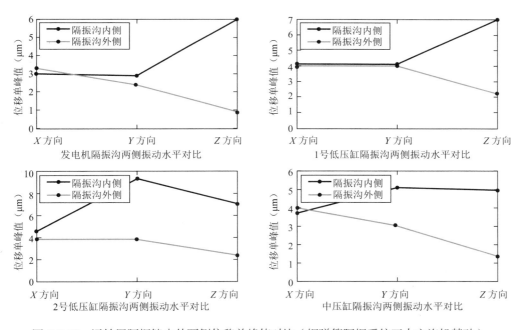

图 7-5-12　运转层隔振缝内外两侧位移单峰值对比（钢弹簧隔振系统正上方汽机基础）

2. 隔振系统传递率分析

分析钢弹簧中间平台层（标高+8.150m）柱子处位移单峰值和速度均方根值，并验算是否满足标准限值要求，运转层测点平面布置如图 7-5-13 所示，分析结果如图 7-5-14～图 7-5-19 及表 7-5-2 所示，缝内隔振基础上各测点振动水平均满足标准要求，钢弹簧隔振系统振动控制效率在 60%～97% 之间。

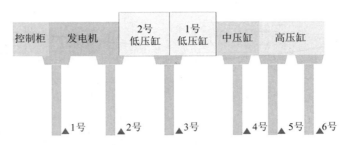

图 7-5-13　中间平台层柱子处测点布置图

运转层振动测试指标　　　　　　　　　　　　　　表 7-5-1

| 测点 | 方向 | 运转层基础 | | | | 速度均方根值衰减百分比 | 位移单峰值衰减百分比 |
| | | 隔振缝内 | | 隔振缝外 | | | |
		速度均方根值（mm/s）	位移单峰值（μm）	速度均方根值（mm/s）	位移单峰值（μm）		
发电机	X	0.435	3.013	0.118	3.385	−73%	+112%
	Y	0.360	2.848	0.065	2.494	−82%	−12%
	Z	0.317	5.952	0.124	0.805	−61%	−86%
1号低压缸	X	0.650	4.134	0.101	4.005	−84%	−3%
	Y	0.730	4.057	0.104	3.971	−86%	−2%
	Z	0.519	6.995	0.204	2.224	−61%	−68%
2号低压缸	X	0.756	4.547	0.120	3.595	−84%	−21%
	Y	1.839	9.320	0.099	3.640	−95%	−61%
	Z	0.462	7.047	0.196	2.066	−58%	−71%
中压缸	X	0.578	3.617	0.105	3.960	−82%	+109%
	Y	0.890	4.911	0.094	3.013	−89%	−39%
	Z	0.830	5.012	0.129	1.398	−84%	−72%
高压缸	X	—	—	0.091	3.160	—	—
	Y	—	—	0.083	3.300	—	—
	Z	—	—	0.091	1.658	—	—

注："−"表示衰减，"+"表示放大，下同。

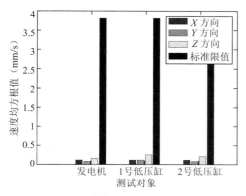

图 7-5-14　钢弹簧隔振系统正下方中间平台层柱子处速度均方根值与标准值对比

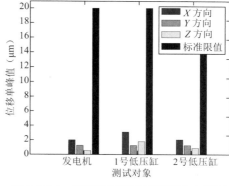

图 7-5-15　钢弹簧隔振系统正下方中间平台层柱子处位移单峰值与标准值对比

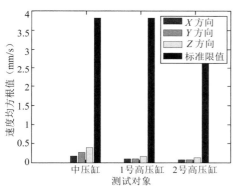

图 7-5-16　钢弹簧隔振系统正下方中间平台层柱子处速度均方根值与标准值对比

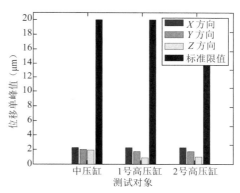

图 7-5-17　钢弹簧隔振系统正下方柱子处位移单峰值与标准值对比

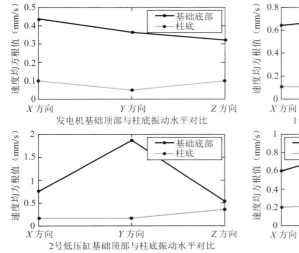

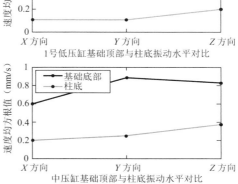

图 7-5-18　基础顶部与柱子速度均方根值对比（钢弹簧隔振系统上下传递分析）

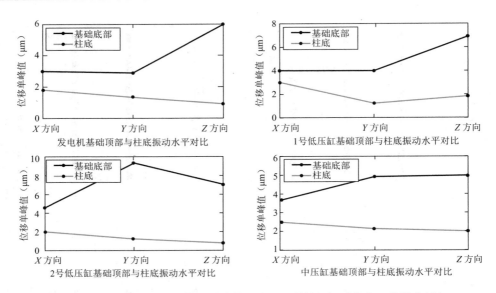

图 7-5-19　基础顶部与柱子位移单峰值对比（钢弹簧隔振系统上下传递分析）

各层测点衰减指标　　　　表 7-5-2

测点	方向	中间平台层柱子		运转层基础		速度均方根值衰减百分比	位移单峰值衰减百分比
		速度均方根值（mm/s）	位移单峰值（μm）	速度均方根值（mm/s）	位移单峰值（μm）		
发电机下柱	X	0.091	1.823	0.435	3.013	−79%	−39%
	Y	0.069	1.141	0.360	2.848	−81%	−60%
	Z	0.122	0.500	0.317	5.952	−62%	−92%
1 号低压缸下柱	X	0.115	3.128	0.650	4.134	−82%	−24%
	Y	0.114	1.210	0.730	4.057	−84%	−70%
	Z	0.218	1.583	0.519	6.995	−58%	−77%
2 号低压缸下柱	X	0.090	1.803	0.756	4.547	−88%	−60%
	Y	0.062	1.110	1.839	9.320	−97%	−88%
	Z	0.141	0.692	0.462	7.047	−69%	−90%
中压缸下柱	X	0.200	2.522	0.578	3.617	−65%	−30%
	Y	0.251	1.997	0.890	4.911	−72%	−59%
	Z	0.356	1.914	0.830	5.012	−57%	−62%
高压缸下柱 1	X	0.060	2.468	—	—	—	—
	Y	0.093	1.654	—	—	—	—
	Z	0.131	0.742	—	—	—	—
高压缸下柱 2	X	0.056	2.396	—	—	—	—
	Y	0.051	1.670	—	—	—	—
	Z	0.123	0.856	—	—	—	—

[实例2] 某发电厂碎煤机

某发电厂碎煤机室自运行起，碎煤机振动过大，经常报警跳闸，严重影响生产运营，如图 7-5-20 所示。为减小碎煤机振动，使用方用钢件把减振钢平台与楼板直接刚性连接，机器振动有所减小，但楼板振动增大。运行一段时间后，被迫大修，重新修正了碎煤机转子动平衡，同时，也置换了隔振器，并在每个隔振器增设阻尼器，振动有所减小，但仍然存在无规律较大振动，主要现象：

（1）A、B 机器分别运行时，对另一机器的振动有所影响；

（2）A 机器振动大于 B 机器振动；

（3）振动幅值随机性较大；

（4）楼盖振动较大。

机器振动需要满足现行国家标准《机械振动　在非旋转部件上测量评价机器的振动　第 3 部分：额定功率大于 15kW 额定转速在 120r/min 至 1500r/min 之间的在现场测量的工业机器》GB/T 6075.3 中柔性基础关于机器长期稳定运行状况的 C 区域：位移均方根值小于 90μm，速度均方根值小于 7.1mm/s；基础结构需要满足现行国家标准《建筑工程容许振动标准》GB 50868（竖向振动线位移 150μm、水平向振动线位移 200μm）的关键指标要求，同时还要检验该振动对结构的影响，确保结构安全可靠。

图 7-5-20　振动测试现场照片

本项目振动控制指标主要从两个方面进行要求：一是碎煤机设备的正常使用，二是工业建筑结构安全。现行国家标准《机械振动　在非旋转部件上测量评价机器的振动　第 3 部分：额定功率大于 15kW 额定转速在 120r/min 至 1500r/min 之间的在现场测量的工业机器》GB/T 6075.3 则是适用于该电厂碎煤机设备的振动控制标准。为保证破碎机设备的正常工作，规定机器非旋转部件的容许振动值如表 7-5-3 所示，测点布置示意如图 7-5-21 所示。

机组振动水平要求　　　　　　　　　　　　　　　表 7-5-3

支承类型	区域边界	位移均方根值（μm）	速度均方根值（mm/s）
刚性	A/B	29	2.3
	B/C	57	4.5
	C/D	90	7.1

续表

支承类型	区域边界	位移均方根值（μm）	速度均方根值（mm/s）
柔性	A/B	45	3.5
	B/C	90	7.1
	C/D	100	11.0

注：区域 A：新交付的机器振动通常属于该区域。

区域 B：机器振动处在该区域通常可长期运行。

区域 C：机器振动处在该区域一般不适宜长时间连续运行，通常机器可在此状态下运行有限时间，直到有采取补救措施的合适时机。

区域 D：机器振动处在该区域其振动烈度足以导致机器损坏。

本项目中的机器基础属柔性支撑，以"不适宜长时间连续运行"的区域 C 标准进行评价，即位移均方根值 90μm，速度均方根值 7.1mm/s。

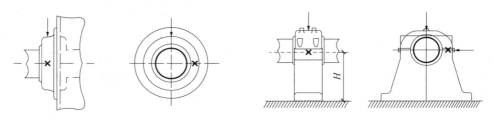

图 7-5-21　测点布置示意

现行国家标准《建筑工程容许振动标准》GB 50868 针对破碎机基础以及建筑顶层楼板的容许振动位移峰值做出了规定，分别如表 7-5-4、表 7-5-5 和图 7-5-22 所示。

破碎机基础在时域范围内的容许振动值　　　　　　　　表 7-5-4

基础类型		机器额定转速 n（r/min）	容许振动位移峰值（mm）
破碎机和磨机基础	破碎机	$n \leqslant 300$	0.25（水平）
		$300 < n \leqslant 750$	0.20（水平）0.15（竖向）
		$n > 750$	0.15（水平）0.10（竖向）
	风扇类磨机	$n < 500$	0.20（水平）
		$500 \leqslant n \leqslant 750$	0.15（水平）

建筑结构在时域范围内的容许振动值（mm/s）　　　　　表 7-5-5

建筑物类型	顶层楼面处	基础处		
	1～100Hz	1～10Hz	50Hz	100Hz
第 1 类：工业建筑、公共建筑	10.0	5.0	10.0	12.5
第 2 类：居住建筑	5.0	2.0	5.0	7.0
第 3 类：对振动敏感、具有保护价值、不能划归上述两类的建筑	2.5	1.0	2.5	3.0

注：1. 表中容许振动值应按频率线性插值确定；

2. 评价指标取振动时域最大值及其对应的振动频率。

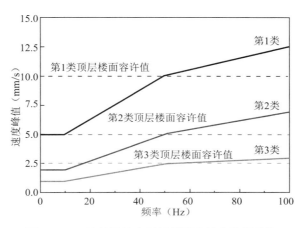

图 7-5-22　建筑结构在时域范围内的容许振动值

本项目为工业建筑，对应第 1 类建筑的容许振动值。

本次测试主要针对碎煤机机身、碎煤机所在楼盖及隔振弹簧传递率进行测试，测试工况共分四组，分别为：A 运行，B 运行，A、B 同时运行及环境振动。测试工况如表 7-5-6 所示。

振动测试工况表　　　　　　　　　　　　表 7-5-6

工况编号	测试工况	试验组号	测试对象
1	A 开启，B 关闭	1-1	A 机身与楼板同步测试
		1-2	B 机身与楼板同步测试
		1-3	A 机身与 B 机身同步测试
		1-4	A 机北侧-弹簧衰减测试
		1-5	A 机南侧-弹簧衰减测试
2	B 开启，A 关闭	2-1	A 机身与楼板同步测试
		2-2	B 机身与楼板同步测试
		2-3	A 机身与 B 机身同步测试
3	A、B 同时开启	3-1	A 机身与楼板同步测试
		3-2	B 机身与楼板同步测试
		3-3	A 机身与 B 机身同步测试
		3-4	楼板振动传递测试
4	环境振动	4-1	楼板振动测试

各工况测点中，机身测点布置在机身一侧圆头顶面，亦为碎煤机振动监测位置，楼板测点位于 A、B 机器中间楼板，弹簧衰减测点分 A 机南侧、A 机北侧两组，每组均布置在弹簧上、下两端的机身框架处。楼盖传递测试测点布置在 A、B 机器之间，1～3 号测点由西向东布置，测点间距约 3m，2 号点与楼盖测点重合。各工况测点布置方案如图 7-5-23 所示。

(a) A 机身、B 机身、楼盖测点

(b) A 机北侧、南侧弹簧测点

(c) 楼盖振动传递测点

图 7-5-23　测点布置示意图

本次测试采集振动加速度信号，工程单位为 mm/s²，采样频率为 512Hz，每个测点均进行三方向振动数据采集，其中，X 方向为碎煤机轴向、Y 方向为碎煤机径向、Z 方向为竖向。每组测点测试时长 120s，传感器使用胶泥固定在测点位置。振动测试仪器主要包括：

1. 传感器

测试选用 KD-1500LS 型加速度传感器，主要参数见表 7-5-7，实物见图 7-5-24（a）。

KD-1500LS 型三向加速度传感器主要参数　　　　　表 7-5-7

灵敏度［mV/（mm/s²）］	160620　X（0.4908）　　Y（0.5144）　　Z（0.516）
量程（g）	±1g
频率分析范围（Hz）	0.1～500
谐振频率（Hz）	2.5k
质量（g）	580
外形尺寸（mm）	65×65×36
	安装通孔φ5　侧端 M5
特点	地震、桥梁、建筑的微振动测试，可以配专用磁座

2. 采集仪

INV3062T 型 32 位微振采集仪(图 7-5-24b),采用先进的 4 阶 delta-sigma 型 32 位 A/D 采集, 具有采集精度高、基线稳定等特点, 可用于测量微弱振动信号, 例如, 地脉动、土木结构等。

(a) KD-1500LS 型三向加速度传感器　　　　　　(b) INV3062T 型采集仪

图 7-5-24　测试用传感器及采集仪

3. 分析软件

本项目使用的分析软件为 DASP-V11 工程版,对数据进行时频域分析及传递函数分析,分析设备及建筑的主要时频特性与传递规律,分析振动成因。时域指标主要提取振动最大值及其对应频率,频谱分析的点数取 2048,为减小信号泄露,频谱分析的重叠系数取 3/4,施加 Hanning 窗。

现行国家标准《建筑工程容许振动标准》GB 50868 分别对设备基础的振动速度和楼盖振动位移做出规定,因本项目设备底座与钢梁板底座连接,将钢板底座振动作为设备基础振动,并与标准进行对比。标准中速度和位移均以时域峰值作为评价量 (表 7-5-8)。

现行国家标准《机械振动 在非旋转部件上测量评价机器的振动 第 3 部分:额定功率大于 15kW 额定转速在 120r/min 至 1500r/min 之间的在现场测量的工业机器》GB/T 6075.3 中对位移和速度均方根值 (有效值) 进行规定,机身的评价指标对应有效值。

测试工况时域数据统计　　　　　　　　　　表 7-5-8

测试工况	评价量	测试对象	方向	峰值	峰峰值	有效值	标准规定
1. A 机开启、B 机关闭	振动位移（μm）	A 机身	X	67.21	127.92	30.52	90
			Y	147.99	293.71	93.45	90
			Z	157.41	275.96	88.01	90
		B 机身	X	4.84	8.91	2.12	90
			Y	3.53	6.25	0.96	90
			Z	6.79	11.41	2.98	90
		南侧设备基础	X	4.01	7.34	1.04	200
			Y	3.89	7.36	0.93	200
			Z	6.59	12.94	2.95	150

测试工况	评价量	测试对象	方向	峰值	峰峰值	有效值	标准规定
1.A 机开启、B 机关闭	振动位移（μm）	北侧设备基础	X	4.57	8.48	1.32	200
			Y	6.03	11.89	2.14	200
			Z	27.18	50.41	16.11	150
		楼板	X	4.37	8.01	1.13	—
			Y	3.58	7.10	1.28	—
			Z	26.51	50.62	15.92	—
2.B 机开启、A 机关闭	振动位移（μm）	A 机身	X	6.11	12.13	1.36	90
			Y	16.32	32.10	4.46	90
			Z	6.26	12.19	3.16	90
		B 机身	X	73.31	119.83	35.27	90
			Y	109.58	178.81	53.60	90
			Z	150.75	284.69	73.71	90
		楼板	X	4.67	7.76	1.45	—
			Y	9.80	19.20	3.01	—
			Z	18.27	33.32	5.38	—
3.A 机、B 机同时启动	振动位移（μm）	A 机身	X	66.87	121.25	31.12	90
			Y	137.16	266.90	83.12	90
			Z	188.63	395.76	82.76	90
		B 机身	X	71.84	125.77	37.57	90
			Y	100.40	163.39	53.72	90
			Z	148.72	290.79	70.78	90
		楼板	X	3.46	6.89	0.95	—
			Y	3.92	7.17	1.18	—
			Z	28.45	53.44	15.56	—
1.A 机开启、B 机关闭	振动速度（mm/s）	A 机身	X	8.60	15.39	3.53	7.1
			Y	15.66	24.62	7.83	7.1
			Z	12.15	24.23	7.11	7.1
		B 机身	X	1.12	1.86	0.18	7.1
			Y	0.27	0.46	0.04	7.1
			Z	0.41	0.77	0.23	7.1

续表

测试工况	评价量	测试对象	方向	峰值	峰峰值	有效值	标准规定
1.A 机开启、B 机关闭	振动速度（mm/s）	南侧设备基础	X	0.28	0.53	0.11	—
			Y	0.18	0.36	0.06	—
			Z	0.79	1.46	0.38	—
		北侧设备基础	X	0.30	0.56	0.09	—
			Y	0.58	1.06	0.19	—
			Z	2.74	4.60	1.36	—
		楼板	X	0.26	0.51	0.09	10
			Y	0.34	0.56	0.11	10
			Z	2.54	4.16	1.32	10
2.B 机开启、A 机关闭	振动速度（mm/s）	A 机身	X	2.69	4.84	0.34	7.1
			Y	2.79	5.29	0.63	7.1
			Z	0.50	1.00	0.28	7.1
		B 机身	X	7.27	13.77	3.05	7.1
			Y	9.20	18.10	4.58	7.1
			Z	11.10	21.59	6.09	7.1
		楼板	X	0.18	0.34	0.05	10
			Y	0.26	0.51	0.07	10
			Z	1.41	2.81	0.41	10
3.A 机、B 机同时启动	振动速度（mm/s）	A 机身	X	8.16	14.84	3.42	7.1
			Y	13.80	22.64	6.99	7.1
			Z	12.79	24.72	6.54	7.1
		B 机身	X	7.45	13.77	3.28	7.1
			Y	9.22	18.23	4.62	7.1
			Z	11.36	22.27	5.88	7.1
		楼板	X	0.27	0.48	0.09	10
			Y	0.30	0.54	0.11	10
			Z	2.62	4.57	1.32	10

1）工况 1（A 开启、B 关闭）数据分析

（1）各测点时频域数据

①A 机机身振动时频域数据（图 7-5-25）

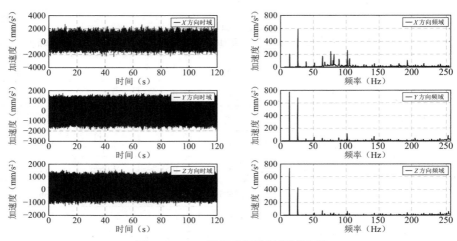

图 7-5-25　A 机机身振动时频域数据

②楼板振动时频域数据（图 7-5-26）

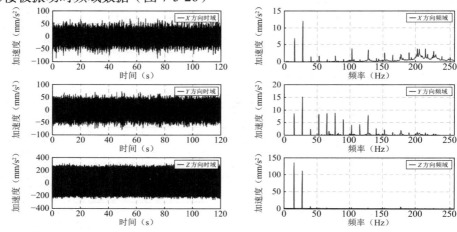

图 7-5-26　楼板振动时频域数据

③B 机机身振动时频域数据（图 7-5-27）

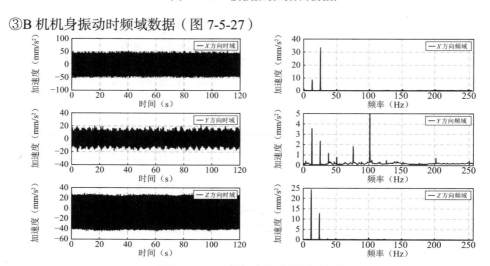

图 7-5-27　B 机机身振动时频域数据

（2）主要传递路径函数数据

主要传递路径示意如图 7-5-28 所示。

图 7-5-28　主要传递路径示意图

主要传递路径共分 3 组，分别为 A 机至楼板、A 机至 B 机及楼板至 B 机。

①A 机至楼板传递曲线（图 7-5-29）

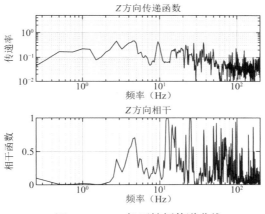

图 7-5-29　A 机至楼板传递曲线

②A 机至 B 机传递曲线（图 7-5-30）

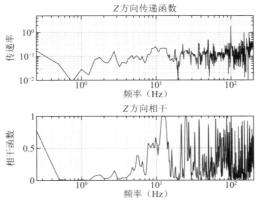

图 7-5-30　A 机至 B 机传递曲线

③楼板至 B 机传递曲线（图 7-5-31）

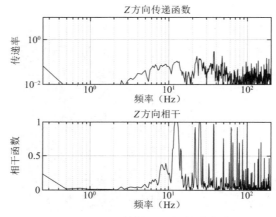

图 7-5-31　楼板至 B 机传递曲线

（3）弹簧隔振效率

弹簧振动传递方向如图 7-5-32 所示。

图 7-5-32　弹簧振动传递方向

①A 机南侧弹簧顶端时频域数据（图 7-5-33）

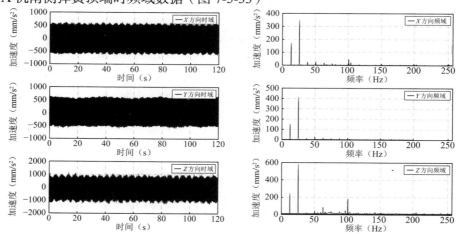

图 7-5-33　A 机南侧弹簧顶端时频域数据

②A机南侧弹簧底端时频域数据（图7-5-34）

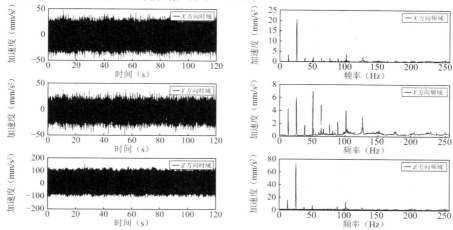

图7-5-34 A机南侧弹簧底端时频域数据

③A机北侧弹簧顶端时频域数据（图7-5-35）

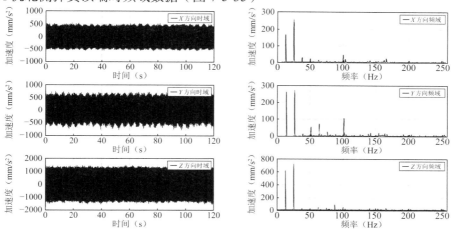

图7-5-35 A机北侧弹簧顶端时频域数据

④A机北侧弹簧底端时频域数据（图7-5-36）

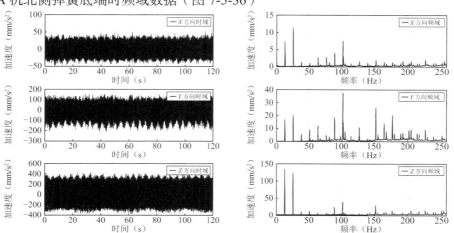

图7-5-36 A机北侧弹簧底端时频域数据

弹簧隔振效率对比见图 7-5-37。

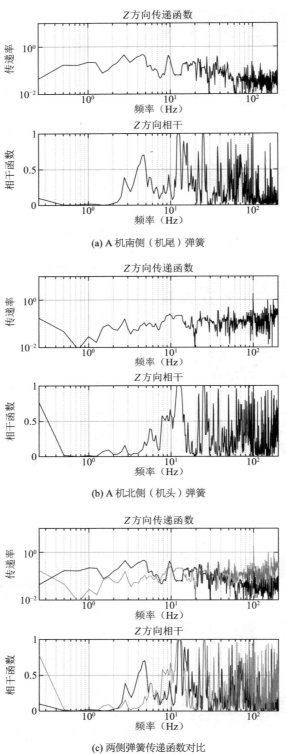

(a) A机南侧（机尾）弹簧

(b) A机北侧（机头）弹簧

(c) 两侧弹簧传递函数对比

图 7-5-37　弹簧隔振效率对比

主要结论：

（1）设备转速为 750r/min，从时频域结果来看，A 机Y向（径向）振动最大（加速度有效值 781mm/s²），X向（轴向、加速度有效值 677mm/s²）、Z向（竖向、加速度有效值 646mm/s²）振动接近，Y向振动是其余两向的 1.2 倍左右；楼板振动Z向（竖向、加速度有效值约 126mm/s²）最大，约为其余两向振动（加速度有效值约 20mm/s²）的 6 倍，其余两向振动水平接近；B 机X向（加速度有效值约 25mm/s²）振动大，约为其余两向振动（加速度有效值约 5mm/s²）的 4 倍。A 机机身振动最大，楼板振动次之，B 机机身振动最小。A 机机身振动 12.5Hz、25Hz 贡献较大，为设备工作频率及其倍频。楼板水平向振动有部分高频振动参与，Y向明显，B 机Y向也存在 100Hz 峰值，但仍以 12.5Hz 及 25Hz 为主要振动频率。

（2）根据传递率曲线，A 机机身到楼板多频段的衰减率均在 60% 以上，37Hz 振动衰减最差，约为 56%。从相干函数来看，A 机到楼板，楼板到 B 机以及 A 机到 B 机相比，振动在 12.5Hz、25Hz 以及幅值谱主要峰值频率的相干函数均接近 1，振动相关性较高，楼板及 B 机的主要频率对应振动主要来自 A 机。

（3）弹簧顶端 A 机机头Y向、Z向振动稍大于机尾，经弹簧隔振后，机头、机尾位置的Y、Z两向振动差别增大，机头振动约为机尾振动的 2 倍。沿 A 机轴向布置的弹簧隔振效率相差较大，在 12.5Hz 左右，两侧弹簧隔振效率基本相同，而北侧（机头）部分弹簧对 20Hz 以上高频振动的隔振效果明显低于南侧部分弹簧。

（4）该工况下，基本可以确定振动的传递路径为 A 机到楼板到 B 机。

2）工况 2（B 开启、A 关闭）数据分析

（1）各测点时频域数据

①B 机机身振动时频域数据（图 7-5-38）

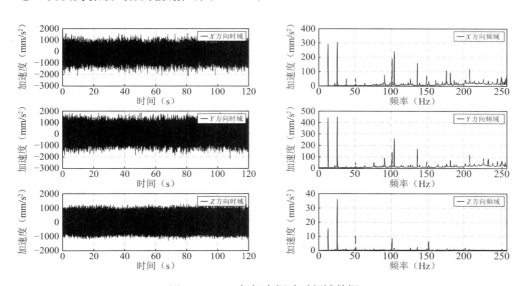

图 7-5-38　B 机机身振动时频域数据

②楼板振动时频域数据（图 7-5-39）

③A 机机身振动时频域数据（图 7-5-40）

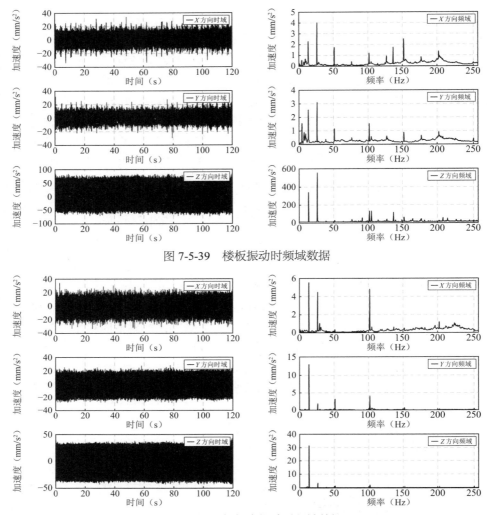

图 7-5-39　楼板振动时频域数据

图 7-5-40　A 机机身振动时频域数据

（2）主要传递路径函数数据

主要传递路径示意如图 7-5-41 所示。

图 7-5-41　主要传递路径示意图

①B 机至楼板传递曲线（图 7-5-42）

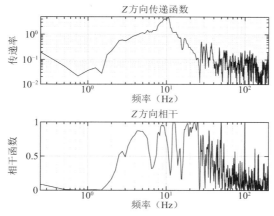

图 7-5-42　B 机至楼板传递曲线

②楼板至 A 机传递曲线（图 7-5-43）

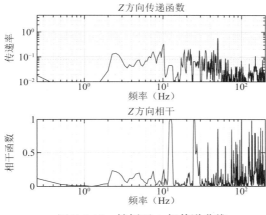

图 7-5-43　楼板至 A 机传递曲线

③B 机至 A 机传递曲线（图 7-5-44）

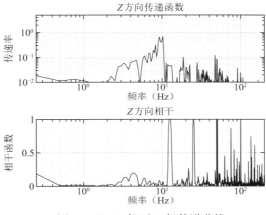

图 7-5-44　B 机至 A 机传递曲线

主要结论:

(1)时频域结果同工况 1 类似,作为振源的 B 机 Y 向(径向、加速度有效值 598mm/s²)、Z 向(竖向、加速度有效值 596mm/s²)振动较为接近,为 X 向(轴向、加速度有效值 495mm/s²)的 1.2 倍左右;而楼板振动 Z 向(竖向、加速度有效值约 41mm/s²)最大,约为其余两向振动(加速度有效值 5~7mm/s²)的 6 倍,其余两向振动水平接近;A 机 Z 向(加速度有效值约 20mm/s²)振动大,约为其余两向振动(加速度有效值约 10mm/s²)的 2 倍。B 机机身振动最大,楼板振动次之,A 机机身振动最小。运转设备振动水平较工况 1 减小 10%~20%,地面振动水平较工况 1 减小约 75%,未工作设备的振动水平与工况 1 有所差别,以 Z 向振动为主。B 机机身振动 12.5Hz、25Hz 贡献较大,为设备工作频率及其倍频,整体与 A 机振动相似。楼板水平向振动有部分高频振动参与,但仍以 12.5Hz 及 25Hz 为主要振动频率。

(2)与工况 1 相比,根据传递率曲线,B 机机身到楼板的振动衰减略差于 A 机到地面。在 5~11Hz 之间,振动出现放大,11~13Hz 关键频段内,衰减率为 50%,结合相干函数,放大频段内,部分频率与 B 机相干性接近 1,但仍有部分未达到 1,说明 B 机振动在部分频率引起的地面振动放大,由于测试过程还有其他振动参与,其余频段衰减率相对较好。从相干函数来看,B 机到楼板、楼板到 B 机以及 A 机到 B 机相比,振动在 12.5Hz、25Hz 以及幅值谱主要峰值频率的相干函数均接近 1,振动相关性较高,楼板及 A 机主要频率对应振动主要来自 B 机。

(3)该工况下,基本可以确定主要振动的传递路径为 B 机到楼板到 A 机。

3)工况 3(A、B 两机同时开启)数据分析

(1)各测点时频域数据

①A 机机身振动时频域数据(图 7-5-45)

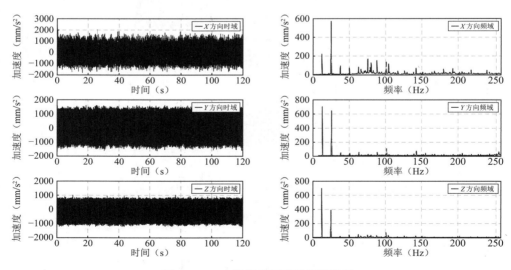

图 7-5-45 A 机机身振动时频域数据

②B 机机身振动时频域数据(图 7-5-46)

③楼板振动时频域数据(图 7-5-47)

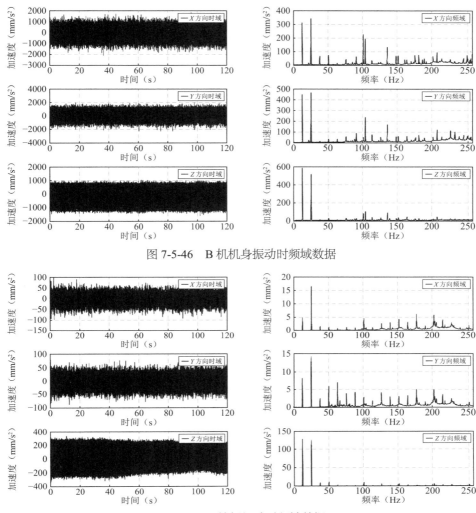

图 7-5-46　B 机机身振动时频域数据

图 7-5-47　楼板振动时频域数据

（2）主要传递路径函数数据

主要传递路径示意如图 7-5-48 所示。

图 7-5-48　主要传递路径示意图

①A 机至楼面传递曲线（图 7-5-49）

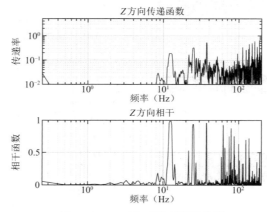

图 7-5-49　A 机至楼面传递曲线

②B 机至楼板传递曲线（图 7-5-50）

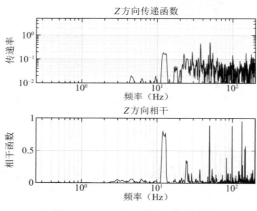

图 7-5-50　B 机至楼面传递曲线

③A、B 两机至楼板传递函数对比（图 7-5-51）

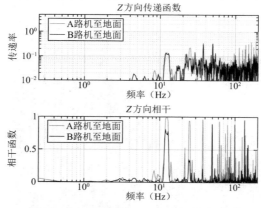

图 7-5-51　A、B 两机至楼板传递函数对比

（3）楼板振动传递对比

①1 号点（西侧）时频域数据（图 7-5-52）

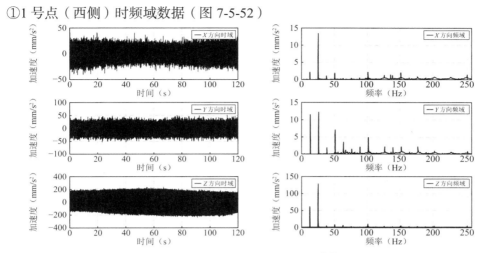

图 7-5-52　1 号点（西侧）时频域数据

②1 号点（中部）时频域数据（图 7-5-53）

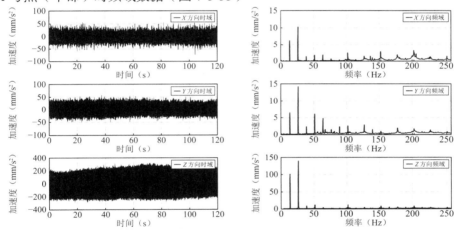

图 7-5-53　2 号点（中部）时频域数据

③3 号点（东侧）时频域数据（图 7-5-54）

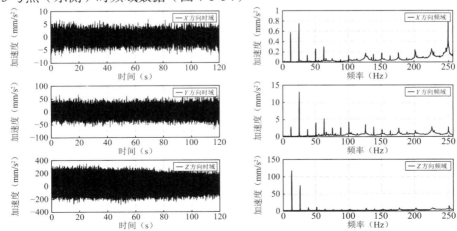

图 7-5-54　3 号点（东侧）时频域数据

④各测点加速度有效值对比（图 7-5-55）

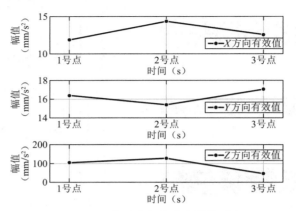

图 7-5-55　各测点加速度有效值对比

主要结论：

（1）工况 3，A、B 两机同时开启，从时频域结果来看，该工况振动最大。该工况下，A 机振动水平仍稍大于 B 机。A 机以 Y 向（径向）振动最大（加速度有效值约 700mm/s²），其余方向，A 机 X 向（轴向）、Z 向（竖向）振动水平接近（加速度有效值约 624mm/s²），B 机 Y 向（径向）、Z 向（竖向）振动较大（加速度有效值约 617mm/s²），X 向（轴向、加速度有效值 520mm/s²）稍小。而楼板振动仍以 Z 向（竖向、加速度有效值约 133mm/s²）最大，约为其余两向振动（加速度有效值约 21mm/s²）的 6 倍。整体而言，楼板振动稍大于工况 1 振动，但相差不大。各测点频率差别不大，主频仍为 12.5Hz、25Hz。

（2）根据传递率曲线，该工况下 A 机弹簧隔振效率在 100Hz 以上高频部分，较 B 机弹簧差，部分频率仅 50% 左右；且从相干函数来看，除 50Hz、100Hz、150Hz 频率外，地面振动主要频率均是 A 机贡献大，地面振动受 A 机影响更加明显。

（3）通过楼板振动传递对比，确定除 Y 向（径向）外 A、B 两机之间振动最大，振动向两侧逐渐衰减。

4）工况 4（环境振动）数据分析（图 7-5-56）

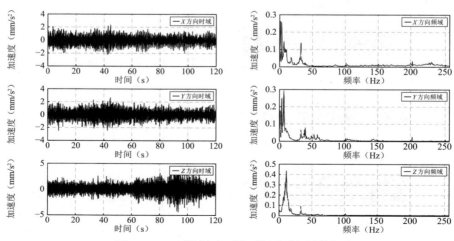

图 7-5-56　环境振动下地面振动时频域数据

主要结论：

环境振动下，楼板水平向自振频率较低，在 1Hz、3.5Hz 及 6Hz 均存在较大峰值，楼板竖向振动在 6.5Hz、10Hz 及 10.5Hz 出现峰值，且以 10.5Hz 幅值最大，该频率与设备工作主频 12.5Hz 接近，且经弹簧隔振后，设备工作条件下楼板的振动依然以 12.5Hz 与 25Hz 为主，不利于楼板的振动控制。

[实例 3] 某钢铁厂皮带机转运站

马钢三铁总厂 B 炉西 1 号皮带机转运站建于 2007 年，为钢筋混凝土框架结构，东侧连接西 1 号皮带通廊，北侧连接西 2 号皮带通廊；转运站包括标高 6.5m、13.75m、21m、25m 四个平台；其中，21m、25m 平台均放置电机、减速机及输送机滚筒，见图 7-5-57～图 7-5-60。皮带运行时，转运站东西向振动明显，振动原因不明，考虑振动对结构造成安全影响和操作人员不适，应进行振动测试评估。

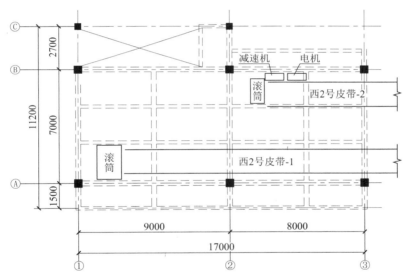

图 7-5-57　标高 21m 设备及皮带布置图

图 7-5-58　21m 平台西 2 号皮带-2 牵引设备照片

图 7-5-59　21m 平台西 2 号皮带-1 机尾滚筒照片

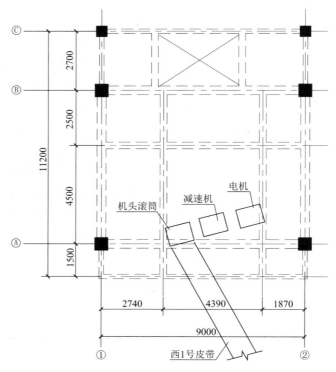

图 7-5-60　25m 平台设备及皮带布置图

数据采集使用 A302 型无线加速度传感器、941B 型超低频拾振器（图 7-5-61）以及 INV3062C 分布式采集仪。

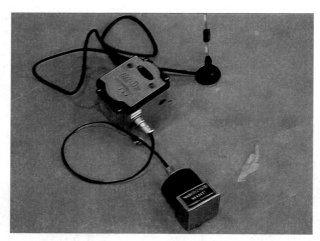

图 7-5-61　941B 型超低频拾振器

测试工况包括：

（1）皮带停止运行时，结构固有频率测试；

（2）皮带空载运行时，结构水平向振幅、频率测试；

（3）皮带正常运载时，结构水平向振幅、频率测试。

沿结构立面和平面分别布置测点，共计 8 个，测点布置见图 7-5-62～图 7-5-65。

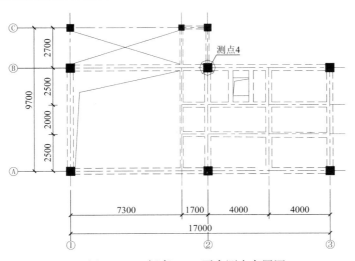

图 7-5-62 标高 6.5m 平台测点布置图

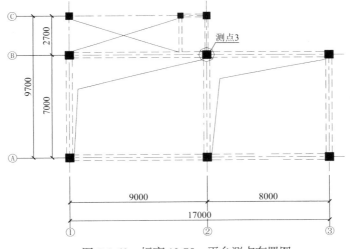

图 7-5-63 标高 13.75m 平台测点布置图

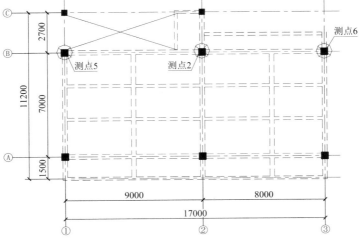

图 7-5-64 标高 21m 平台测点布置图

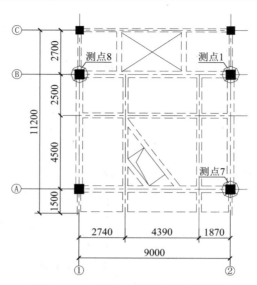

图 7-5-65　标高 25m 平台测点布置图

表 7-5-9 给出不同工况下各测点振动测试结果汇总。

振动测试结果汇总表　　　　　　　表 7-5-9

测点编号	工况	方向	测点标高及位置		最大速度 （mm/s）	最大位移 （mm）	频率 （Hz）
1	空载	东西向立面	25m	2/B柱	2.73	0.36	1.22
2			21m	2/B柱	3.95	0.52	1.22
3			13.75m	2/B柱	3.73	0.49	1.22
4			6.5m	2/B柱	1.87	0.24	1.22
2		东西向21m 平面	21m	2/B柱	4.66	0.61	1.22
6			21m	3/B柱	3.04	0.40	1.22
5			21m	1/B柱	5.89	0.77	1.22
1		东西向25m 平面	25m	2/B柱	2.96	0.56	1.22
7			25m	2/A柱	4.28	0.56	1.22
8			25m	1/B柱	5.25	0.69	1.22
1		南北向立面	25m	2/B柱	0.99	0.13	1.22
2			21m	2/B柱	1.33	0.17	1.22
3			13.75m	2/B柱	1.17	0.15	1.22
4			6.5m	2/B柱	0.78	0.10	1.22

续表

测点编号	工况	方向	测点标高及位置		最大速度 （mm/s）	最大位移 （mm）	频率 （Hz）
2	空载	南北向21m 平面	21m	2/B柱	1.20	0.16	1.22
6			21m	3/B柱	1.11	0.14	1.22
5			21m	1/B柱	0.90	0.12	1.22
1		南北向25m 平面	25m	2/B柱	1.18	0.15	1.22
7			25m	2/A柱	1.50	0.2	1.22
8			25m	1/B柱	1.72	0.22	1.22
1	满载	东西向立面	25m	2/B柱	2.93	0.38	1.22
2			21m	2/B柱	4.44	0.58	1.22
3			13.75m	2/B柱	3.81	0.50	1.22
4			6.5m	2/B柱	1.92	0.25	1.22
2		东西向21m 平面	21m	2/B柱	2.47	0.33	1.21
6			21m	3/B柱	1.94	0.26	1.21
5			21m	1/B柱	3.14	0.41	1.21
1		东西向25m 平面	25m	2/B柱	2.93	0.38	1.22
7			25m	2/A柱	4.32	0.56	1.22
8			25m	1/B柱	5.41	0.71	1.22
1		南北向立面	25m	2/B柱	1.18	0.15	1.22
2			21m	2/B柱	1.50	0.20	1.22
3			13.75m	2/B柱	1.08	0.14	1.22
4			6.5m	2/B柱	0.52	0.07	1.22
2		南北向21m 平面	21m	2/B柱	0.90	0.12	1.21
6			21m	3/B柱	0.86	0.11	1.21
5			21m	1/B柱	0.89	0.12	1.21
1		南北向25m 平面	25m	2/B柱	1.18	0.15	1.22
7			25m	2/A柱	1.50	0.20	1.22
8			25m	1/B柱	1.73	0.23	1.22
1	静止	东西向立面	25m	2/B柱	0.51	0.07	1.24
2			21m	2/B柱	0.63	0.08	1.24
3			13.75m	2/B柱	0.81	0.10	1.24
4			6.5m	2/B柱	0.73	0.09	1.24

测试结果分析：

（1）不同工况下，各测点的最大振动速度均较小，最大值为 5.89mm/s，为空载工况下测点 5 的最大振动速度；空载与正常运载两种工况下，各测点振动幅值基本接近。

（2）从③轴线到①轴线，振动呈明显增大趋势。以空载工况下、标高 21m 平台为例，位于③轴线的测点 6、位于②轴线的测点 2 以及位于①轴线的测点 5，其东西向最大振动速度分别为 3.04mm/s、4.66mm/s、5.89mm/s，可以看出，结构绕 Z 轴扭转特征明显。

（3）各工况下，各测点振动频率比较稳定，均在 1.22Hz 左右。

[实例 4] 某选煤厂

保德选煤厂 6204 转载点已使用近 15 年，现发现部分钢结构杆件、组合楼板压型钢板存在防腐层脱落、腐蚀等现象；在设备运行及启动、停止过程中转载点二层楼面振感强烈。为保证建筑物安全使用及操作人员的身心健康，需对 6204 转载点进行振动测试，分析异常振动产生的原因。

6204 转载点①轴～③轴/A 轴～B 轴之间，总长 12.0m，宽 12.3m，建筑面积 405m²，建筑体积 2387m³。转载点为 3 层，标高分别为+5.370m、+11.370m、+17.000m（参见图 7-5-66～图 7-5-68）。

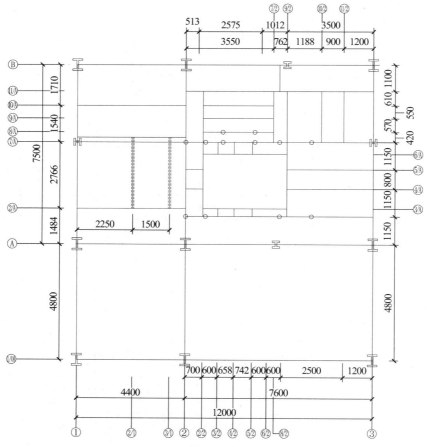

图 7-5-66　6204 转载点标高+5.370m 结构平面图

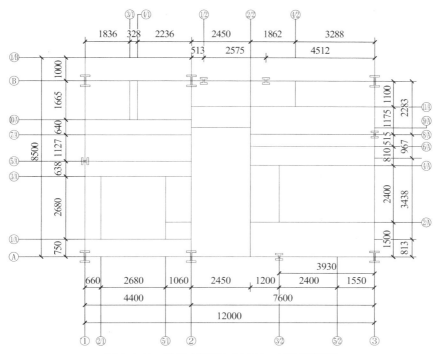

图 7-5-67 转载点标高+11.370m 结构平面图

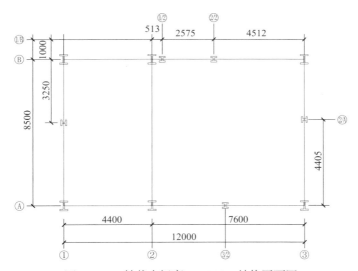

图 7-5-68 转载点标高+17.000m 结构平面图

数据采集使用941B型超低频拾振器以及INV3062C分布式采集仪。振动测试选取6204转载点+5.370m 标高、+11.370m 标高进行测试，测点如图 7-5-69 和图 7-5-70 所示。测试工况有 4 种，分别为：

工况 1：三台设备停止运行状态；

工况 2：仅振动筛空载运行状态（含启动、停止过程）；

工况 3：三台设备空载运行状态；

工况 4：三台设备负载运行状态。

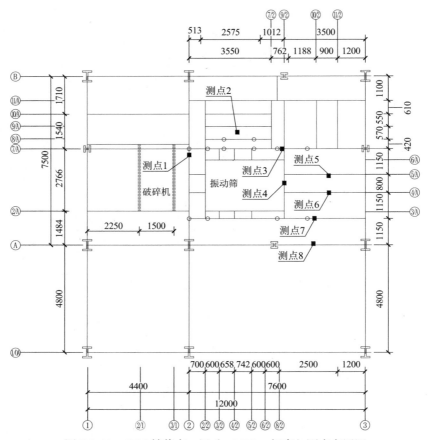

图 7-5-69　6204 转载点一层（+5.370m 标高）测点布置图

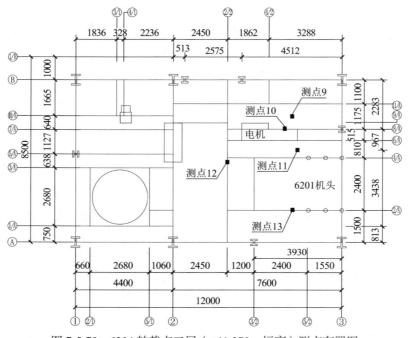

图 7-5-70　6204 转载点二层（+11.370m 标高）测点布置图

振动测试结果，详见表 7-5-10～表 7-5-14。

工况 2 仅振动筛空载运行状态测试结果汇总表

表 7-5-10

序号	轴线	测点位置	测试方向	最大速度（mm/s）	频率（Hz）
1	二层楼盖 （+5.370m 标高）	测点 1	竖向	6.04	15.15
2			横向	1.54	15.15
3		测点 2	竖向	14.88	15.15
4			横向	1.63	15.15
5		测点 3	竖向	18.04	15.15
6			横向	2.56	15.15
7		测点 4	竖向	16.51	15.15
8			横向	2.80	15.15
9		测点 5	竖向	14.14	15.15
10			横向	3.55	15.15
11		测点 6	竖向	12.32	15.15
12			横向	3.35	15.15
13		测点 7	竖向	10.03	15.15
14			横向	1.75	15.15
15		测点 8	竖向	1.74	15.15
16			横向	3.15	15.15
17	三层楼盖 （+11.370m 标高）	测点 9	竖向	2.71	15.15
18			横向	0.93	15.15
19		测点 10	竖向	1.13	15.15
20			横向	0.84	15.15
21		测点 11	竖向	1.68	15.15
22			横向	0.44	15.15
23		测点 12	竖向	6.40	15.15
24			横向	1.18	15.15
25		测点 13	竖向	1.08	15.15
26			横向	0.65	15.15

工况 2 仅振动筛空载运行状态启动过程测试结果汇总表　　　表 7-5-11

序号	轴线	测点位置	测试方向	最大速度（mm/s）
1	二层楼盖 （+5.370m 标高）	测点 1	竖向	8.58
2			横向	2.40
3		测点 2	竖向	13.95
4			横向	2.80
5		测点 3	竖向	18.82
6			横向	4.65
7		测点 4	竖向	20.87
8			横向	4.65
9		测点 5	竖向	16.61
10			横向	6.12
11		测点 6	竖向	15.58
12			横向	6.03
13		测点 7	竖向	14.52
14			横向	3.29
15		测点 8	竖向	1.13
16			横向	6.24
17	三层楼盖 （+11.370m 标高）	测点 9	竖向	10.63
18			横向	3.00
19		测点 10	竖向	10.83
20			横向	6.54
21		测点 11	竖向	9.90
22			横向	3.35
23		测点 12	竖向	21.71
24			横向	2.75
25		测点 13	竖向	9.34
26			横向	3.76

工况 2 仅振动筛空载运行状态停止过程测试结果汇总表　　表 7-5-12

序号	轴线	测点位置	测试方向	最大速度（mm/s）
1	二层楼盖 （+5.370m 标高）	测点 1	竖向	9.18
2			横向	2.78
3		测点 2	竖向	15.42
4			横向	2.48
5		测点 3	竖向	19.54
6			横向	4.94
7		测点 4	竖向	21.40
8			横向	4.47
9		测点 5	竖向	17.37
10			横向	6.12
11		测点 6	竖向	16.36
12			横向	5.73
13		测点 7	竖向	16.55
14			横向	3.70
15		测点 8	竖向	1.99
16			横向	5.17
17	三层楼盖 （+11.370m 标高）	测点 9	竖向	12.12
18			横向	2.53
19		测点 10	竖向	13.11
20			横向	4.84
21		测点 11	竖向	12.38
22			横向	1.97
23		测点 12	竖向	26.70
24			横向	1.25
25		测点 13	竖向	11.45
26			横向	2.27

工况3三台设备空载运行状态测试结果汇总表 表 7-5-13

序号	层号	测点位置	测试方向	最大速度（mm/s）	频率（Hz）
1	二层楼盖（+5.370m 标高）	测点 1	竖向	7.50	15.15
2			横向	1.50	15.15
3		测点 2	竖向	11.93	15.15
4			横向	1.62	15.15
5		测点 3	竖向	15.62	15.15
6			横向	2.42	15.15
7		测点 4	竖向	13.43	15.15
8			横向	2.59	15.15
9		测点 5	竖向	10.60	15.15
10			横向	3.06	15.15
11		测点 6	竖向	8.72	15.15
12			横向	3.49	15.15
13		测点 7	竖向	3.98	15.15
14			横向	2.21	15.15
15		测点 8	竖向	8.63	15.15
16			横向	2.89	15.15
17	三层楼盖（+11.370m 标高）	测点 9	竖向	5.17	15.15
18			横向	1.67	15.15
19		测点 10	竖向	3.78	15.15
20			横向	1.92	15.15
21		测点 11	竖向	3.19	15.15
22			横向	1.73	15.15
23		测点 12	竖向	8.19	15.15
24			横向	2.25	15.15
25		测点 13	竖向	5.48	15.15
26			横向	1.76	15.15

工况 4 三台设备负载运行状态测试结果汇总表　　表 7-5-14

序号	层号	测点位置	测试方向	最大速度（mm/s）	频率（Hz）
1	二层楼盖 （+5.370m 标高）	测点 1	竖向	7.41	15.075
2			横向	1.08	15.075
3		测点 2	竖向	13.50	15.075
4			横向	1.34	15.075
5		测点 3	竖向	20.33	15.075
6			横向	1.42	15.075
7		测点 4	竖向	17.82	15.075
8			横向	2.31	15.075
9		测点 5	竖向	14.52	15.075
10			横向	4.36	15.075
11		测点 6	竖向	13.02	15.075
12			横向	3.50	15.075
13		测点 7	竖向	11.57	15.075
14			横向	2.03	15.075
15		测点 8	竖向	2.47	15.075
16			横向	2.42	15.075
17	三层楼盖 （+11.370m 标高）	测点 9	竖向	3.53	24.375
18			横向	1.17	15.075
19		测点 10	竖向	2.89	15.075
20			横向	1.88	15.075
21		测点 11	竖向	5.06	15.075
22			横向	2.07	15.075
23		测点 12	竖向	7.99	15.075
24			横向	1.21	15.075
25		测点 13	竖向	5.48	24.90
26			横向	1.47	15.075

由振动测试结果可知，6204 转载点竖向振动显著，振源是振动筛。主要结论如下：

（1）工况1：三台设备停止运行状态

一层楼盖（+5.370m 标高）在静止状态下测得竖向一阶自振频率为 12.53Hz；二层楼盖（+11.370m 标高）竖向一阶自振频率为 11.55Hz。

（2）工况2：仅振动筛空载运行（含启动和停止）状态

一层楼盖（+5.370m 标高）仅振动筛运行过程竖向距振动筛较近次梁处测点振动速度可达 18mm/s，启动时，振动筛激振频率逐渐增大到 15.15Hz，在激振频率增至楼盖一阶竖向自振频率时，该测点竖向最大振动速度达到 20.87mm/s；停止时，振动筛激振频率由 15.15Hz 逐渐减小，当频率降至楼盖一阶竖向自振频率时，该测点竖向最大振动速度达到 21.40mm/s。二层楼盖（+11.370m 标高）仅振动筛运行过程各测点竖向最大振动速度达 6.40mm/s。受迫振动频率均为 15.15Hz，与振动筛振动频率一致，且受迫振动频率处于楼盖一阶竖向自振频率共振域内。

（3）工况3：三台设备空载运行状态

一层楼盖（+5.370m 标高）最大竖向振动速度达 15.62mm/s，二层楼盖（+11.370m 标高）最大竖向振动速度达 8.19mm/s。

（4）三台设备负载运行状态

一层楼盖（+5.370m 标高）最大竖向振动速度达 20.33mm/s；二层楼盖（+11.370m 标高）最大竖向振动速度达 7.99mm/s，受迫振动频率均为 15.075Hz，与振动筛频率一致。

转载点在振动筛空载运行(含启动和停止)、三台设备空载运行、三台设备负载运行时，楼盖最大竖向振动速度响应超过振动标准限值，影响结构安全及操作人员身心健康。

一层楼盖（+5.37m 标高）在振动筛、破碎机及 6201 机头正常运行时，竖向振动剧烈，经对比分析，振源主要为振动筛。根据振动严重程度，将一层楼盖（+5.370m 标高）楼面划分为 A、B、C 三个区域，分别为振动严重区域、振动较严重区域及振动轻微区域，如图 7-5-71 所示，振动严重区域分布于振动筛附近的次梁及楼盖处。

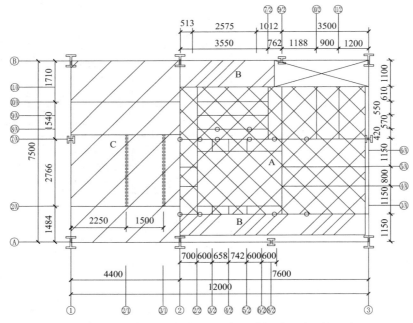

图 7-5-71　一层楼盖（+5.370m 标高）处振动影响区域示意图

考虑到振动筛在停机过程中，某时段结构的激励频率与楼盖的竖向自振频率非常接近，产生共振使楼盖在设备停机过程中的某时段发生明显竖向振动，因此，该楼盖频率较振动筛频率低。

采用 Midas Gen 对 6204 转载点建立有限元模型并进行动力时程分析（图 7-5-72），根据计算分析结果确定有效的振动控制方案。为保证结构自振特性分析的准确性，荷载均按实际情况考虑。

经实测，标高+5.370m 处楼盖一阶竖向自振频率为 12.53Hz，与计算所得该处楼盖一阶竖向自振频率 12.20Hz 较为接近。计算所得楼盖一阶振型如图 7-5-73 所示。由实测值，振动筛激励频率为 15.15Hz，频率在区间 11.25～18.75Hz 内均会产生共振，且在振动筛启动和停止过程中，会产生较运行时更大的响应，因此，转载点竖向振动明显的主要原因是共振。

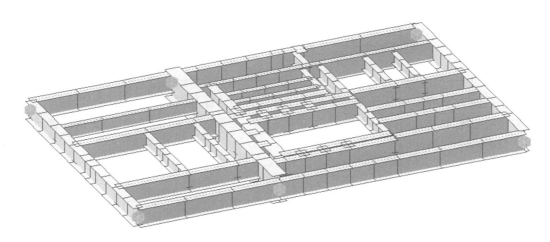

图 7-5-72　一层楼盖（+5.370m 标高）三维有限元计算模型

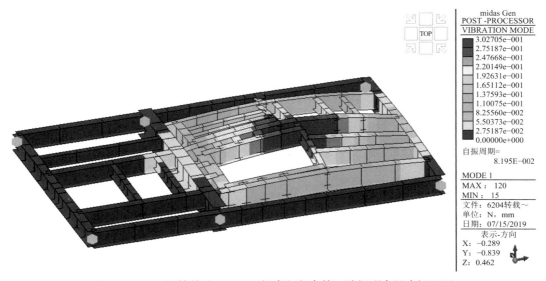

图 7-5-73　一层楼盖（+5.370m 标高）竖向第 1 阶振型向量坐标云图
（仅振动筛空载运行，$f = 12.20$Hz）

经计算,振动筛运行中部分测点的实测最大竖向速度及计算最大竖向速度见表 7-5-15,计算所得最大速度与现场测得速度基本一致。

	测点实测及计算最大竖向速度		表 7-5-15
测点编号	实测竖向最大速度(mm/s)	计算竖向最大速度(mm/s)	误差(%)
1	6.04	2.09	−189.0
2	14.88	13.68	−8.8
3	18.04	16.98	−6.2
4	16.51	21.00	21.4
5	14.14	14.14	0
6	12.32	13.09	5.9

振动控制方案拟采用以下几种,通过计算,分别验证其效果。

方案一:增加柱及斜撑,增加位置如图 7-5-74 所示。柱采用 P180×12 钢圆管,斜撑采用 P114×6 钢圆管。

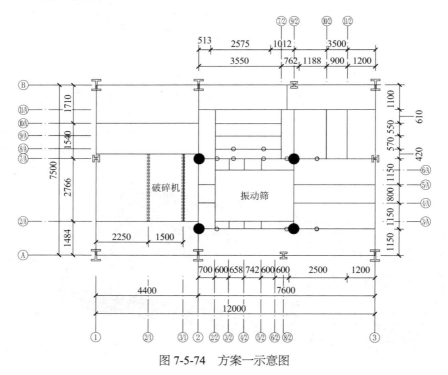

图 7-5-74 方案一示意图

方案二:在(9/2)/(1/A)、(9/2)/(7/A)处增加柱,柱采用 P180×12 钢圆管,位置如图 7-5-75 所示。

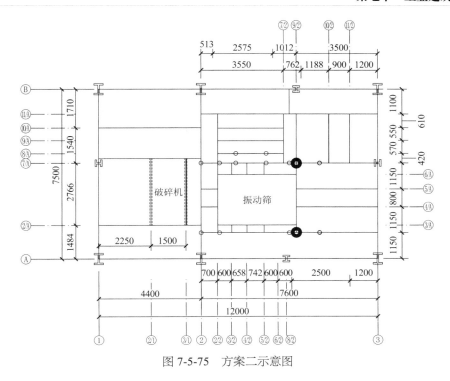

图 7-5-75　方案二示意图

方案三：主梁 2/A-B 截面高度由 900mm 增加至 1400mm，位置如图 7-5-76 所示。

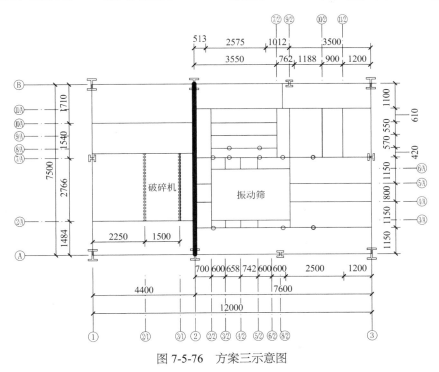

图 7-5-76　方案三示意图

方案四：次梁 2-3/（3/A）、2-3/（7/A）截面高度由 700mm 增加至 900mm；次梁
（2/2-7/2）/（8/A）截面高度由 582mm 增加至 800mm。位置如图 7-5-77 所示。

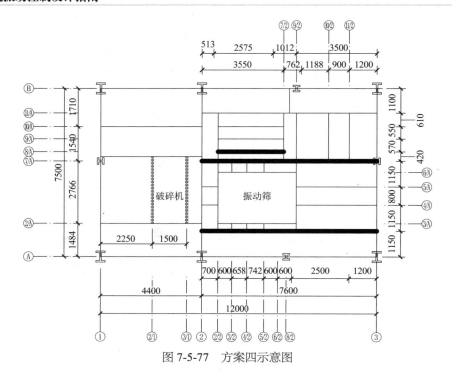

图 7-5-77　方案四示意图

　　方案五：次梁（2/2-7/2）/（9/A）、（2/2-7/2）/（10/A）、（7/2）/（1/A-11/A）、（9/2）/（1/A-11/A）、（10/2）/（7/A-11/A）截面高度由 400mm 增加至 600mm；次梁（11/2）/（7/A-11/A）截面高度由 350mm 增加至 550mm；次梁（2/2）/（1/A-11/A）、（9/2-3）/（4/A）、（9/2-3）/（5/A）截面高度由 582mm 增加至 800mm，位置如图 7-5-78 所示。

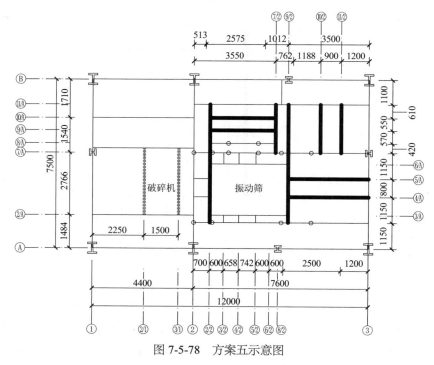

图 7-5-78　方案五示意图

不同方案减振效果对比见表 7-5-16，各方案减振效果评价见表 7-5-17，方案二各测点速度幅值为 2.7mm/s，综合减振率达到 80%以上，减振效果最为显著且易操作，建议采用方案二。采用方案二时，测点 1～测点 6 速度如图 7-5-79 所示。

不同方案减振效果　　　　　　　　　　表 7-5-16

方案	节点号	振动速度幅值（mm/s）	减振率（%）	第 1 阶竖向自振频率（Hz）
原结构	1	2.09	—	12.20
	2	13.68	—	
	3	16.98	—	
	4	21.00	—	
	5	14.14	—	
	6	13.09	—	
方案一	1	1.05	50	19.81
	2	10.5	23	
	3	0	100	
	4	3.12	85	
	5	7.73	45	
	6	6.29	52	
方案二	1	2.51	−20	18.09
	2	2.98	78	
	3	0	100	
	4	2.15	90	
	5	1.47	90	
	6	1.49	89	
方案三	1	1.43	32	12.48
	2	13.05	5	
	3	17.15	−1	
	4	17.31	18	
	5	11.90	16	
	6	11.16	15	
方案四	1	2.06	1	11.87
	2	10.35	24	
	3	15.28	10	
	4	13.53	36	
	5	9.67	32	
	6	8.05	39	

续表

方案	节点号	振动速度幅值（mm/s）	减振率（%）	第1阶竖向自振频率（Hz）
方案五	1	3.04	−45	12.40
	2	13.67	0	
	3	20.48	−21	
	4	15.74	25	
	5	11.54	18	
	6	8.87	32	

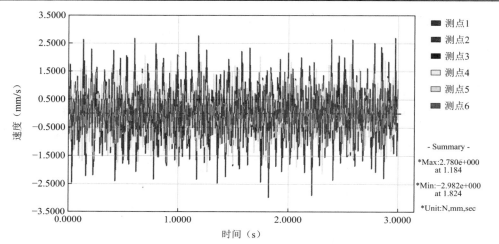

图 7-5-79　采取方案二时测点 1～测点 6 计算速度时程曲线

各振动控制方案减振效果评价　　　　　　　　表 7-5-17

方案	方案描述	减振效果评价
方案一	增加柱及斜撑，柱采用 P 180×12 钢圆管，斜撑采用 P 114×6 钢圆管	减振效果明显，减振率可以达到 50% 以上，减振效果不及方案二
方案二	增加柱，柱采用 P 180×12 钢圆管	减振效果明显，综减振率可以达到 80% 以上。建议采用此方案
方案三	主梁 2/A-B 截面高度由 900mm 增加至 1400mm	对楼盖刚度增加作用不明显，未避开共振域，且由计算可知主梁振动的一阶分量较小，减振效果不明显，不建议采用此方案
方案四	次梁 2-3/（3/A）、2-3/（7/A）截面高度由 700mm 增加至 900mm；次梁（2/2-7/2）/（8/A）截面高度由 582mm 增加至 800mm	未避开共振域，综合考减振率在 30% 左右，减振效果不明显，不建议采用此方案
方案五	次梁（2/2-7/2）/（9/A）、（2/2-7/2）/（10/A）、（7/2）/（1/A-11/A）、（9/2）/（1/A-11/A）、（10/2）/（7/A-11/A）截面高度由 400mm 增加至 600mm；次梁（11/2）/（7/A-11/A）截面高度由 350mm 增加至 550mm；次梁（2/2）/（1/A-11/A）、（9/2-3）/（4/A）、（9/2-3）/（5/A）截面高度由 582mm 增加至 800mm	与方案四类似，次梁截面高度增加，仍未避开共振域，不建议采用此方案

第八章　既有工业建筑振动控制措施

第一节　振动控制措施

工业建筑是我国国民经济发展的基础，我国既有工业建筑存量已达 120 亿 m²，工业建筑物和构筑物类型丰富多样，涵盖了工业生产各个门类。既有工业建筑结构服役时会出现振动问题，对操作人员身心健康和设备正常使用产生不利影响，振动问题若不能有效解决，甚至影响工业建筑结构的安全和寿命，将制约我国工业的发展，影响制造业升级换代。当既有工业建筑振动不能满足容许振动标准要求时，可采取下列措施：（1）降低振源产生的振动水平；（2）改变结构刚度；（3）增加结构阻尼；（4）对结构进行振动控制。

一、降低振源产生振动的措施

降低振源产生的振动是既有工业建筑振动控制最根本、最有效的措施。降低振源产生振动的措施包括：（1）减小设备的偏心距，改善设备动平衡性能；（2）调整设备布置方向或布置区域；（3）对设备采取隔振、减振措施。

1. 改善设备动平衡性能

目前，应用最广的改善设备动平衡性能的方法是工艺平衡法和整机现场动平衡法。工艺平衡法是起步最早的一种经典动平衡方法，即使用动平衡机对转子进行动平衡检测。动平衡机工作的基本原理是在转子旋转状态下，检测转子不平衡量的相位和大小，通过人工或者辅助装置在相应位置进行加重或减重，从而改善转子相对于轴线的质量分布，达到转子动平衡的目的。最小可达剩余不平衡量和不平衡减少率是动平衡机的主要性能参数。最小可达剩余不平衡量是经过动平衡处理后转子残余的最小不平衡量，是动平衡机精度的体现；不平衡减少率是经过一次平衡后，减少的不平衡量和初始不平衡量的比值，是动平衡机平衡效率的体现。

工艺平衡法的测试系统所受干扰小、平衡精度高，适用于对生产过程中旋转机械零件作单体平衡，在动平衡领域中发挥着重要作用。然而，工艺平衡法仍存在平衡机价格昂贵、转子拆卸速度慢、代价高等弊端。因此，研究人员发展了整机现场动平衡法，该方法以机器为动平衡机座，通过传感器测试转子有关部位的振动信息进行数据处理，以确定在转子各平衡校正面上的不平衡量及其方位，并通过减重或加重来消除不平衡量，从而达到高精度平衡目的。整机现场动平衡法直接在整机上进行，转子平衡也是基于实际工况条件，因此不需要动平衡机和再装配工序，整机在工作状态下能够获得较高的平衡精度。

2. 调整设备布置方向或布置区域

在进行单层工业建筑布置时，首先要根据生产可能性，尽量将较大振源和有微振动控制要求的设备分区设置、相互远离。根据振源设备运行特点，将同类设备对称或反对称布置，避免多台运行时，设备处于同向、同步状态，使其振动在不同相位上互相抵消。使振源设备的旋转运动方向及水平往复运动方向避开精密设备，并与支承结构刚度大的方向一致。

多层工业建筑内的振源布置，要充分利用伸缩缝和楼梯间的减振作用，将振源与有防振要求的精密设备分开，并且不要设置在一个楼层单元内；或将有影响的振源设备移远，单独设置；当确有生产功能需要不能移动时，应单独设在与楼层脱开的构架式基础上，或将该部分楼板简支设置，并在支承处采取减振措施。在多层工业建筑内设置精密设备时，柱、梁上不应设置起重机；必要时起重机宜设在底层地面上，并与结构脱开，并采取单独设立柱的摇臂起重机或悬挂起重机，或做成落地门式起重机。另外，精密设备周围不宜布置重型汽车主干道，确需布置时，应规定重型汽车限重、限速或在精密设备不工作时段限时通行。楼层上部的振源设备要尽量放在刚度比较大的楼板上，布置在一起的同类设备，旋转运行的指向应朝着刚度较大的方位、对称分布，不同方向的振动会相互抵消，以减小对精密仪器的影响。布置精密设备的建筑，应在建筑外部较远处修建专门区域放置空调主机，避免空调运行时主机振动对精密设备的影响。

3. 设备隔振和减振措施

1) 设备隔振措施

通过设置隔振器、防振垫的方式进行设备减振。经严格的设计计算后，隔振措施能够通过内部弹性件的往复振动，降低设备传递给结构的振动，从而实现减振。

（1）隔振器的选择及设计原则

隔振器的选用原则：材料适宜、结构紧凑、形状合理、尺寸尽量小、隔振效率高。选用时需考虑以下因素：

①荷载特点、工作环境和可利用的空间尺寸；

②隔振器的总刚度应满足要求；

③隔振器的总阻尼决定于系统通过共振区时的振幅要求；如果隔振器阻尼太小，设备通过共振区时的振幅较大，应增加阻尼装置；

④隔振系统总刚度和总阻尼不变的条件下，应尽量选用承载能力、刚度和阻尼大的隔振器来减小基础的振动响应。

此外，隔振器设计时主要考虑以下几点：

①阻尼对于共振点的振幅控制较为有效；因此，必须正确选择阻尼系数，在共振点或附近工作的机械阻尼系数取大值，非共振时应尽量取小值；

②隔振器性能评价指标主要是传递率，为提高隔振效果，需要设置阻尼、刚度等参数，降低传递率；

③传递率由设备激振力和周边环境影响决定，可依据频率比来选取，外激励频率与系统的自振频率比应大于 $\sqrt{2}$，一般取 2.0～5.0。

（2）隔振器的布置原则及常用形式

①隔振器布置一般对称于通过系统中心主惯性轴的两个垂直平面，避免系统自由度耦合；

②当需要使各隔振器受力一致时，应尽量采用同型号隔振器；

③对于多层隔振系统，上下隔振器应相互错位，以减小上部设备传递到基础的振动。

常用隔振器主要靠内部弹性件来隔离振动，所用弹性件一般为生软木、玻璃纤维、海绵橡胶和金属弹簧等材料。目前，依据材料的类别可将隔振器分为金属弹簧隔振器、橡胶隔振器和空气弹簧隔振器三类。

①金属弹簧隔振器（图 8-1-1）

金属弹簧具有阻尼系数小、耐高温、变形范围大和较低共振频率等优势，广泛用于各类隔振器中，目前采用较多的有圆柱形螺旋弹簧、锥形螺旋弹簧、碟形簧、板簧等。

②橡胶隔振器（图 8-1-2）

橡胶隔振元件结构简单，可通过调节橡胶材料配比使其获得不同的特性，其特性主要由动弹簧常数、损失系数和隔振支撑体的质量决定。一般将外力频率的 1/3 作为元件的固有频率，并根据橡胶材料配比和隔振器的振幅、频率来调节动弹簧常数。

橡胶隔振器在工程中应用较为广泛，其造型和制作十分简单，可根据强度要求来设计形状和尺寸，且有持久的高弹性和良好的隔振隔声缓冲性能，对于高频振动控制更明显。但橡胶隔振器易受温度等因素影响，会造成性能退化、老化，需要定期检查、更换。

图 8-1-1　金属弹簧隔振器　　　　图 8-1-2　橡胶隔振器

③空气弹簧隔振器（图 8-1-3）

空气弹簧隔振器具有较低的固有频率、较高的阻尼比，在承载能力、弹簧常数、工作环境所处高度等方面彼此独立，并具有可设计性。空气弹簧隔振器具有的独特优势，能在系统固有频率较低的情况下，利用气体非线性恢复力和阻尼力进行减振控制；由于刚度和阻尼均可调节，隔振效果较为理想。

图 8-1-3　空气弹簧隔振器

2）设备减振措施

设备减振中常用的是动力吸振器，它是一种被动减振设备，因结构简单、减振效果好且性能稳定等优点，在设备减振中广泛应用。

动力吸振器一般由质量块、弹性元件与阻尼材料组成，传统的弹性元件有板簧、卷簧等，阻尼材料有摩擦阻尼、液压阻尼和磁性阻尼等，随着现代工业的快速发展，越来越多的橡胶材料用于吸振器的弹性元件和阻尼元件。其主要工作原理是通过动力吸振器与原振动系统的动力调谐作用，在原系统上反向施加一个相等或接近振动力的激振力，来减小或抵消原系统振动，从而降低原系统的振动响应（图 8-1-4）。

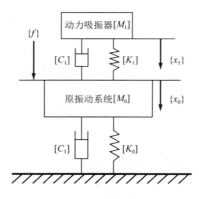

图 8-1-4　动力吸振原理图

设计时，可依据定点理论，实现系统的最优阻尼。设计过程与调谐质量阻尼器类似，主要分为三个部分：

（1）吸振器的质量；

（2）吸振器的频率及刚度；

（3）吸振器的阻尼。

动力吸振器按是否需要外界能量分为三种：被动式、半主动式及主动式。其中，半主动式力吸振器也称为自适应动力吸振器，按参数调节可分为阻尼可调式和频率可调式。频率调节一般通过改变弹性元件刚度实现，一般有机械式、电磁式和智能材料式等。

二、增加结构刚度的措施

当既有工业建筑振幅过大时，一般通过增加结构刚度来进行振动控制。增加结构刚度的方法有很多，主要分为直接法和间接法，应根据当地实际条件、使用要求、经济效益等进行多方案比较，并选择适宜的方法和配套施工技术。

1. 直接法

直接法是直接提高结构构件或节点承载力、刚度的方法，主要有增大截面法、外包型钢法、粘贴钢板法等。

1）增大截面法

增大截面法主要通过增大原结构构件的截面尺寸，并配筋与原结构共同受力，从而提高建筑结构或构件的刚度（图 8-1-5）。需要注意的是，施工过程中使用的材料需与原结构材料一致。不能因局部刚度改变，使结构产生内力重分布，进而导致结构产生新的薄弱部位，给整体结构或结构的其他构件造成隐患。增大截面法具有工艺简单、使用范围广等优点；但也存在结构自重增加、不美观、容易影响周围环境、养护时间长、工作量大等缺点。

图 8-1-5 增大截面法

构造要求：新增混凝土的强度等级应比原结构高一级；新增混凝土的最小厚度，应大于 40mm；加固用的钢筋，应选取热轧钢筋。

增大截面法的施工工艺流程：测量放线→钢筋表面处理→混凝土基层表面处理→钻孔植筋→钢筋绑扎→支设模板→浇筑混凝土。

（1）测量放线：根据图纸的要求，施测梁两侧的箍条、梁顶的两侧、柱两侧的钢板、楼板底的钢板及钢箍条的布置线。

（2）钢筋表面处理：对钢筋进行打磨除锈，再用脱脂棉浸丙酮擦拭干净。

（3）混凝土基层表面处理：首先，应剔凿好混凝土加固构件的新旧粘合面部分，再用清水彻底擦洗，或采取无油压缩空气去除表层浮尘。

（4）支设模板：需结合工程实际来对模板和支架进行设计，包括工程结构类别、荷载、施工条件和设备等。支架和模板必须具有足够的刚度和承载力，使其满足承载浇筑施工的质量和荷载。

增大截面法的施工应和实际施工条件相适应，不能脱离实际条件、盲目施工，应采取一定措施保证新、旧混凝土结构部分的粘结质量，提高构件整体的工作性能。对于高湿、高温或腐蚀冻融等特殊环境，在设计和施工中应提出明确有效的措施进行防治，并按标准施工工法进行施工。同时，在施工中应注意避免不必要的更改和拆换。

2）外包型钢法

外包型刚法是指通过将型钢外包于建筑结构构件的四角，达到提高结构刚度的目的（图 8-1-6）。外包型钢法是一种使用较为广泛的方法，主要优点是：结构构件截面尺寸增加少、大幅度提高原构件的承载力和延性、抗震性能好等。该方法要求原构件截面尺寸不能增大过多且建筑结构必须具备较高的承载力。

图 8-1-6 外包型钢法

构造要求：角钢不宜小于∟50×6，钢缀板截面不宜小于 40mm×4mm，间距不应大于单肢角钢截面回转半径的 40 倍，且不应大于 400mm；外包型钢应有可靠的连接和锚固，对外包型钢柱，角钢下端应根据柱脚弯矩大小，延伸到上层基础顶面或锚固于基础，中间穿过各层楼板，上端伸至加固层的上层上端板底面或屋顶板底面；对外包框架梁，梁角钢应与柱角钢焊接，或用扁钢带绕柱外包焊接；对桁架，角钢应伸过杆件两端的节点，或设置节点板将角钢焊接于节点板上；外包钢与梁柱混凝土之间应采用粘结料粘结。

外包型钢法的施工工艺流程：测量放线→钢材表面处理→组装焊接→封边→注灌浆料→检验→砂浆防护。

（1）测量放线：与增大截面法相同。

（2）钢材表面处理：除去钢材内外表面铁锈，用角磨机打磨钢材粘结面，直至露出金属光泽，打磨纹路应与钢板受力方向垂直，用棉球蘸湿酒精后将表面擦拭干净。

（3）组装焊接：根据图纸要求并结合现场实际情况，对钢材进行组装焊接，角钢与原结构柱贴紧，竖向基本顺直，如原结构柱出现较大垂直偏差，应进行顺直处理，缀板与角钢搭接部位剖口对焊，焊缝应满足现行相关国家及行业标准的要求。

（4）封边：焊缝检验合格后，用环氧砂浆沿钢材边缘封严，若需埋管，应结合现场实际情况确定埋管位置及间距。

（5）检验：灌浆料固化后用小锤轻轻敲击钢材表面，从声响判断粘结效果，若有个别空洞声，则表明局部不密实，须再次采用高压注浆方法补实。

（6）砂浆防护：外包钢结构检验合格后，在包钢表面抹水泥砂浆防护，砂浆层厚度为 25mm。

3）粘贴钢板法

粘贴钢板法是指采取特定结构胶将钢板粘贴在建筑表面以提升结构承载力的方法（图 8-1-7）。粘贴钢板法对整体结构基本不会造成损伤，能够充分展示原结构性能，此外，对构件自重以及使用空间和结构的外形都不会有太大影响，且施工流程简单，结构质量可保障，对建筑结构的外形和周边环境基本不会产生影响。

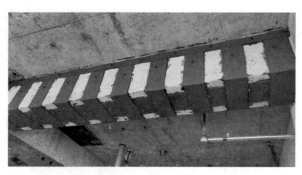

图 8-1-7　粘贴钢板法

构造要求：粘贴钢板的厚度以 2～6mm 为宜；粘贴钢板的锚固长度：对于受拉区，不得小于钢板厚度的 200 倍，且不得小于 600mm；对于受压区，不得小于钢板厚度的 160 倍，且不得小于 480mm；对于大跨结构或可能经受反复荷载的结构，锚固区宜增设 U 形箍板或螺栓附加锚固措施。钢板表面须用 M15 水泥砂浆抹面，其厚度对于板不应小于 20mm，对于板不应小于 15mm。

粘贴钢板法的施工工艺流程：测量放线→钢板表面处理→混凝土基层表面处理→胶粘剂配制→涂胶和粘贴→固定和加压→表面防护。

（1）测量放线：与增大截面法相同。

（2）钢板表面处理：首先将目标钢板的粘结面进行粗清理，然后进行除锈，最后选用脱脂棉浸丙酮将接触面擦拭干净。

（3）混凝土基层表面处理：打磨原有混凝土结构的粘结面，消去大概 1～2mm 厚的混凝土表层结构，再用清水彻底冲刷，或选取无油压缩空气去除表面粉尘，等其彻底干燥后，选用脱脂棉浸丙酮擦拭表层，然后涂上界面处理剂。

（4）胶粘剂配置：使用前应对其质量进行检测，达标后方可使用，且应根据其使用说明书的要求进行配制。应选取不含杂质、油污或水的洁净金属或塑料盆，也可选用其他容器和量重工具，根据产品说明要求进行配制比混合。

（5）粘贴和涂胶：对于已经处理好的混凝土表层和钢板面，应选用腻刀将配置好的胶粘剂涂抹在两个接触面上，为让胶粘剂完全充分渗透、粘附、浸染于粘合面上，应首先在结合面使用少量胶粘剂重复涂抹，使其边缘薄、中间厚，厚度在 1～3mm。

（6）加压和固定：钢板粘贴好后，应立即用化学锚栓进行固定，且需对钢板进行一定程度的加压，直到胶粘剂液体从钢板外缘挤出，停止加压。

（7）表面防护：在粘钢加固后的表层，应涂抹至少 25mm 的水泥砂浆作为表层结构防护，此外，也可选取具有强防火效能和强抗腐蚀力的饰面材料进行防护。

2. 间接法

间接法是根据已有工程的结构方案和结构布置情况，采取有效的技术措施，改变结构的传力途径，或改变构件的内力分布，或减少构件的荷载效应等方法。目前，常用的间接方法主要有：外加预应力法、改变结构受力体系法、增设支点法等。

1）外加预应力法

外加预应力法通过预应力手段强迫外加拉杆或者撑杆受力，改变原结构的内力分布并降低原结构的应力水平，使一般方法中的外加部件所持有的应力应变滞后现象得以部分甚至完全消除（图 8-1-8）。因此，外加部分与原结构能较好地共同工作，结构刚度也会提高。而结构构件的截面高度不会增加，也不会影响结构的使用空间，可有效提高结构的使用性能。

图 8-1-8　外加预应力法

采用外加预应力法时，应根据原来的受力性质、构造特点和现场条件，选择合适的预应力法：

（1）对正截面受弯承载力不足的梁、板构件，可采用预应力水平拉杆进行加固；正截面和斜截面均需加固的梁式构件，可采用下撑式预应力拉杆进行加固；若工程需要且构造条件许可，也可同时采用水平拉杆和下撑式拉杆。

（2）对受压承载力不足的轴心受压柱、小偏心受压柱以及弯矩变号的大偏心受压柱，可采用双侧预应力拉杆进行加固；若弯矩不变号，可采用单侧预应力拉杆进行加固。

（3）对桁架中承载力不足的轴心和偏心受拉构件，可采用预应力拉杆进行加固；对受拉钢筋配置不足的大偏心受压柱，也可采用预应力拉杆进行加固。

构造要求：

（1）当采用机张法时，应按现行国家标准《混凝土结构设计规范》GB 50010 及《混凝土结构工程施工质量验收规范》GB 50204 的规定进行设计；当采用横向张拉法时，应满足下列规定：

①采用预应力水平拉杆或下撑式拉杆加固梁，且加固的张拉力在 150kN 以下时，可用两根直径为 12～30mm 的 HPB300 级钢筋。当加固梁的截面高度大于 600mm 时，采用型钢拉杆。

②采用预应力拉杆加固桁架时，可用 HRB400 级钢筋、精轧螺纹钢筋、碳素钢丝或钢绞线等高强度钢材。预应力水平拉杆或预应力下撑式拉杆中部的水平段距被加固梁或桁架下缘的净空宜为 30～80mm。

③预应力下撑式拉杆的斜段宜紧贴在被加固梁的梁肋两旁；在被加固梁下应设厚度不大于 10mm 的钢垫板，其宽度宜与被加固梁宽相等，其梁跨度方向的长度不应小于板厚的 5 倍；钢垫板下应设直径不小于 20mm 的钢筋棒，其长度不应小于被加固梁宽加 2 倍拉杆直径再加 40mm；钢垫板宜用结构胶固定位置，钢筋棒可用点焊固定位置。

④被加固构件端部有传力预埋件可利用时，可将预应力拉杆与传力预埋件焊接，通过焊缝传力。当无传力预埋件时，宜焊制专门的钢套，套在混凝土构件上与拉杆焊接。钢套箍可用型钢焊成，也可用钢板加焊加劲肋。钢套箍与混凝土构件间的空隙，应用细石混凝土填塞。钢套箍对构件混凝土的局部受压承载力应经验算合格。横向张拉应采用工具式拉紧螺杆。拉紧螺杆的直径应按张拉力的大小计算确定，但不应小于 16mm，螺母高度不得小于螺杆直径的 1.5 倍。

（2）采用预应力撑杆进行加固时，应遵守下列规定：

①预应力撑杆用的角钢，其截面不应小于 50mm×50mm×5mm；压杆肢的两根角钢用缀板连接形成槽形截面；也可用单根槽钢作压杆肢。板厚不得小于 6mm，宽度不得小于 80mm，长度应按角钢与被加固柱之间的空隙大小确定。相邻缀板间的距离应保证单个角钢的长细比不大于 40。

②压杆肢末端的传力构造，应采用焊在压杆肢上顶板与承压角钢顶紧，通过抵承传力。承压角钢嵌入被加固柱的柱身混凝土或柱头混凝土部分不应小于 25mm。传力顶板宜采用厚度不小于 16mm 的钢板，与角钢肢焊接板面及与承压角钢抵承面均应刨平，承压角钢截面不得小于 100mm×75mm×12mm。

③当预应力撑杆采用螺栓横向拉紧施工时，双侧加固的撑杆，其两个压杆肢的中部应

向外弯折，并应在弯折处采用工具式拉紧螺杆建立预应力并复位。单侧加固撑杆只有一个压杆肢，仍应在中点处弯折，并应采用工具式拉紧螺杆进行横向张拉与复位。

2）增设支点法

增设支点法是指通过增设支承点，使结构计算跨径减少，从而改变结构的内力分布，提高结构刚度（图 8-1-9）。例如，在梁、板等结构物的中间增加一个支撑点，增加结构的跨数、减小跨径，增大结构刚度，减小结构挠度。该方法对于空间要求不高的大跨度梁、板、桁架、网架等水平结构效果显著。该法简单可靠，但对于使用空间有一定影响，缺点是增设支点后，建筑结构使用空间受影响较大。

图 8-1-9　增设支点法

增设支点法的形式按增设支点的支承情况不同，分为刚性支点和弹性支点两种。刚性支点法通过支承结构的轴心受压或轴心受拉将荷载直接传给基础或柱子等构件，由于支承结构的轴向变形远小于被加固结构的挠曲变形，对原结构而言，支承结构可按不动点考虑，结构受力明确，内力计算大为简化；弹性支点法是通过支承结构的受弯或桁架作用间接传递荷载的一种方法。由于支承结构的变形和被加固结构的变形属同一数量级，支承结构只能按弹性支点考虑，内力分析较为复杂。相对而言，刚性支点对结构刚度提高幅度较大，弹性支点对结构使用空间的影响程度较低。

采用刚性支点时，结构计算应按下列步骤进行：

（1）计算并绘制原梁内力图；

（2）初步确定预加力（卸荷值），并绘制在支承点预加力作用下梁的内力图；

（3）绘制加固后梁在新增荷载作用下的内力图；

（4）将上述内力图叠加，绘制梁各截面内力包络图；

（5）计算梁各截面实际承载力；

（6）调整预加力值，使梁各截面最大内力值小于截面实际承载力；

（7）根据最大支反力，设计支承结构及基础。

采用弹性支点时，应先计算所需支点弹性反力的大小，然后根据该力确定支承结构所需的刚度，并按下列步骤进行：

（1）计算并绘制原梁内力图；

（2）绘制原梁在新增荷载下的内力图；

（3）确定原梁所需的预加力（卸荷值），并由此求出相应的弹性支反力；

（4）根据所需的弹性支反力及支承结构类型，计算支承结构所需的刚度；

（5）根据所需的刚度确定支承结构截面尺寸，并验算地基基础。

构造要求可按下列规定：支承结构与原结构在支承点连接及支承结构两端固定，应根据支承结构类型及受力性质，分别采用锚栓连接、植筋连接、钢套连接及钢筋箍连接等方法。对于受压钢支承，采用锚栓连接最为简单；对于受拉支承，采用钢板套箍及化学植筋较为有效。当被连接的构件截面较小时，亦可采用 U 形或 L 形连接筋，连接筋应卡住整个截面，再与支承构件预留伸出筋焊接，U 形、L 形连接筋应与被连接构件的钢筋点焊连接，不能浮摆。对于混凝土支承结构节点，支承件与被支承件间空隙应用膨胀细石混凝土灌填，强度等级不应低于 C30；外露钢筋一般采用高强树脂砂浆抹面。

三、增加结构阻尼的措施

对于既有工业建筑，当设备振动荷载处于结构共振区且不宜改变结构自振动力特性时，可考虑增加结构阻尼方法降低振动荷载响应。可采取下列措施增加结构阻尼：

1. 增设黏滞阻尼墙

黏滞阻尼墙作为一种常见的减振消能部件，由固定在上层楼面梁的剪切钢板、固定在下层楼面梁的钢制箱体及内外钢板之间的黏滞阻尼材料组成（图 8-1-10）。当楼面上下梁之间产生相对位移或相对速度时，固定在上层楼面梁的剪切钢板会在黏滞阻尼材料中发生往复运动，使黏滞阻尼材料产生剪切变形，通过黏滞阻尼材料产生的内摩擦力，达到耗能减振的效果。

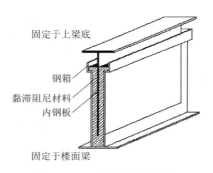

图 8-1-10　黏滞阻尼墙构造

1）黏滞阻尼墙的计算模型

黏滞阻尼墙是一种速度相关型阻尼器，黏滞阻尼墙的总黏滞抵抗力分为黏滞阻尼力和黏弹性恢复力两部分，其中，黏滞阻尼力是指作用于抵抗板与底板间黏性材料上的剪力。

当黏滞材料定义为理想的牛顿黏滞材料时，黏滞阻尼力的计算表达式为：

$$Q_\mathrm{d} = \mu A\left(\frac{V}{H}\right)\mathrm{e}^{-\beta t} \tag{8-1-1}$$

当黏滞阻尼材料为非理想牛顿黏滞材料时，黏滞阻尼力的计算表达式修正为：

$$Q_\mathrm{d} = \mu A\left(\frac{V}{H}\right)^{\alpha}\mathrm{e}^{-\beta t} \tag{8-1-2}$$

黏弹性恢复力的计算表达式为：

$$Q_k = \mu A \left(\frac{\delta^\lambda}{H^2}\right) e^{-\beta t} \tag{8-1-3}$$

总黏滞抵抗力的表达式为：

$$Q_w = Q_d + Q_k = \mu A \left(\frac{V}{H}\right)^\alpha e^{-\beta t} + \mu A \left(\frac{\delta^\lambda}{H^2}\right) e^{-\beta t} \tag{8-1-4}$$

式中：Q_w——总黏滞抵抗力；

$\quad\quad Q_d$——黏滞阻尼力；

$\quad\quad Q_k$——黏弹性恢复力；

$\quad\quad V$——内外钢板相对运动速度；

$\quad\quad H$——黏滞材料的厚度；

$\quad\quad \delta$——内外钢板的相对位移；

$\quad\quad \mu$——材料黏性系数；

$\quad\quad A$——与黏滞材料接触的有效面积；

$\quad\quad t$——设计温度；

$\quad\quad \beta$——温度影响系数；

$\quad\quad \alpha$、λ——试验获得的参数。

2）影响黏滞阻尼墙减振效果的因素

黏滞阻尼墙的减振效果与下列因素有关：

（1）与环境温度有关，在频率与层间相对速度相同的情况下，阻尼力随温度的减小而增大。

（2）与层间速度有关，在频率与温度相同的情况下，阻尼力随层间速度的增加而增大。

（3）与频率有关，在温度与层间相对速度相同的情况下，黏滞阻尼墙的耗能能力与频率关系很大，随频率增大，黏滞阻尼墙的刚度增加，阻尼力也随之增加。

3）黏滞阻尼材料的要求

（1）黏性是影响黏滞阻尼墙减振效果的主要因素。黏滞阻尼材料必须具有高黏度，而黏滞阻尼墙的阻尼材料就是一种高黏性流体，材料属于中性，防水效果较好，且不会使钢制箱体生锈。

（2）黏滞材料必须具有良好的耐久性。

（3）适用性：便于施工，同时阻尼材料便于取材。

（4）安全性：正常使用状态下不会蒸发，不会产生有害气体，还应具有不易燃、不助燃的优点。

（5）经济性：价格便宜，便于广泛应用。

2. 增设黏滞阻尼器

黏滞阻尼器根据流体运动的基本原理制成，当黏滞液体与阻尼器间发生相互运动时会产生黏滞阻尼力，进而消耗能量。因其具有结构简单、稳定度高、精确性好、造价低等优点，不需要外部能源提供动力，在土木工程领域应用广泛。根据内部构造不同，黏滞阻尼器可分为液缸式黏滞阻尼器（图 8-1-11）、黏滞阻尼墙以及筒式黏滞阻尼器。

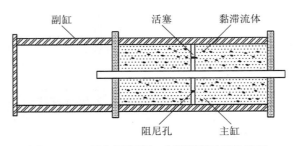

图 8-1-11　双出杆型液缸式黏滞阻尼器构造图

1）黏滞阻尼器的计算模型

线性模型中，黏滞阻尼力与速度成正比：

$$F_d = C\dot{u}(t) \tag{8-1-5}$$

式中：C——阻尼系数；

$\dot{u}(t)$——阻尼器的相对运动速度。

当有下式所示正弦激励作用于阻尼器时：

$$u(t) = u_0 \sin(\omega t) \tag{8-1-6}$$

式中：u_0——正弦激励的幅值；

ω——正弦激励的频率。

可得阻尼力为：

$$F_d(t) = Cu_0\omega \cos(\omega t) \tag{8-1-7}$$

由式(8-1-5)和式(8-1-6)，可得力和位移的关系如下：

$$\left(\frac{F_d}{Cu_0\omega}\right)^2 + \left(\frac{u}{u_0}\right)^2 = 1 \tag{8-1-8}$$

故阻尼器运动一周所耗散的能量为：

$$W_d = \pi C\omega u_0^2 \tag{8-1-9}$$

2）黏滞阻尼器的性能参数

（1）阻尼比

确定阻尼器附加的有效阻尼比ξ_α，可按下式计算：

$$\xi_\alpha = \frac{W_c}{4\pi W_s} \tag{8-1-10}$$

$$W_c = \frac{2\pi^2}{T_1} \sum C_j \cos^2 \theta_j \Delta u_j^2 \tag{8-1-11}$$

$$W_s = \frac{1}{2} \sum F_i u_i \tag{8-1-12}$$

式中：W_c——所有阻尼器在主结构预期位移下往复一周所消耗的能量；

W_s——主结构在预期位移下的总应变能；

T_1——消能减振结构的基本自振周期；

C_j——第j个消能器的线性阻尼系数；

θ_j——第j个消能器的放置方向与水平面的夹角；

Δu_j——第j个消能器的两端相对位移；

F_i——质点i的振动作用标准值；

u_i——对应于F_i的位移。

（2）速度指数

阻尼器在一个循环周期内所做的功，可按下式计算：

$$W_{\mathrm{d}} = 2^{\alpha+2} u_0 F_{\mathrm{d}}(t)_{\max} \frac{\Gamma^2\left(\frac{\alpha}{2}+1\right)}{\Gamma(\alpha+2)} \tag{8-1-13}$$

随着α值减小，W_{d}值逐渐增大，即当α值越来越小时，所附设的黏滞阻尼器将消耗更多能量，以对主结构起到更好的保护作用。

当阻尼器受到简谐荷载的频率等于结构的振型频率时，附加有效阻尼比ξ_α，可按下式计算：

$$\xi_\alpha = \frac{C_{\mathrm{eq}}}{2mw_0} = \frac{1}{\alpha+1} \frac{C_\alpha u_0^\alpha w_0^\alpha}{mu_0 w_0^2} \tag{8-1-14}$$

利用W_{d}计算附加有效阻尼比ξ_α：

$$\xi_\alpha = \frac{W_{\mathrm{d}}}{4\pi W_{\mathrm{s}}} = \frac{2^{1+\alpha}}{\pi} \frac{C_\alpha u_0^\alpha w_0^\alpha}{mu_0 w_0^2} \frac{\Gamma^2\left(\frac{\alpha}{2}+1\right)}{\Gamma(\alpha+2)} \tag{8-1-15}$$

结构体系一旦确定，其质量、自振圆频率（忽略其固有阻尼比）和运动幅值一定，只要保持黏滞阻尼器的最大出力不变，则降低α值可提高附加有效阻尼比。

3）黏滞阻尼器的布置原则

阻尼器并不是布置越多、效果就越好，阻尼器布置应遵循以下原则：

（1）增设阻尼器时，应尽量保持结构的对称性，降低结构质心与刚心的差异。对于有偏心的不规则结构，阻尼器应尽量布置在远离刚心的一侧，以降低扭转效应。

（2）与速度、加速度的变化规律相比，增设阻尼器后结构的位移变化规律更加明显，故阻尼器布置以位移作为控制指标更为合理，并应遵循以下原则：

①阻尼器应尽量布设在层间位移较大的楼层，宜形成沿结构高度均匀的结构体系，避免结构沿高度、刚度和阻尼突变而出现薄弱层。将阻尼器安装在层间位移较大的位置，更有利于发挥阻尼器的耗能减振作用。

②在层间位移基本相等的情况下，阻尼器应布设在较低楼层。

（3）阻尼器应根据需要，沿结构主轴方向分散布置，宜避免偏心扭转效应。在层间安装的阻尼器，宜位于框架梁或剪力墙的轴线上，否则，要考虑阻尼器偏心对结构梁柱或剪力墙的附加扭矩。

（4）阻尼器应安装在便于检查、维修和更换的位置。由于速度型阻尼器在正常使用情况下需进行常规检查，特别是在达到使用年限时要进行检查和更换，此外，在遭受振动时，要对阻尼器和主体结构进行应急检查，确定阻尼器是否需要更换。

4）黏滞阻尼器的安装方式

阻尼器的安装方式主要有：斜向型、人字型、剪刀型以及套索型等（图8-1-12）。

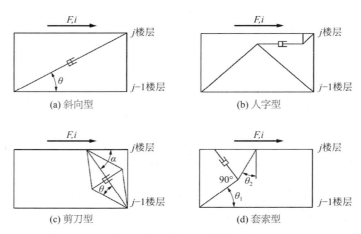

图 8-1-12　黏滞阻尼器的安装方式

（1）斜向型安装：构造简单、安装方便，阻尼器两端的相对位移相对较小，且占用空间较大。

（2）人字型安装：构造较为复杂，但可以在人字型支撑中间布置门洞，安装位置相对灵活，阻尼器相对位移等于层间位移，但可能对结构的侧向稳定产生不利影响。

（3）剪刀型安装：对建筑布局影响较小，但构造复杂，施工难度较大。

（4）套索型安装：该安装方式可使阻尼器输出较大的阻尼力，但施工难度较大。

四、结构振动控制措施

结构振动控制的基本原理是在结构的某些特殊部位安装振动控制装置，来调节结构的动力特性，使结构在外部激励作用下，对结构动力响应（如位移、速度、加速度）进行控制。调谐质量阻尼器（简称 TMD）是一种常见的结构振动控制装置，具有原理简单、减振效果明显、造价低、可靠性高、易于安装等优点。

1. TMD 的工作原理

TMD 主要由质量块、阻尼器和弹簧组成，是一种附加在结构上的减振子结构。质量块一般通过阻尼器和弹簧与主结构相连，在主结构受振时，子结构也会随之振动，振动产生的能量一部分通过惯性力作用于主结构，一部分耗散掉，从而达到消能减振的目的。

TMD 设计灵活，可根据安装位置、结构固有频率、具体振动部件进行设计。目前，广泛运用于国内外的高层建筑、电视塔及桥梁结构等。

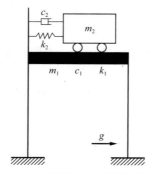

图 8-1-13　调谐减振系统简化模型

　　TMD 系统由主结构及附加于主结构上的子结构共同组成，一般通过改变子结构的质量或刚度来调整子结构的自振频率，从而使其接近主体结构的自振频率或激振频率，实现谐振将能量传给 TMD，调谐减振系统的简化模型如图 8-1-13 所示。TMD 安装于主结构顶部，整个结构成为双自由度体系，系统在振动激励下的运动方程为：

$$\begin{bmatrix} 1 & 0 \\ 0 & 1 \end{bmatrix}\begin{pmatrix} \ddot{x}_1 \\ \ddot{x}_2 \end{pmatrix} + \begin{bmatrix} 2\omega_1\xi_1 + 2u\omega_2\xi_2 & -2u\omega_2\xi_2 \\ -2\omega_2\xi_2 & 2\omega_2\xi_2 \end{bmatrix}\begin{pmatrix} \dot{x}_1 \\ \dot{x}_2 \end{pmatrix} +$$

$$\begin{bmatrix} \omega_1^2 + u\omega_2^2 & -u\omega_2^2 \\ -\omega_2^2 & \omega_2^2 \end{bmatrix}\begin{pmatrix} x_1 \\ x_2 \end{pmatrix} = \begin{pmatrix} -\ddot{v}_g(t) \\ -\ddot{v}_g(t) \end{pmatrix}$$

(8-1-16)

式中：m_1、c_1、k_1、ω_1——主结构的质量、阻尼、刚度和固有频率；

$\qquad m_2$、c_2、k_2、ω_2——子结构的质量、阻尼、刚度和固有频率；

$\qquad\qquad \xi_1$、ξ_2——主结构和子结构的阻尼比；

$\qquad\qquad\qquad u$——子结构和主结构的质量比；

$\qquad \ddot{x}_1$、$\dot{x}_1$、x_1——主结构相对于地面的加速度、速度和位移；

$\qquad \ddot{x}_2$、$\dot{x}_2$、x_2——子结构相对于地面的加速度、速度和位移；

$\qquad\qquad\qquad \ddot{v}_g$——外部激励的加速度。

2. TMD 的设计流程

　　TMD 通过惯性力对主结构进行减振，并通过子结构的阻尼元件进行耗能。此外，TMD属于一次性安装，过程简单，便于施工。

　　传统的 TMD 无法适用于频率范围较宽的外部激励，有学者利用改进的多重调谐质量阻尼器（MTMD），实现了较大固有频率的结构减振控制。

　　调谐质量阻尼器可看成是一个质量—弹簧—阻尼系统，主要通过调整子结构与主体结构的质量比、频率比和子结构的阻尼比等参数，使系统吸收更多的能量。TMD 设计的主要步骤如下：

　　（1）根据主结构的质量和固有频率，计算 TMD 与结构的最优质量比。

　　TMD 的质量一般取结构总质量的 1/200～1/20，一般根据实际条件取 1% 或稍大一些。由图 8-1-14（图中频率比为激励与主结构的频率比）可知，随子结构与主结构质量比μ增大，减振效果会更好，当μ较小时，变化趋势较明显，μ逐渐增大，变化趋势趋于稳定。若μ过大，主结构的动力特性会有改变，且难于实现，故 TMD 质量只能根据实际条件优化选取。

　　（2）根据主结构频率计算结构的频率比，并确定 TMD 的刚度。TMD 固有频率一般设计为与主结构自振频率接近或一致。取不同的固有频率比，得到振幅与 TMD 频率的关系，如图 8-1-15 所示。当 TMD 系统与主结构的频率比在 1.0 附近时，减振效果良好。但当频率比偏离 1.0 时，控制效果降低。

　　（3）阻尼系数和材料的几何形状、类型等因素有关。选取不同的阻尼比，计算其对主结构振动特性的影响，如图 8-1-16 所示。

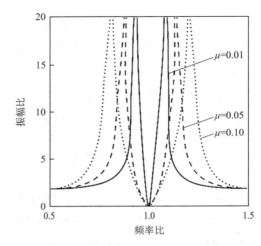

图 8-1-14　TMD 质量对结构振动的影响（TMD 无阻尼，频率比 1.0）

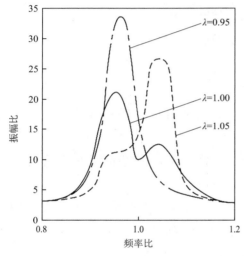

图 8-1-15　TMD 固有频率对结构振动特性
的影响（质量比 0.01，阻尼比
0.06）

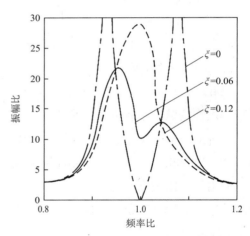

图 8-1-16　TMD 阻尼对结构振动特性的影
响（质量比 0.01，频率比 1.0）

第二节　工程实例

［实例 1］某动力站房内动力设备

某建筑负一层动力站房内设置冷却及冷冻水泵等动力设备，如图 8-2-1 所示。动力设备、动力管道等振源分布如图 8-2-2 所示，主要振动问题有：冷冻水泵等动力设备直接与刚性基础相连，未采取任何隔振、减振措施；多个动力设备布置紧密，共同工作状态下易产生共振；大型管道与刚性基础直接相连，未采取任何隔振、减振措施，且管道布置密集；

动力管道与上下楼板直接连接，未采取任何隔振、减振措施，振动传递路径多；水管单球型软连接器已严重拉伸变形，失去减振功能。空调机房靠水泵位置楼盖振动明显，水泵对应位置的上部一至三层均有振感，局部振感强烈，需采取振动控制措施。

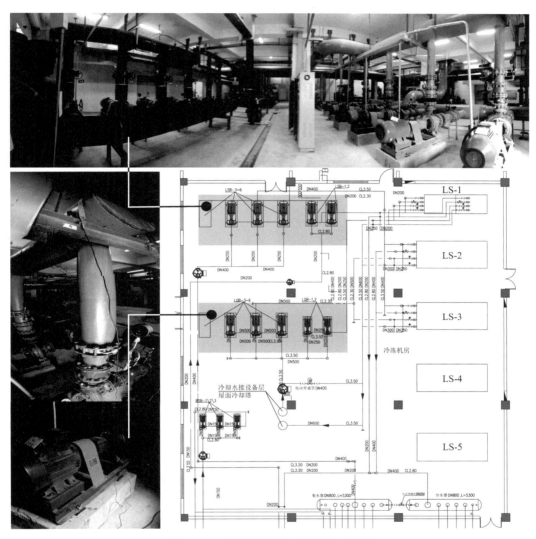

图 8-2-1　动力设备及动力管道分布示意

图 8-2-2　动力设备、动力管道振源分布

1. 动力设备振动控制方案

水泵动力设备底座设置钢弹簧减振机架，如图 8-2-3 所示，具体方案：

（1）冷冻泵、冷却泵与设备底座刚接且泵位置固定、无法升高，故需使用金刚绳切割工具将设备混凝土底座切掉，放置钢弹簧减振机架。

（2）支撑型弹簧减振机架下部使用膨胀螺栓与基础固定，上部采用焊接方式，连接在泵的底部。

（3）采用钢檩条对切割后的设备底座进行加固围护，用发泡胶填充底座与檩条之间的空隙。

图 8-2-3　水泵动力设备钢弹簧减振机架

2. 动力管道振动控制方案

如图 8-2-4 所示，在动力管道下安置门式落地减振机架。

（1）将原管道自身振动较大部位的刚性连接改为支撑式落地钢弹簧减振机架，在吊架刚性连接部位增设钢弹簧减振机架，同时，支撑式门架柱脚落地，并与地面刚接。

（2）管道自身振动较小部位，需在吊架刚性连接部位增设橡胶软连接。

图 8-2-4　动力管道门式落地减振机架

对动力水泵、管道、建筑结构、构件等进行振动测试，评价点主要有负一层动力设备振动、水泵竖向水管振动经橡胶软连接前后振动、水泵水管竖向吊杆的振动以及负一层楼板、一层楼板和二层楼板振动，测点布置如图 8-2-5 所示，测试结果如图 8-2-6 所示。

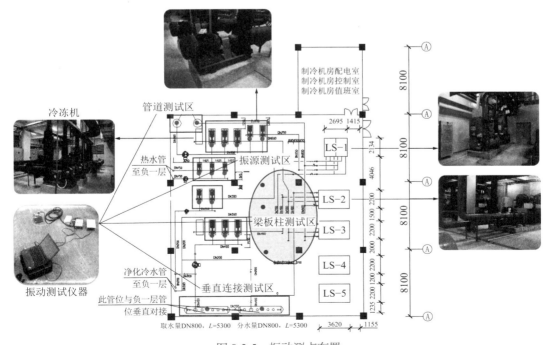

图 8-2-5　振动测点布置

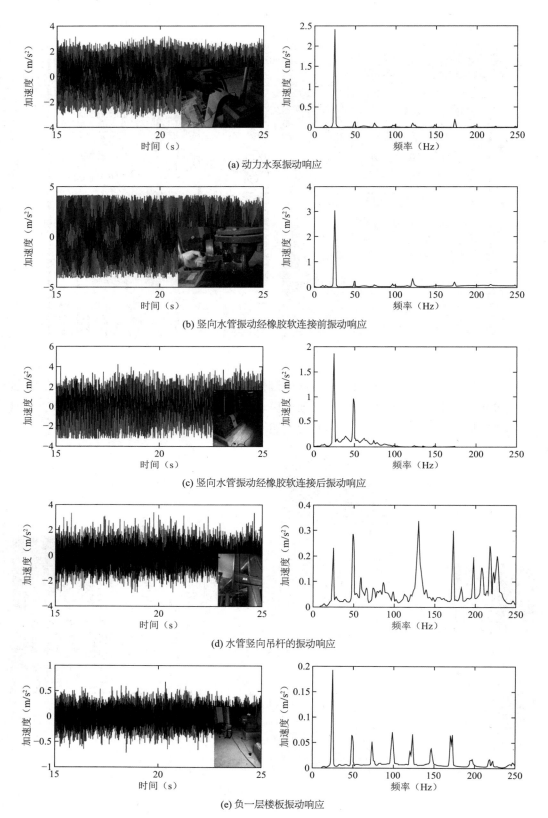

(a) 动力水泵振动响应

(b) 竖向水管振动经橡胶软连接前振动响应

(c) 竖向水管振动经橡胶软连接后振动响应

(d) 水管竖向吊杆的振动响应

(e) 负一层楼板振动响应

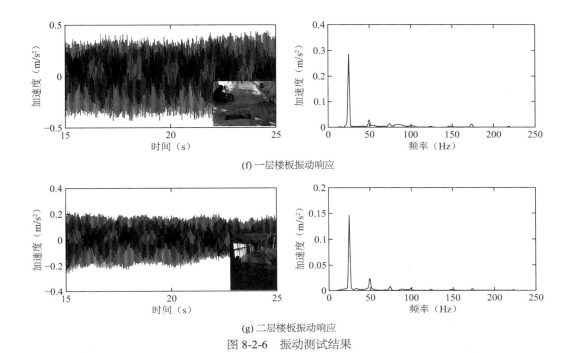

(f) 一层楼板振动响应

(g) 二层楼板振动响应

图 8-2-6　振动测试结果

测试主要结论：

（1）水泵振源的主频率为 25Hz，其他成分呈 25Hz 倍频。

（2）振动向下传递：主要通过设备基础传递至负一层楼板，振动主频较为单一，为 25Hz。

（3）振动向上传递：主要通过分路水管和吊架向上传递至一层楼板，表现为 25Hz、50Hz、75Hz、100Hz 等倍频现象。

振动控制效果如图 8-2-7 所示。

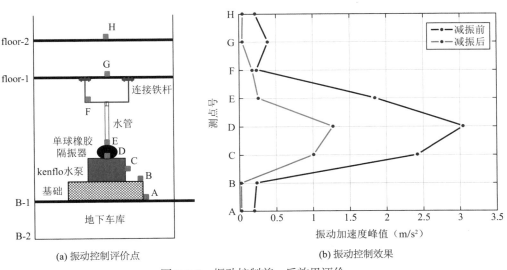

(a) 振动控制评价点

(b) 振动控制效果

图 8-2-7　振动控制前、后效果评价

[实例2] 某汽车公司车身厂压力机冲压线

某汽车公司车身厂有一条2050t的压力机冲压线，由1台2050t和4台1000t压力机组成，其中，2050t压力机自重（含模具、钢梁）690t，1000t压力机自重（含模具、钢梁）418t，是车身厂主要的冲压线，见图8-2-8。

图 8-2-8　某汽车公司车身厂2050t车身冲压线

冲压线工作时产生的振动很大，距离压力机中心10m处的地面振动速度为8.40mm/s，附近的测量设备（三坐标测量机等）无法正常工作。车间三楼办公室走廊处的地面振动速度达 31.5mm/s，办公桌上的水杯在振动作用下可自动滑落到地面，必须用绳子固定在桌面上，严重影响办公人员的工作。同时，由于动载反作用力的影响，振动过大，设备电气、液压系统故障率很高，无法安装自动上料装置，无法满足设计生产速率，制件精度无法保证。

由于压力机线已经运行，属于既有工业建筑，在增加振动控制装置时，必须保证压力机原有技术要求，如标高、与配套设备间的相互位置等。

经分析，每台压机的振动控制系统选用8个弹簧阻尼振动控制装置，弹簧压缩量16mm，系统竖向固有频率4Hz，系统竖向阻尼比0.11。

为检验振动控制效果，改造后，分别对车间三楼办公室的走廊地面振动进行实测，实测振动速度1.57mm/s，隔振效率达95%。此外，压力机每次冲压恢复稳定时间由原来的0.8s减少到0.3s，阻尼起到了快速衰减振动的作用。

[实例3] 某建筑内新增振动台基础

某单位既有工业建筑于2018年竣工使用，建筑结构形式为单层门式刚架，基础形式为独立基础，基底标高 −2.00m；建筑高度13.30m、跨度27.00m；基础混凝土强度等级C30，主体钢构件钢材牌号Q235B。2020年，根据厂方使用及工艺要求，增设一台15t六自由度振动台。新增振动台位置如图8-2-9所示。

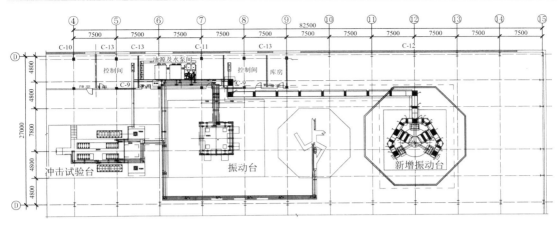

图 8-2-9　新增振动台位置

　　振动台基础与原建筑基础最小净距 1.0m，若振动控制不当，将引起建筑物共振，会增加原建筑物基础沉降，影响建筑物的安全使用。因此，必须对振动台进行振动控制设计，并采取措施减小振动对既有建筑的影响。

　　地基基础的设计参数见表 8-2-1，振动台振动荷载见表 8-2-2。

　　基组总重心与基础底面形心宜位于同一竖直线上，振动台重心位置见图 8-2-10。机器最大运行频率 4Hz。机器净空高度不小于 17.50m，地面以上净高不小于 19.00m。现行国家标准《建筑工程容许振动标准》GB 50868 要求容许振动位移 0.1mm，容许振动加速度 1.00m/s²；工业建筑要求基组频率不小于 10Hz；设计方要求基组频率不小于 13Hz。

地基基础设计参数　　　　　　　　表 8-2-1

地层名称	重度 γ（kN/m³）	承载力特征值 f_{ak}（kPa）	压缩试验 100~200kPa			天然地基抗压刚度系数 C_z（kN/m³）
			压缩系数 a_{1-2}（MPa⁻¹）	压缩模量 E_s（MPa）	压缩性	
黄土状粉质黏土①	18.2	90	0.47	4.1	中高	20250
粉质黏土②	19.1	90	0.44	4.3	中高	20250
粉土与粉质黏土互层③	19.2	130	0.36	5.3	中	29200
粉土与粉质黏土互层④	19.7	160	0.29	6.3	中	34900
粉土与粉质黏土互层⑤	19.7	140	0.30	5.7	中	31100
粉质黏土⑥	20.1	170	0027	6.3	中	36800

振动台振动荷载表　　　　　　　　表 8-2-2

扰力（N）			扰力矩（N·m）		
X	Y	Z	R_x	R_y	R_z
±209000	±209000	±450000	±985080	±985080	±43000

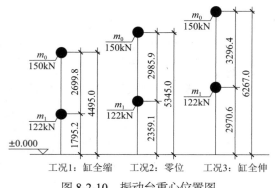

图 8-2-10　振动台重心位置图

本工程采取如下振动控制措施：

1. 振动台基础采用埋置大块式基础，基础底标高与既有建筑基础标高相同，考虑因素如下：振动台基础埋深若低于既有建筑基础，会影响既有建筑稳定性，需采取临时基坑支护措施；若高于既有建筑基础，两基础距离较近会增加附加压力。故振动台基础埋深设置为 2.00m。埋置基础的阻尼比和地基刚度均比明置基础高，且大块式基础可扩大支承面积，降低振源产生的振动荷载及振动输出。

2. 通过地基处理，减少振动传播及对既有建筑的影响。基础持力层粉质黏土较软，属于四类土，软弱地基刚度小，振源振动较大，振动传递远、影响范围广。通过地基处理，使地基刚度增大，降低振源产生的振动荷载和振动传递。

3. 提高基组频率，避开既有建筑自振频率。厂方要求设备基础频率不小于 10Hz，为避免对既有建筑进行加固改造，考虑阻尼比对高阶振动的抑制作用，设计方提出取既有建筑第 6 阶自振频率12.61Hz ≈ 13.00Hz为控制目标，设计基组频率应大于 13Hz，使其远离共振区，既有建筑自振频率见表 8-2-3。

既有建筑前 6 阶自振频率　　　　　　　　　　　　　　　　　　表 8-2-3

振型	1 阶	2 阶	3 阶	4 阶	5 阶	6 阶	7 阶	8 阶	9 阶
频率（Hz）	2.13	3.66	6.04	6.76	10.49	12.61	16.55	19.08	20.62

由于粉质黏土承载力较低且为中高压缩性土，根据现行国家标准《动力机器基础设计标准》GB 50040 的要求，对基底粉质黏土进行地基处理，要求地基承载力特征值不小于 150kPa 且土层压缩性不低于中等压缩性，天然地基抗压刚度系数$C_z = 33000$，$f_a = f_{spk} + \eta_d \times \gamma_m \times (d - 0.5) = 216$kPa，$\alpha_f$取 0.8，根据设备厂家提供的基础尺寸及附加重量，计算得出基组总质量为$m = 2355.75$t。$P = 72.1$kPa $< \alpha_f \times f_a = 172.8$kPa，满足要求。

地基动力特性参数计算如下：

1. 地基刚度

地基抗压刚度（沿z轴）$K_z = 12682782.94$kN/m，地基抗剪刚度（沿x、y轴）$K_x = K_y = 13746266.82$kN/m，地基抗弯刚度（沿x、y轴）$K_\theta = K_\varphi = 1127325405$kN·m，地基抗扭刚度（绕z轴）$K_\psi = 1101108535$kN·m。

2. 基组总重心

以气缸全伸出状态为例，设定室内地面以下 2m 中心±0.000 处为O点，竖向向下为正x

向，水平向右为正y向，竖向向上为正z向。基组总重心：$X_i \approx 0.034\text{m}$、$Y_i \approx 0.135\text{m}$、$Z_i \approx -0.962\text{m}$，$0.135/17.9 = 0.754\% < 3\%$，满足规范对偏心距的要求。

3. 基组的转动惯量

基组对x轴的转动惯量$J_x(J_\theta) = 73756.34\text{t} \cdot \text{m}^2$；基组对$y$轴的转动惯量$J_y(J_\varphi) = 3323.89\text{t} \cdot \text{m}^2$；基组对$z$轴的转动惯量$J_z(J_\psi) = 140051.66\text{t} \cdot \text{m}^2$。

4. 天然地基阻尼比

天然地基的竖向阻尼比$\xi_z = 0.3652$，天然地基的水平回转耦合振动第1、2振型阻尼比和扭转向阻尼比$\xi_{x\varphi1} = \xi_{x\varphi2} = \xi_{y\theta1} = \xi_{y\theta2} = \xi_\psi = 0.220$。

5. 固有频率：

基组的竖向振动固有圆频率：$\omega_{nz} = 73.38\text{rad/s}$，$f_{nz} = 11.68\text{Hz}$。

基组的扭转振动固有圆频率：$\omega_{n\psi} = 88.67\text{rad/s}$，$f_{n\psi} = 14.1\text{Hz}$。

基组沿x轴水平、绕y轴回转振动的固有圆频率：$\omega_{nx} = 76.39\text{rad/s}$，$f_{nx} = 12.16\text{Hz}$；$\omega_{n\varphi} = 126$，$f_{n\varphi} = 20.1\text{Hz}$。

基组沿y轴水平、绕x轴回转振动的固有圆频率：$\omega_{ny} = 76.39\text{rad/s}$，$f_{ny} = 12.16\text{Hz}$；$\omega_{n\theta} = 125.6\text{rad/s}$，$f_{n\theta} = 20.0\text{Hz}$，基组上述频率大于$1.61\text{Hz}$，满足要求。

由于x、y向水平回转相差很小，第1、2振型固有频率按相同计算：$\omega_{n\varphi1}^2 = 5552.76$，$\omega_{n\varphi2}^2 = 16158.68$。

6. 基组振动响应计算：

扰力圆频率为$\omega = 2\pi f = 25.133\text{rad/s}$，基组在竖向扰力作用下沿$z$轴的振动位移计算如下：

$$d_z = \frac{P_z}{K_z} \cdot \frac{1}{\sqrt{\left(1 - \dfrac{\omega^2}{\omega_{nz}^2}\right)^2 + 4\xi_z^2 \dfrac{\omega^2}{\omega_{nz}^2}}} \tag{8-2-1}$$

计算可得：$d_z = 0.0387\text{mm}$。

基组在扭转扰力矩M_ψ和水平扰力P_x沿y轴向偏心作用下（图8-2-11），产生绕z轴的扭转振动可按下列公式计算：

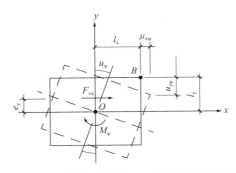

图8-2-11 基组扭转振动（注：B点为基础顶面控制点）

$$d_{x\psi} = \frac{(M_\psi + P_x e_y)l_y}{K_\psi \sqrt{\left(1 - \dfrac{\omega^2}{\omega_{n\psi}^2}\right)^2 + 4\xi_\psi^2 \dfrac{\omega^2}{\omega_{n\psi}^2}}} \tag{8-2-2}$$

$$d_{y\psi} = \frac{(M_\psi + P_x e_y)l_x}{K_\psi \sqrt{\left(1 - \dfrac{\omega^2}{\omega_{n\psi}^2}\right)^2 + 4\xi_\psi^2 \dfrac{\omega^2}{\omega_{n\psi}^2}}} \qquad (8\text{-}2\text{-}3)$$

计算可得：$d_{x\psi} = d_{y\psi} = 0.000624\text{mm}$。

基组在扭转扰力矩M_ψ和水平扰力P_y沿x轴向偏心作用下，产生绕z轴的扭转振动可按下列公式计算：

$$d'_{x\psi} = \frac{(M_\psi + P_y e_x)l_y}{K_\psi \sqrt{\left(1 - \dfrac{\omega^2}{\omega_{n\psi}^2}\right)^2 + 4\xi_\psi^2 \dfrac{\omega^2}{\omega_{n\psi}^2}}} \qquad (8\text{-}2\text{-}4)$$

$$d'_{y\psi} = \frac{(M_\psi + P_y e_x)l_x}{K_\psi \sqrt{\left(1 - \dfrac{\omega^2}{\omega_{n\psi}^2}\right)^2 + 4\xi_\psi^2 \dfrac{\omega^2}{\omega_{n\psi}^2}}} \qquad (8\text{-}2\text{-}5)$$

计算可得：$d'_{x\psi} = d'_{y\psi} = 0.000439\text{mm}$。

基组在水平扰力P_x和竖向扰力P_z沿x向偏心矩作用下，产生x向水平、绕y轴回转（x-φ向）的耦合振动（图8-2-12），基础顶面控制点的竖向和水平向振动线位移可按下列公式计算：

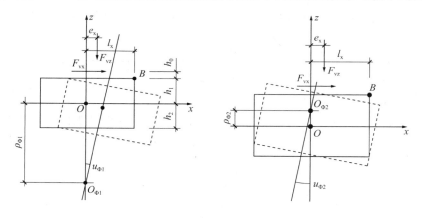

(a) 第一振型 　　　　　　　　　　　(b) 第二振型

图8-2-12　基组沿x向水平、绕y轴回转耦合振动的振型

$$M_{\varphi1} = P_x(h_1 + h_0 + \rho_{\varphi1}) + P_z e_x \qquad (8\text{-}2\text{-}6)$$

$$M_{\varphi2} = P_y(h_1 + h_0 + \rho_{\varphi2}) + P_z e_x \qquad (8\text{-}2\text{-}7)$$

$$J_{y1} = J_y + m\rho_{\varphi1}^2 \qquad (8\text{-}2\text{-}8)$$

$$J_{y2} = J_y + m\rho_{\varphi2}^2 \qquad (8\text{-}2\text{-}9)$$

$$d_{\varphi1} = \frac{M_{\varphi1}}{J_{y1}\omega_{n\varphi1}^2} \cdot \frac{1}{\sqrt{\left(1 - \dfrac{\omega^2}{\omega_{n\varphi1}^2}\right)^2 + 4\xi_{x\varphi1}^2 \dfrac{\omega^2}{\omega_{n\varphi1}^2}}} \qquad (8\text{-}2\text{-}10)$$

$$d_{\varphi 2} = \frac{M_{\varphi 2}}{J_{y2}\omega_{n\varphi 2}^2} \cdot \frac{1}{\sqrt{\left(1 - \frac{\omega^2}{\omega_{n\varphi 2}^2}\right)^2 + 4\xi_{x\varphi 2}^2 \frac{\omega^2}{\omega_{n\varphi 2}^2}}} \tag{8-2-11}$$

$$d_{z\varphi} = (d_{\varphi 1} + d_{\varphi 2})l_x \tag{8-2-12}$$

$$d_{x\varphi} = d_{\varphi 1}(\rho_{\varphi 1} + h_1) + d_{\varphi 2}(h_1 - \rho_{\varphi 2}) \tag{8-2-13}$$

计算可得：$d_{z\varphi} = 0.00492\text{mm}$，$d_{x\varphi} = 0.0184\text{mm}$。

基组在水平扰力P_y和竖向扰力P_z沿y向偏心矩作用下，产生y向水平、绕x轴回转（y-θ向）的耦合振动，基础顶面控制点的竖向和水平向振动线位移可按下列公式计算：

$$M_{\theta 1} = P_y(h_1 + h_0 + \rho_{\theta 1}) + P_z e_y \tag{8-2-14}$$

$$M_{\theta 2} = P_y(h_1 + h_0 + \rho_{\theta 2}) + P_z e_y \tag{8-2-15}$$

$$J_{x1} = J_x + m\rho_{\theta 1}^2 \tag{8-2-16}$$

$$J_{x2} = J_x + m\rho_{\theta 2}^2 \tag{8-2-17}$$

$$d_{\theta 1} = \frac{M_{\theta 1}}{J_{x1}\omega_{n\theta 1}^2} \cdot \frac{1}{\sqrt{\left(1 - \frac{\omega^2}{\omega_{n\theta 1}^2}\right)^2 + 4\xi_{y\theta 1}^2 \frac{\omega^2}{\omega_{n\theta 1}^2}}} \tag{8-2-18}$$

$$d_{\theta 2} = \frac{M_{\theta 2}}{J_{x1}\omega_{n\theta 2}^2} \cdot \frac{1}{\sqrt{\left(1 - \frac{\omega^2}{\omega_{n\theta 2}^2}\right)^2 + 4\xi_{y\theta 2}^2 \frac{\omega^2}{\omega_{n\theta 2}^2}}} \tag{8-2-19}$$

$$d_{z\theta} = (d_{\theta 1} + d_{\theta 2})l_y \tag{8-2-20}$$

$$d_{y\theta} = d_{\theta 1}(\rho_{\theta 1} + h_1) + d_{\theta 2}(h_1 - \rho_{\theta 2}) \tag{8-2-21}$$

计算可得：基础顶面控制点的竖向和水平向振动线位移为$d_{\theta 1} = 0.00526\text{mm}$，$d_{y\theta} = 0.0185\text{mm}$。

基组无水平力P_y，在回转力矩M_θ和竖向扰力P_z沿y向偏心矩作用下，产生y向水平、绕x轴回转（y-θ向）的耦合振动，基础顶面控制点的竖向和水平向振动线位移可按下列公式计算：

$$M_{\theta 1} = M_{\theta 2} = M_\theta + P_z e_y \tag{8-2-22}$$

$$J_{x1} = J_x + m\rho_{\psi 1}^2 \tag{8-2-23}$$

$$J_{x2} = J_x + m\rho_{\psi 2}^2 \tag{8-2-24}$$

$$d_{\theta 1} = \frac{M_{\theta 1}}{(J_x + m\rho_{\theta 1}^2)\omega_{n\theta 1}^2} \cdot \frac{1}{\sqrt{\left(1 - \frac{\omega^2}{\omega_{n\theta 1}^2}\right)^2 + 4\xi_{y\theta 1}^2 \frac{\omega^2}{\omega_{n\theta 1}^2}}} \tag{8-2-25}$$

$$d_{\theta 2} = \frac{M_{\theta 2}}{(J_x + m\rho_{\theta 1}^2)\omega_{n\theta 2}^2} \cdot \frac{1}{\sqrt{\left(1 - \frac{\omega^2}{\omega_{n\theta 2}^2}\right)^2 + 4\xi_{y\theta 2}^2 \frac{\omega^2}{\omega_{n\theta 2}^2}}} \tag{8-2-26}$$

$$d_{z\theta} = (d_{\theta 1} + d_{\theta 2})l_y \tag{8-2-27}$$

$$d_{y\theta} = d_{\theta 1}(\rho_{\theta 1} + h_1) + d_{\theta 2}(h_1 - \rho_{\theta 2}) \tag{8-2-28}$$

计算可得：$d_{z\theta} = 0.0086\text{mm}$，$d_{y\theta} = 0.0027\text{mm}$。

基组无水平力P_x，在回转力矩M_φ和竖向扰力P_z沿x向偏心矩作用下，产生y向水平、绕y轴回转（y-φ向）的耦合振动，基础顶面控制点的竖向和水平向振动线位移可按下列公式计算：

$$M_{\varphi 1} = M_{\varphi 2} = M_\varphi + P_z e_x \tag{8-2-29}$$

$$J_{y1} = J_y + m\rho_{\varphi 1}^2 \tag{8-2-30}$$

$$J_{y2} = J_y + m\rho_{\varphi 2}^2 \tag{8-2-31}$$

$$d_{\varphi 1} = \frac{M_{\varphi 1}}{J_{y1}\omega_{n\varphi 1}^2} \cdot \frac{1}{\sqrt{\left(1 - \frac{\omega^2}{\omega_{n\varphi 1}^2}\right)^2 + 4\xi_{x\varphi 1}^2 \frac{\omega^2}{\omega_{n\varphi 1}^2}}} \tag{8-2-32}$$

$$d_{\varphi 2} = \frac{M_{\varphi 2}}{J_{y2}\omega_{n\varphi 2}^2} \cdot \frac{1}{\sqrt{\left(1 - \frac{\omega^2}{\omega_{n\varphi 2}^2}\right)^2 + 4\xi_{x\varphi 2}^2 \frac{\omega^2}{\omega_{n\varphi 2}^2}}} \tag{8-2-33}$$

$$d_{z\varphi} = (d_{\varphi 1} + d_{\varphi 2})l_x \tag{8-2-34}$$

$$d_{x\varphi} = d_{\varphi 1}(\rho_{\varphi 1} + h_1) + d_{\varphi 2}(h_1 - \rho_{\varphi 2}) \tag{8-2-35}$$

计算可得：$d_{z\varphi} = 0.0083\text{mm}$，$d_{x\varphi} = 0.0025\text{mm}$。

竖向振动线位移为：$d_z = 0.066\text{mm}$；水平振动线位移为：$d_x = 0.022\text{mm}$，$d_y = 0.022\text{mm}$；总振动线位移为：$d = 0.073\text{mm} < 0.1\text{mm}$。总振动加速度为：$\alpha = d \times \omega^2 = 0.046g < 1.0\text{m/s}^2$，满足规范要求。

综上，振动控制设计满足规范、生产厂家和设计单位的要求。

[实例4] 某电厂竖直提煤机

某电厂二期工程在国内首次采用竖直提煤机输煤，该输煤方式可大大缩小输煤距离，节省建造空间，能在有限长度范围内，将燃煤提升到所需高度。主厂房模型见图8-2-13，提煤机主机房位于主厂房45m层，提煤机大约每隔3h运行一次，运行时间约1h。由于国内还没有竖直提煤机的实际应用经验，电厂投入使用后发现，当45m层提煤机运行时，位于提煤机主机房斜下方15m层的集控室有明显振感，使工作人员感觉到不舒服（15m、45m层布置图见图8-2-14和图8-2-15）。提煤机长期振动会对工作人员身心健康造成危害，应采取有效措施减小振动。

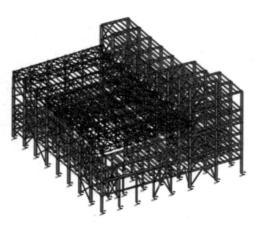

图8-2-13　某电厂主厂房模型

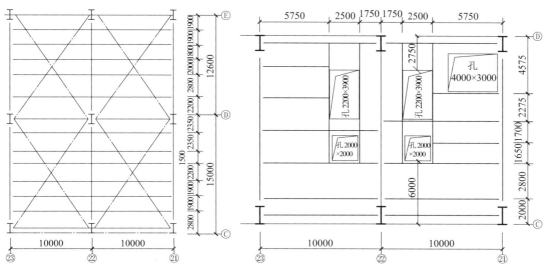

图 8-2-14　15m 层结构布置图　　　　图 8-2-15　45m 层结构布置图

本工程中振源层和集控室相隔数层，受客观条件限制，传统措施很难应用，经研究，采用 TMD 减振，该方案不影响电厂的正常运行，且 TMD 所占空间较小，可根据实际情况灵活布置。

为实现有效减振，需通过计算得出 TMD 的最佳频率与最佳阻尼比。建立厂房中提煤机主机房部分（共 8 层）的有限元模型，并对安装 TMD 后的减振效果进行数值模拟。结果表明，安装 TMD 后，减振效率可达 50% 以上。

现场测试表明：提煤机及楼板振动有两个主要振型，一是机器和楼板的竖向振动（9.4Hz），如图 8-2-16 所示；二是机器和楼板的前后摆动（点头运动，14Hz），如图 8-2-17 所示。根据测试结果和有限元计算分析，本项目设计了两种不同型号、共 8 个 TMD，在 45m 层上，每台机器下（共 2 台机器）各安装 3 个 TMD，其中，位于中部的 TMD 调谐频率为 9.2Hz，以抑制机器与楼板的竖向振动；位于两端的两个 TMD 调谐频率为 13.7Hz，以抑制机器与楼板的前后摆动。在 15m 层，安装 2 个 TMD，调谐频率为 13.7Hz，以抑制 15m 层钢梁与楼板的振动。

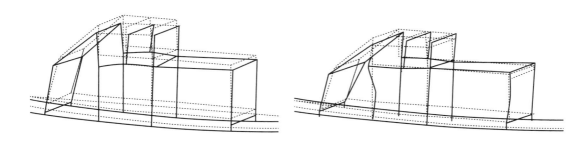

图 8-2-16　频率为 9.4Hz 的变形图　　　　图 8-2-17　频率为 14.1Hz 的变形图

为分析安装 TMD 后的减振效果，对 15m 集控室的 TMD 质量块、钢梁及楼板顶面进行布点测试，测量安装 TMD 后，提煤机运转时各测点的振动响应。由测试结果，TMD 质量块的振动有效值为钢梁振动的 2.8 倍，确定 TMD 正常工作。为确定减振效果，将安装 TMD 前后钢梁及楼板测点处的加速度有效值进行对比，钢梁振动加速度在安装 TMD 后，从 0.133m/s^2 下降至 0.046m/s^2，减振效率达 65%。

[实例 5] 某选煤厂多层钢结构厂房振动筛

神东公司某选煤厂多层钢结构厂房始建于 2005 年，共 6 层，长 36m，宽 35m，高度 31.5m，建筑面积 5337.2m^2。在标高 −6.3m、标高 −5.1m、标高 −2.7m 和标高 3.7m 平台处，设置振动筛。厂房外观及内部如图 8-2-18、图 8-2-19 所示。

振动筛在正常运行期间，楼盖（组合楼板）局部区域振动异常，3.7m 平台楼盖竖向振动明显，最大振动速度超过 30mm/s。

图 8-2-18 厂房外观

图 8-2-19 厂房内部

振动测试工况包括：工况一，振动筛负载正常运行时，测试标高 3.7m 平台处楼盖竖向振动速度；工况二，振动筛停止工作时，测试楼盖竖向自振频率。测点主要布置在主梁跨中、次梁跨中、板跨中及其他振动较大部位，见图 8-2-20。

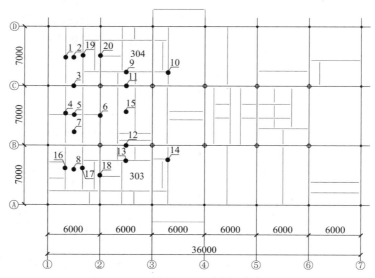
图 8-2-20 标高 3.7m 平台测点布置图

工况一及工况二的振动测试结果见表8-2-4和表8-2-5。

标高3.7m平台振动测试结果（工况一）　　　　　　　　表8-2-4

测点编号	测试方向	最大速度（mm/s）	频率（Hz）
1	Z	31.86	15.09
2	Z	24.62	15.09
3	Z	8.08	15.09
4	Z	20.30	15.09
5	Z	23.21	15.09
6	Z	10.04	15.09
7	Z	17.75	15.09
8	Z	16.89	15.09
9	Z	10.99	15.09
10	Z	7.71	15.09
11	Z	6.56	15.09
12	Z	4.66	15.09
13	Z	10.03	15.09
14	Z	8.28	15.09
15	Z	9.70	15.09
16	Z	12.57	15.09
17	Z	16.29	15.09
18	Z	10.55	15.09
19	Z	25.67	15.09
20	Z	11.08	15.09

注：Z表示测试方向为竖向。

标高3.7m平台振动测试结果（工况二）　　　　　　　　表8-2-5

测点编号	测试方向	频率（Hz）
1	Z	15.38
2	Z	15.38
8	Z	14.98
17	Z	15.34
18	Z	15.36

主要结论：

1.工况一：振动筛负载正常运行时

振动幅值：标高3.7m平台局部区域竖向振动剧烈（主要振源为标高3.7m楼盖处的303

号和 304 号香蕉筛），个别测点竖向最大振动速度达 31.86mm/s，已严重超出振动标准限值，影响操作人员的身心健康，需开展振害治理。楼盖受迫振动频率 15.07Hz，与香蕉筛运行频率一致。

2. 工况二：振动筛停止工作时

振动筛停止工作时，通过人为激励，测试楼盖自振频率，各测点振动频率均在 15Hz 左右，与振动筛运行频率接近。

根据振动测试结果，振动原因分析如下：

1. 标高 3.7m 平台处楼盖局部区域竖向振动剧烈，主要由标高 3.7m 楼盖处的 303 号和 304 号香蕉筛引起。

2. 楼盖实测自振频率与香蕉筛运行产生的激振频率接近，产生共振。

采用 Midas Gen 对标高 3.7m 楼盖结构进行有限元分析，提出的振动治理方案见表 8-2-6，方案如图 8-2-21 所示。

标高 3.7m 平台振动治理方案　　　　　　　　　　　　　表 8-2-6

序号	方案描述	截面尺寸（mm）	原截面高度（mm）	处理后截面高度（mm）
1	增设支撑	P203×16	—	—
2	增设次梁	HM588×300×12×20	—	—
3	增大梁截面	主梁	350（A/1-2、1/B-D 和 D/1-2）	600
			400（B/1-2、1/A-B、2/B-C 和 C/1-2）	
		次梁	350（1-2/C-D 区域）	600
			300（1-2/A-C 区域）	

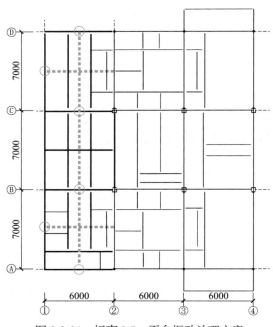

图 8-2-21　标高 3.7m 平台振动治理方案

（注：粗实线表示增大截面梁；粗虚线表示新增次梁；圆圈表示支撑点位置）

第八章　既有工业建筑振动控制措施

以标高 3.7m 平台测点 1 为例，治理前和治理后的最大振动速度分别为 31.86mm/s 和 5.86mm/s，减振率达 81.6％。振害治理前后的速度时程曲线如图 8-2-22 所示。

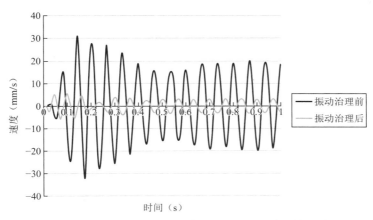

图 8-2-22　标高 3.7m 平台测点速度时程曲线（治理前后对比）

［实例 6］某建筑车辆通行坡道

某工业建筑结构坡道，来往通行车辆由负二层驶出地面时产生较大振动，影响坡道及结构的正常使用，振动较大处甚至出现墙面开裂等现象，需采取加固改造、减振以及隔振措施。

楼板加固可通过增加楼板刚度来实现，刚度等于弹性模量与惯性矩的乘积，弹性模量为常量，可增大结构断面、提高结构刚度。考虑施工可行性，可通过增大受压区高度，使之成为叠合构件共同受力，要点如下（图 8-2-23）：

1. 先将原坡道楼板面层凿毛、洗净，保持表面湿润。

2. 在楼板面上铺设 $\phi8@200$ 钢筋网。

3. 浇筑 40mm 厚 C25 细石混凝土后浇层。

4. 在楼盖底架设钢梁支撑，钢梁与楼板底面顶紧。

5. 根据振动测试，看是否存在多跨楼盖连续振动现象，如果存在，则需要对柱和主梁结构进行钢板贴板加固，如果仅是当前单跨振动较大，可选择板下加固，采用型钢井字形梁贴板加固等措施（图 8-2-24）。

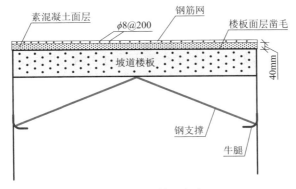

图 8-2-23　处理方案

·247·

图 8-2-24　楼板下加固井字梁做法

此外，还可采用浮筑地板，即在承重楼盖上铺设橡胶或弹簧隔振器，并在上部做钢筋混凝土浮筑面层。钢筋混凝土面层、隔振垫（或者隔振器）及浮筑面层构成隔振系统，可有效降低坡道车载对楼盖的振动影响，如图 8-2-25 所示。

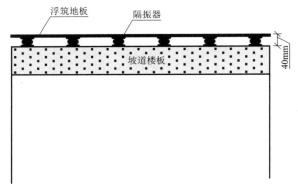

(a) 示意图

(b) 实际工程图

图 8-2-25　浮筑地板

浮筑地板的要点如下：

1. 清除原坡道表面的灰尘、污垢、油渍等；确保无杂物、表面干燥无积水，并用钢丝刷处理起砂。

2. 根据坡道行车荷载布置隔振器，并放线、布点：本工程中，坡道起点设置收费站，对行车进行间隔放行，假设坡道上的停留车辆不超过 3 辆，并假设每辆车 2t，即总荷载约 6t；坡道宽 8.4m，设横向每 1.2m 布置一个隔振器，则每排需布置 7 个，设纵向每 1.5m 布置一个隔振器，则每列需布置 45 个隔振器，总数约为 315 个。隔振器设计如下：

（1）坡道行车车载约为 6t，铺设的混凝土预制面层为 40mm 厚，钢筋混凝土密度约为 $2.5 \sim 2.7 t/m^3$，则混凝土总重约为：$8.4 \times 65 \times 0.04 \times 2.7 \approx 59t$，隔振器总承重约为 65t。

（2）每个隔振器的承载：$m_0 = 65000/315 = 206kg$。

3. 铺设预制混凝土面层，并进行安装固定。

采取加固措施前的坡道有限元模型如图 8-2-26 所示。

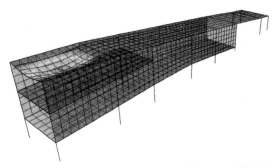

图 8-2-26 采取加固措施前的坡道有限元计算模型

　　根据图 8-2-27 给出的坡道振动实测数据，其模态基频大约为 13Hz，计算模态基频约为 13.65Hz，误差在容许范围内，可进行下一步计算。

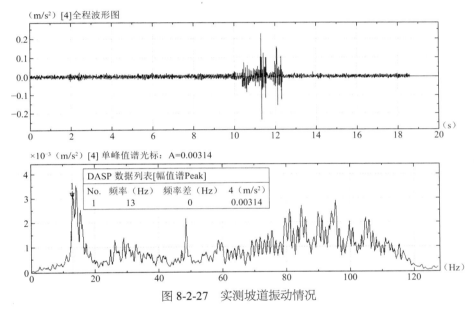

图 8-2-27 实测坡道振动情况

　　采取加固措施的坡道有限元模型如图 8-2-28 所示，加固方案如图 8-2-29 所示。图 8-2-30 给出了振动控制前后的效果对比。负一层楼盖振动控制效果见图 8-2-31。

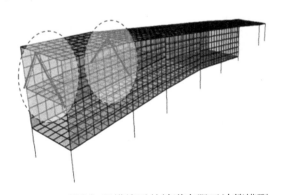

图 8-2-28 采取加固措施后的坡道有限元计算模型

图 8-2-29 坡道振动加固方案

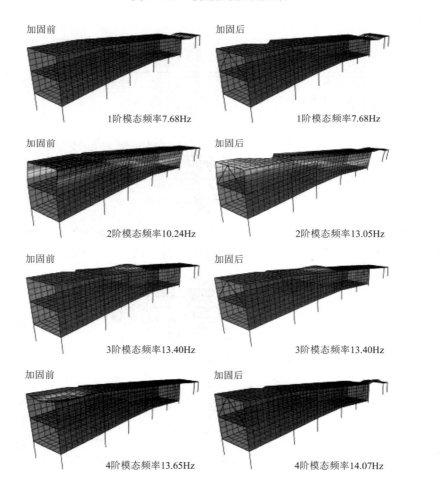

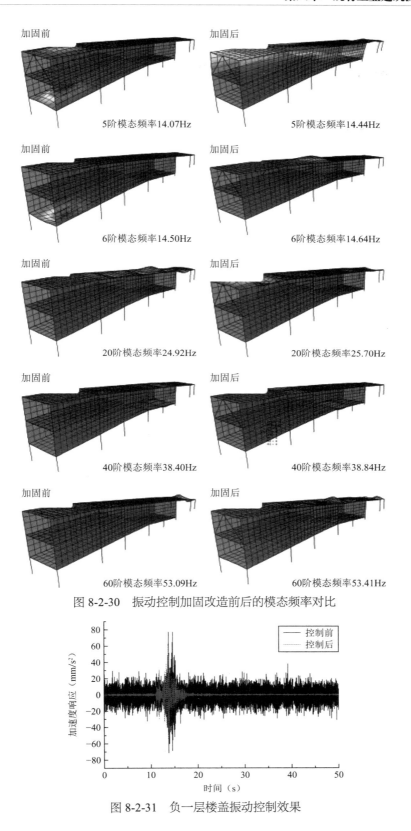

图 8-2-30　振动控制加固改造前后的模态频率对比

图 8-2-31　负一层楼盖振动控制效果

［实例 7］某大型石油化工企业高密度乙烯生产装置挤压机

某大型石油化工企业高密度乙烯生产装置 HDPE 挤压机，为国内最大的挤压机，该装置分两档运行，低速档转速 300r/min，高速档转速 400r/min。挤压机低速档运行正常，但是高速档运行时，设备及附属设施振动剧烈，导致液压油管出现 3 次断裂事故，热油管线振动幅度也较大，4 个月内停车达 11 次。

对设备基础振动进行测试，结果表明：南北向、东西向和竖向振动固有频率为 20.5Hz；设备低速生产时，设备和基础在三个主轴方向的主要振动频率均为 15.2Hz；设备高速生产时，设备和基础在三个主轴方向的主要振动频率均为 20.0Hz，设备顶部竖向测点伴有低频（分别为 0.8Hz 和 0.50Hz）振动。

挤压机高速运行时，转速为 400r/min，三倍频为 20Hz，与基础的主要固有频率相近，因此，诊断确认挤压机基础设计刚度不足、基础伴随设备产生共振导致设备部件、附属管线及基础振幅过高。

传统方法需对基础进行加固处理，以改变基础的固有频率，使其远离共振区。但基础改造至少三个月，长时间停产将造成很大的经济损失，且挤压机周边设备众多、管线密布，均需拆除和回装，工程量大；并且地基土、机床刚度等参数无法直接检测，只能经验推算，影响基础固有频率的计算，改造完毕后，不能保证达到预期效果。

经详细对比研究，决定采用 TMD 对挤压机基础进行振动控制。该方法施工周期短，不影响正常生产；对周边设备影响较小；且后续能根据测试数据进行现场调节，确保减振效果。

由于该项目频率高、吨位大，弹簧设计较为困难，频率不易现场调节；水平向 TMD 需要滑轨，增加产品的构造难度。因此，将 TMD 中的弹簧单元替换为悬臂梁构件，即悬臂式 TMD。

使用 ABAQUS 有限元分析软件，对基础及设备进行有限元分析，基础部分按实际情况建模，上部机器建成质量相同的实体质量块，并与基础连接；忽略侧向土支撑，仅考虑竖向土支撑；土按弹簧考虑；结构一阶模态为局部扭转模态；通过调整土弹簧刚度，使一阶频率与实测接近；基础振动阻尼比取 3%；TMD 采用实体建模，不采用连接单元和弹簧；TMD 质量 2.0t，工作频率 20Hz，刚度 31550N/mm；有限元模型测点与现场振速检测点对比关系见图 8-2-32 和图 8-2-33，测点 1：Hopper A1；测点 2：Mixer A1；测点 3：Mixbearing A1；测点 4：Mixbearing B1；测点 5：Gearbox B1。

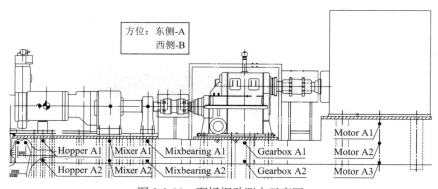

图 8-2-32　现场振动测点示意图

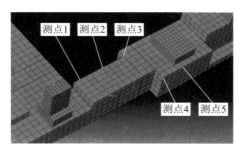

图 8-2-33　基础振动测点示意图

共建立四个有限元模型：

模型 1：模拟高速档下，未安装 TMD 的基础振动，见图 8-2-34。

模型 2：模拟高速档下，安装四台 TMD 后的基础振动情况，见图 8-2-35。

模型 3：模拟生产较硬材料时，安装四台 TMD 的基础振动情况。

模型 4：模拟在四台 TMD 基础上增设两台 TMD，生产较硬产品时，基础的振动情况。

采用的分析方法为振型分解法。

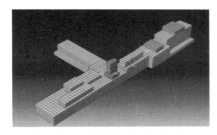
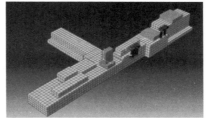

图 8-2-34　模型 1（无 TMD）　　　图 8-2-35　模型 2（四台 TMD）

　　由于挤压机生产较硬产品的时间会有较大增加，长时间高速振动会对 TMD 的疲劳寿命造成影响，故考虑增设若干个 TMD，以降低生产较硬产品的基础振速，使 TMD 具有较好的耐久性。经过现场勘测，在减速箱基础处共有五个可供 TMD 安装的位置，见图 8-2-36，分别单独计算了五个位置布置 TMD 的减振效率，可知在 1 号和 2 号位置布置 TMD 效率最高，因此，本方案预计增设两台 TMD，布置位置见图 8-2-37。模拟结果对比见表 8-2-7，生产较硬材料测点振速对比见表 8-2-8。

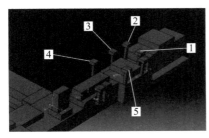
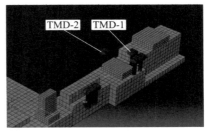

图 8-2-36　可供增设 TMD 的位置　　图 8-2-37　模型 4（激励增加后六台 TMD）

模拟结果对比 表 8-2-7

测点编号	模型 1		模型 2		模型 3	
	模拟振速峰值（mm/s）	模拟振速有效值（mm/s）	模拟振速峰值（mm/s）	模拟振速有效值（mm/s）	模拟振速峰值（mm/s）	模拟振速有效值（mm/s）
测点 1	4.02	2.84	2.47	1.75	4.41	3.09
测点 2	4.77	3.37	3.00	2.12	4.99	3.49
测点 3	6.27	4.43	3.16	2.23	4.71	3.30
测点 4	6.88	4.86	3.13	2.21	4.42	3.09
测点 5	7.51	5.30	3.14	2.22	4.17	2.92

生产较硬材料测点振速对比 表 8-2-8

测点编号	模拟振速峰值（mm/s）	模型 4 模拟振速有效值 a（mm/s）	模型 3 模拟振速有效值 b（mm/s）	预期减振率 $(b-a)/b$
测点 1	3.74	2.64	3.09	14.43%
测点 2	4.00	2.83	3.49	18.97%
测点 3	3.38	2.39	3.30	27.59%
测点 4	2.91	2.06	3.09	33.42%
测点 5	2.54	1.80	2.92	38.50%

　　根据有限元分析选定的点位，现场安装了四台悬臂式 TMD，并通过螺杆调节质量块位置，确保频率在 20Hz 左右，同时，测定了各 TMD 阻尼比，运行频率实测值见表 8-2-9。后续加装两台 TMD，以应对生产硬度较高的产品。

调试 TMD 频率及阻尼比 表 8-2-9

TMD 编号	最终调试频率（Hz）	阻尼比
TMD1	20.16	1.3%
TMD2	20.16	1.67%
TMD3	20	2.2%
TMD4	20	1.12%

　　TMD 底部与连接件通过螺栓连接，连接件再与基础采用化学锚栓连接。串联刚度小于任一部件刚度，如果连接件的刚度过小，TMD 刚度将失去作用。现场安装完成后发现 TMD 底部与连接件、连接件底部与基础之间均出现缝隙，影响整体刚度。为确保 TMD 有效，需增大连接刚度，故在底座与连接件之间采用钢板填充缝隙，然后进行切割、点焊、打磨，使 TMD 底座与连接件无缝连接；连接件底座与基础之间浇筑混凝土，将整个底座与基础浇筑在一起，加强刚度，如图 8-2-38 所示。

　　模型 1 实测振速与模拟振速对比见表 8-2-10，由于土体和基础作用的复杂性，模拟结果与实测值存在误差，平均 15%，误差在可接受范围内，可用于模拟减振效果及为制定减振措施提供依据。模型 2 测点振速对比见表 8-2-11，此时已安装四台 TMD，设备高速档运行。除测点 5 外，分析结果与实测结果较吻合。模型 3 测点振速对比见表 8-2-12，此时生产品较硬，且机器高速档运行：与前一种工况计算结果类似，测点 5 数据有较大误差，其他测点数据基本能够反映 TMD 的减振效果，与实际情况相符。

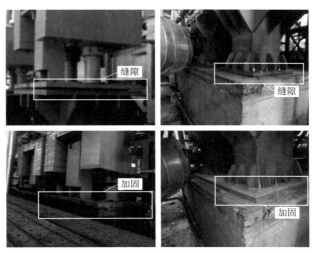

图 8-2-38　TMD 连接件缝隙加固图

模型 1 测点振速　　　　　　　　　　　表 8-2-10

测点编号	模拟振速有效值（mm/s）	实测振速有效值（mm/s）	误差
测点 1	2.84	3.5	18.86%
测点 2	3.37	4.6	26.74%
测点 3	4.43	4.6	3.70%
测点 4	4.86	4.4	10.45%
测点 5	5.30	4.6	15.22%

模型 2 测点振速　　　　　　　　　　　表 8-2-11

测点编号	模拟振速有效值（mm/s）	实测振速有效值（mm/s）	误差
测点 1	1.75	2.04	14.22%
测点 2	2.12	2.18	2.75%
测点 3	2.23	1.80	23.89%
测点 4	2.21	1.72	28.49%
测点 5	2.22	0.81	174.07%

模型 3 测点振速　　　　　　　　　　　表 8-2-12

测点编号	模拟振速有效值（mm/s）	实测振速有效值（mm/s）	误差
测点 1	3.09	2.43	27.04%
测点 2	3.49	3.07	13.78%
测点 3	3.30	2.66	23.95%
测点 4	3.09	2.83	9.33%
测点 5	2.92	1.95	49.69%

后续对设备基础进行长期监测，确保 TMD 处于有效工作状态，其中，选取振速较大的三个测点进行分析，基础 Mixer 测点实测振速如图 8-2-39 所示，A1 为基础测点东侧，B1 为西侧。由图可知，设备基础初期减振效果显著，但一个月后，TMD 失效，设备基础振速回升至未处理初始状态，经检查，是由于 TMD 螺母松动导致其频率发生改变，从而导致失效。因此，为 TMD 加装防松螺母并定期对其进行检查紧固。实测减振效果与有限元模型 2、模型 4 模拟结果接近，后续未出现异常，减振率达 50%。

Gearbox 测点及 Mixbearing 测点实测振速如图 8-2-40 和图 8-2-41 所示，与 Mixer 测点相似，均出现 TMD 失效，在加装防松螺母后恢复减振效果并趋于稳定，且减振率达 50%以上。

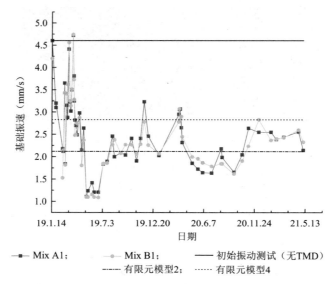

图 8-2-39　Mixer 测点减振效果图

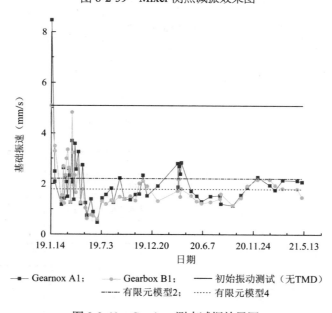

图 8-2-40　Gearbox 测点减振效果图

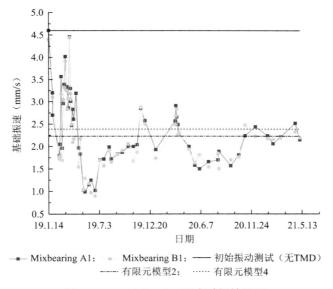

图 8-2-41　Mixbearing 测点减振效果图

　　采用悬臂式 TMD 对设备基础进行振动控制，效果较好，能避免大规模减产、停产。悬臂式 TMD 不仅可用于机械设备基础减振，也可用于桥梁、房屋减振（震）等。相比于传统弹簧式，悬臂式 TMD 具有高频率、高吨位、频率连续可调等优势，应用广泛。

参考文献

[1] 中华人民共和国住房和城乡建设部. 工业建筑振动控制设计标准: GB 50190—2020 [S]. 北京: 中国计划出版社, 2020.

[2] 中华人民共和国住房和城乡建设部. 多层厂房楼盖抗微振设计规范: GB 50190—93 [S]. 北京: 中国计划出版社, 1993.

[3] 中华人民共和国住房和城乡建设部. 动力机器基础设计标准: GB 50040—2020 [S]. 北京: 中国计划出版社, 2020.

[4] 中华人民共和国住房和城乡建设部. 工程隔振设计标准: GB 50463—2019 [S]. 北京: 中国计划出版社, 2019.

[5] 中华人民共和国住房和城乡建设部. 工程振动术语和符号标准: GB/T 51306—2018 [S]. 北京: 中国建筑工业出版社, 2018.

[6] 中华人民共和国住房和城乡建设部. 建筑振动荷载标准: GB/T 51228—2017 [S]. 北京: 中国建筑工业出版社, 2018.

[7] 中华人民共和国住房和城乡建设部. 建筑工程容许振动标准: GB 50868—2013 [S]. 北京: 中国计划出版社, 2013.

[8] 中华人民共和国住房和城乡建设部. 地基动力特性测试规范: GB/T 50269—2015 [S]. 北京: 中国计划出版社, 2015.

[9] 中华人民共和国住房和城乡建设部. 建筑抗震设计规范: GB 50011—2010（2016 年版）[S]. 北京: 中国建筑工业出版社, 2016.

[10] 中华人民共和国住房和城乡建设部. 建筑结构荷载规范: GB 50009—2012 [S]. 北京: 中国建筑工业出版社, 2012.

[11] 中华人民共和国住房和城乡建设部. 电子工业防微振工程技术规范: GB 51076—2015 [S]. 北京: 中国建筑工业出版社, 2015.

[12] 中华人民共和国住房和城乡建设部. 混凝土结构加固设计规范: GB 50367—2013 [S]. 北京: 中国建筑工业出版社, 2014.

[13] 中华人民共和国冶金工业部. 机器动荷载作用下建筑物承重结构的振动计算和隔振设计规程: YBJ 55—90 YSJ 009—90 [S]. 北京: 冶金工业出版社, 1990.

[14] 中华人民共和国纺织部. 多层织造厂房结构动力设计规范: FZJ 116—93 [S]. 北京: 纺织工业出版社, 1993.

[15] 徐建. 建筑振动工程手册[M]. 2 版. 北京: 中国建筑工业出版社, 2016.

[16] 徐建. 建筑振动工程实例(第一卷)[M]. 北京: 中国建筑工业出版社, 2022.

[17] 徐建. 工程振动控制技术标准体系(第 2 版). 2018.

[18] 徐建. 工程隔振设计指南[M]. 北京: 中国建筑工业出版社, 2021.

[19] 徐建. 动力机器基础设计指南[M]. 北京: 中国建筑工业出版社, 2022.

[20] 徐建, 尹学军, 陈骝. 工业工程振动控制关键技术[M]. 北京: 中国建筑工业出版社, 2016.

[21] 徐建. 建筑振动荷载标准理解与应用[M]. 北京: 中国建筑工业出版社, 2018.

[22] 徐建. 建筑工程容许振动荷载标准理解与应用[M]. 北京: 中国建筑工业出版社, 2013.

[23] 杨先健, 徐建, 张翠红. 土—基础的振动与隔振[M]. 北京: 中国建筑工业出版社, 2013.

[24] 茅玉泉. 建筑结构防振设计与应用[M]. 北京: 机械工业出版社, 2011.

[25] 叶能安, 余汝生. 动平衡原理与动平衡机[M]. 武汉: 华中工学院出版社, 1985.

[26] 吴波, 李惠. 建筑结构被动控制的理论与应用[M]. 哈尔滨: 哈尔滨工业大学出版社, 1997.

[27] 李宏男, 李忠献, 祁皑. 结构振动与控制[M]. 北京: 中国建筑工业出版社, 2005.

[28] 李宏男, 霍林生. 结构多维减震控制[M]. 北京: 科学出版社, 2008.

[29] 张荣山, 张震华. 建筑结构振动计算与抗振措施[M]. 北京: 冶金工业出版社, 2010.

[30] 中国工程建设标准化协会建筑振动专业委员会. 首届全国建筑振动学术会议论文集[C]. 无锡, 1995.

[31] 中国工程建设标准化协会建筑振动专业委员会. 第二届全国建筑振动学术会议论文集[C]. 北京: 中国建筑工业出版社, 1997.

[32] 中国工程建设标准化协会建筑振动专业委员会. 第三届全国建筑振动学术会议论文集[C]. 昆明: 云南科技出版社, 2000.

[33] 中国工程建设标准化协会建筑振动专业委员会. 第四届全国建筑振动学术会议论文集[C]. 南昌: 江西科学技术出版社, 2004.

[34] 中国工程建设标准化协会建筑振动专业委员会. 第五届全国建筑振动学术会议论文集[C]. 防灾减灾工程学报, 2008.

[35] 中国工程建设标准化协会建筑振动专业委员会. 第六届全国建筑振动学术会议论文集[C]. 桂林理工大学学报, 2012.

[36] 中国工程建设标准化协会建筑振动专业委员会. 第七届全国建筑振动学术会议论文集[C]. 建筑结构, 2015.

[37] 中国工程建设标准化协会建筑振动专业委员会. 第八届全国建筑振动学术会议论文集[C]. 厦门, 2020.

[38] 徐建, 尹学军, 陈骝. 工业工程振动控制关键技术研究进展[J]. 建筑结构. 2015, 45(19): 1-7.

[39] 徐建, 胡明祎. 工业工程振动控制概念设计方法[J]. 地震工程与工程振动. 2015, 35(5): 8-14.

[40] 徐建. 多层厂房楼盖抗微振设计中的若干问题[J]. 工程建设与设计. 2003(8): 3-5.

[41] 徐建. 多层厂房楼盖竖向振动位移传递系数计算方法的研究[J]. 建筑结构. 1994(1): 3-6+61.

[42] 李宏男, 常治国, 王苏岩. 基于智能算法的 MR 阻尼器半主动控制[J]. 振动工程学报. 2004, 17(3): 344-349.

[43] 柳国环, 李宏男, 国巍. TLD-结构体系转化为 TMD-结构体系的减振计算方法[J]. 工程力学. 2011, 28(5): 31-34+40.